悦读丛书

浙 江 省 社 科 普 及 全 额 资 助 项 目

浙江省社科规划一般课题

—— 17KPCB02YB ——

老年心理学导读

辜筠芳 编著

浙江工商大學出版社
ZHEJIANG GONGSHANG UNIVERSITY PRESS

图书在版编目(CIP)数据

老年心理学导读 / 辜筠芳编著. —杭州 ：浙江工商大学出版社，2018.7

ISBN 978-7-5178-2779-5

Ⅰ. ①老… Ⅱ. ①辜… Ⅲ. ①老年心理学 Ⅳ. ①B844.4

中国版本图书馆 CIP 数据核字(2018)第 120983 号

老年心理学导读

辜筠芳 编著

责任编辑 沈明珠　白小平
封面设计 林朦朦
责任印制 包建辉
出版发行 浙江工商大学出版社
(杭州市教工路 198 号　邮政编码 310012)
(E-mail：zjgsupress@163.com)
(网址：http://www.zjgsupress.com)
电话：0571－88904980，88831806(传真)
排　　版 杭州朝曦图文设计有限公司
印　　刷 杭州五象印务有限公司
开　　本 710mm×1000mm　1/16
印　　张 17.5
字　　数 305 千
版 印 次 2018 年 7 月第 1 版　2018 年 7 月第 1 次印刷
书　　号 ISBN 978-7-5178-2779-5
定　　价 49.00 元

目 录

第一章　什么是老化

人,无不希望自己能够健康长寿。从嫦娥偷吃仙丹奔月,到秦始皇因“怕老”而派遣徐福赴东瀛求取不老仙丹,“衰老”一直是人类难以逃避与克服的忧患。因为怕老,所以防老、抗老,这也是人类有史以来一直孜孜不倦追寻的目标。可是怎样才能长寿呢?如何理解长寿的秘诀呢?必须首先正确地、科学地了解什么是老化。

第一节　老化人口

老化不是当代独有的现象,但直到近数百年,老化议题才逐渐普及。据估计,在史前时代,老年人口相当稀少,即使到17世纪,超过65岁的人口大约也只占总人口的1%。19世纪,老年人口才提升至大约4%(Cowgill,1970)。我国于1999年进入国际公认(按照联合国标准,7%以上人口超过65岁或者10%以上人口超过60岁,这个国家和地区的人口就进入了老龄化阶段)的老龄化社会。国家统计局2018年1月18日发布的老年人口统计数据显示,2017年末,我国60周岁及以上人口达24090万,占总人口的17.3%,其中65周岁及以上人口15831万,占总人口的11.4%。

然而,世界卫生组织指出:随着人们寿命的延长,年长者余生中至少有10%的时间要忍受身体功能障碍之苦。如果这还不够令人沮丧,那么,有些老年人罹患严重的慢性疾病,足以影响其生活品质。当然,并非所有人都持这种悲观观点。有的学者指出,现代医学的进步,意味着以前许多会致命的疾病已被根除或已经得到控制,因而缩小了疾病范围或减少了足以致命的情况。此外,很多无法治愈的疾病,也可通过预防策略加以防范,例如适当的饮食和运动。因此,尽管无法避免致命的疾病,但只要正确介入,在生命晚期之前,老年人还是可以避免进入伤残状态的。

进一步说,人口老龄化还带来潜在的经济和社会问题。若年长的成年人口比例增加,就表示年轻的成年人口比例下降,这意味着需要靠少数人工作并交纳赋税,以支撑老年人的社会福利系统。老年人口的不断增加日益加重这种经济负担。政府当然注意到了,并着手采取措施解决这个问题,例如出台"延迟退休"政策。不管怎样,人口老化是文明进步的结果,而其带来的问题必须合理看待。

第二节 预期寿命的差异

前述表明,老化在人类不同历史发展阶段是有差别的。不仅如此,在同一社会的不同时期也是有差异的,在今日发达国家和发展中国家也有所不同。这就涉及影响预期寿命的因素。一般而言,有些生活方式较之其他生活方式,与长寿关系更为密切。那么,是哪种生活形态最有益于促成长期而有生产力的生活呢?

中国老年学学会于 2008 年 7 月启动首届中国十大寿星排行活动,并总结了五条十大寿星的长寿秘诀:一是心态平和,顺其自然,不苛求,不攀比,不埋怨;二是生活规律,喜欢劳动,定时作息;三是心地善良,待人宽厚,乐于助人;四是家庭和睦,子女孝顺;五是远离喧嚣,环境幽雅,居室简单,大多数寿星居住在农村砖瓦房或土木平房中。

在第十二届国际老年学学会上,联邦德国专家弗兰克总结 575 例百岁老年人的长寿经验,得出的结论也是:所有的长寿老年人都具有乐观的情绪。

因此,心理社会因素对人的预期寿命变化起着重要的作用。在日常生活中,老年人心理状态的个体差异很大。比如,有的老年人听了几句刺激性的话就暴跳如雷;有的老年人却闷在心中;有的老年人回敬几句;还有的老年人淡然处之,一笑了之。这些情绪情感上的差异,对人的衰老有着不可忽视的相关性。尤其当一个人受到精神打击,会突然衰老下去。如有的人在相濡以沫的老伴去世后,不久也会悄然而去,这就是衰老受情绪情感影响的典型例子。

现代科学发现,多运动、少饮食也是促使人长寿的生活方式之一。当然,老年人采取哪种运动形式、运动强度如何才适当等问题仍需讨论；饮食结构、饮食类型等亦需根据个人情况而定，但是，毋庸置疑的是，“少吃一口”“多动一点”是延缓衰老的秘诀之一。

此外，环境因素对长寿的影响也不小。世界上长寿地区有一个共同的特点，即有树木较多的居住环境，有新鲜空气、清洁水源、无有害化学物质的土质和无污染的粮食和蔬菜，人口居住较为分散。这样良好的生活环境有益于长寿和减少疾病。

环境污染分为自然污染和人为污染两种。人为污染可分为物理性、化学性和生物性三种。地质环境中有90多种天然的化学元素，有些是人体健康所必需的微量元素，缺少也可使人得病，如碘缺乏会引起甲状腺肿大，并对生长发育有影响；也有些是对机体有害的元素，如铅、镉、汞、锑、砷等重金属和类金属，以及酚、甲醛、氰、苯胺、亚硝胺、芳香烃、杀虫剂、农药、其他有机毒物等；噪声、太阳辐射、放射性物质、温度；花粉、疾病、压力、竞争等。均与多种疾病发生发展和加速衰老有着密切的关联。

然而，环境因素和生活方式还不足以解释长寿的原因，生命预期值在很大程度上还受到遗传影响。大家知道，不同种类的动物的寿命不同，如龟可活120—200年，鲤鱼可活100—150年，鸽子可活35—45年，鼠可活3年，蝉(成虫)只可活7—14天……这显示着遗传因素起着重要作用。在人类中也有着这种倾向：祖父母、父母长寿，子孙也有较大概率长寿。有调查报告显示，80岁高龄的人中，有半数其父也是80岁以上的长寿者。在双生子的研究中也显示同卵双生子比双卵双生子的寿命近似性强。总之，老化的原因是以某种形式存在于遗传信息中的。也就是说，老化现象的出现，是早已安排在遗传程序中，是随着生命的继续而触发的。

储存老化遗传信息的物质是什么？现代分子遗传学研究表明，从细胞水平上来说，就是指细胞核内的染色体；若从分子水平上来说，则是指构成染色体的主要物质脱氧核糖核酸(简称DNA)。但脱氧核糖核酸并非全部都具有遗传意义，只有脱氧核糖核酸上有遗传意义的节段是储存特定遗传信息的功能单位，我们称它为基因。基因不仅可以通过复制把遗传(如老化)信息传递给下一代，还可以使遗传(如老化)信息得到表达。不同类型的基因决定了组织结构的发展和控制细胞的新陈代谢过程。

以上因素互相牵连，互相影响，任何一个因素都不是绝对的。健康的心理因素至关重要。同时也告诉我们，长寿是一个浩繁的系统工程，不能迷信长寿经和长寿药,不能忽视各个方面。

第三节　老化的定义

一、什么是老化

老化可以分为广义的老化和狭义的老化。广义的老化,是指生物一生的变化,是人一生的变化过程,是随着增龄不断老化的过程,是从生到死的整个过程。狭义的老化是指一种衰退期的状态。老化的结果就是可以预见到的个体的死亡。具体地说,老化就是指人在老年期阶段生理和心理两方面不断衰退的问题。

生理的老化是指个体内脏器官、机体组织的老化和功能的退化,细胞等方面的老化和凋亡,即个体因年老而引起的生理变化(例如:形态的老化、感觉器官功能的下降、神经运动机能的变慢等)。

心理的老化是指人的认识、情感、意志及个性品质随着增龄,整体反应水平逐渐下降,心理机能明显退化和衰老(例如:智力减退、情绪改变、性格改变等)。

人类的老化问题,常常是生物学、心理学、社会学等几个领域的现象复杂地交织在一起,互相影响着并显现于老化的过程之中。

二、年龄分类和老年年龄划分标准

描述人年龄的方式很多,有些明显,有些隐晦。常见的有以下四种。

(一)年代年龄(即自然年龄、日历年龄、时序年龄、户口年龄)

年代年龄是出生后按日历计算的年龄,也叫实足年龄,一年增加一岁。它表示出生后在人世间生活过的时间。方法简单,客观。

应该承认的是,每个人的年代年龄增长的速度虽然相同,但由于其所处的客观环境千差万别,以及个人的体质等其他因素的影响,年代年龄并不能真实地代表一个人的生理功能、心理状况,以及社会活动能力等方面的内容。因为在同一年龄的不同个体,其生理功能和心理状况差异很大。据报道,我国四川省泸州市沙湾公社有一个姓吴的10岁孩子,其头发灰白、稀疏、全身皮肤松弛,面部起皱纹,声音似70多岁老年人一样,表现出未老先衰,是一种早衰症。1982年记载了一位河南省泌阳县中药厂退休工人114岁,耳不聋、眼不花,当时按时上班和上山采药，还管理 260 亩药圃，精力充沛，体力不减当年。类似这样的例子不胜枚举，说明年代年龄不能完全反映个体老化状态。

（二）生物学年龄（即生理学年龄）

这是根据正常人体生理学上和解剖学上发育状态所推算出来的年龄，是由机体的组织结构、代谢和功能变化综合结果决定的，表示了个体组织结构和生理功能的实际衰老程度，它比年代年龄更能反映一个人的健康状况。可用来预计某一个体未来的健康状况，估计其寿命。

一般来说，生理年龄会随着年代年龄的递增而增长或老化，也就是说机体的结构和功能会随着增龄而发生老化性改变。人们把这种变化分成四个阶段：0—19 岁为生长发育期，20—39 岁为成熟期，40—59 岁为衰老前期，60 岁以上为衰老期。生理年龄在 60 岁以上的人，其机体内各脏器组织的活动已呈现老化，并逐渐衰竭，因此称为“老年人”。

当然，生理年龄并不完全等同于衰老的年龄。由于先天遗传因素和后天环境、疾病、营养、运动等因素的不同影响，不同机体的生理功能、组织结构老化的速度是不同的，个体的差异很大。例如，同为 60 岁，有的人身板硬朗，精神抖擞，显得非常年轻；有的人却步履蹒跚，百病缠身，看上去很苍老。

（三）心理年龄（又称智力年龄，简称智龄）

心理年龄是根据个体心理活动的程度与功能确定的个体年龄，也叫“智力年龄”。可使用标准化智力测验量表测得某一个体的智力年龄，再用他的智力年龄与他的实际年龄之比来衡量他的智力水平。如果智力年龄与实际年龄相等，说明这人的智力属于一般水平；如果高于实际年龄，则其智力水平高于一般水平；如果低于实际年龄，则其智力水平低于一般水平。比如，一个 8 岁的儿童在智力测验上只得到 6 岁的智龄，这就说明他的智力比正常 8 岁儿童落后，只相当于一般 6 岁儿童。

人的心理年龄分为三个时期：0—19 岁为未成熟期，20—59 岁为成熟期，60 岁以上为衰老期。心理年龄在 60 岁以上的被认为是老年人，它反映出一个人在经历了漫长的人生后其主观感受（即心理）方面的老化程度。

心理年龄和年代年龄、生理年龄并不完全同步。例如，有些人年纪不大，但心理上却“未老先衰”“老气横秋”，整日意志消沉，感叹生命苦短；而有些人年纪虽大，仍然思维敏捷、动作稳健，情绪乐观，可谓“老当益壮”“人老心不老”。很明显，后者的心理年龄要低于前者。

(四)社会年龄

社会年龄是指依据一个人在与其他人交往中的角色作用来确定个体的年龄,它反映的是个体社会行为的成熟程度。一般来说,社会年龄分为三个阶段:0—17岁为未成熟期,18—59岁为成熟期,60岁以上为衰老期。社会年龄在60岁以上者为老年人。

社会年龄和前面三种年龄并非一致。人们常说某人"老年持重",意即一个人的社会行为稳重,而所谓的"老来少"则指老年人的行为返老还童。

三、年龄的发展速度

以上四种年龄的发展速度通常并不同步,一般来说有下列几种情况。

(一)年代、生理、心理和社会四种年龄发展基本同步

大多数老年人在离退休后随着体力的减退,不再担任任何社会职务。疾病增加,健康下降,感知觉、记忆力、智力、情绪、兴趣等心理能力迅速衰退,在人际交往、参加社会活动等方面也进入了低潮状态,生命年龄、生理年龄、心理年龄和社会年龄同步衰老。

(二)生命年龄衰退在先,其他三种年龄老化在后

我们看到,有的老年人虽已退休,但明眸皓齿、步履矫健,仍然"宝刀未老",他们或自谋职业、继续创业,或积极参加社会活动、发挥余热,或热衷于琴棋书画、花草鱼鸟之趣,他们没有把职业当作生活的全部,而是将离退休视为一种生活方式的转变,一种身心自由发展的机会。他们的生命年龄虽已进入了老年,但生理年龄、心理年龄和社会年龄还青春依旧。

(三)心理、社会年龄老化在先,生命、生理年龄衰退在后

这就是俗语常说的"未老先衰"。例如,有的人身体并无大病患,外表也无明显衰老症状,但对外界各种刺激的反应能力减弱,兴趣减退,回避社交,性情变得孤独、忧郁、封闭,甚至心智不明。

(四)社会年龄老化在先,生命、生理和心理年龄老化在后

比方说,现在社会中典型的"59岁现象",一些人自恃过去功勋卓著、劳苦功高,临退休时变得胆大妄为,想趁机捞一把,结果一个个、一批批倒在了这个时候。这种在社会行为方面倒退到不成熟的状态或者说老化到利令智昏、自食其果的现象,就是社会年龄提前衰退的明显表现。

前述表明,年代年龄、生理年龄、心理年龄和社会年龄这四种年龄的发展并

不是齐头并进的,在人类无法改变年代年龄的基础上,人们的生理功能、心理状况,以及社会行为能力都不尽相同。由此可见,对于“老年期”的界定在不同的年龄背景下应该区别对待。尽管如此,我们也看到,这四种年龄都有一个“老年期”的起始年龄。因此,我们可以概括出一般意义上的“老年期”,得出一个老年年龄划分标准。

1982 年联合国老龄问题世界大会提出了以 60 岁为老年期的开始年龄的标准,我国与此一致。2013 年 1 月 1 日世界卫生组织提出了新的年龄划分标准,规定:44 岁以下人群为青年人,45—59 岁的人群为中年人,60—74 岁的人群称为老年前期或准老年期,75 岁以上的人群称为老年人,90 岁以上的人群称为长寿老年人。这个标准既考虑到发达国家,又考虑到发展中国家;既考虑了人类平均预期寿命不断延长的发展趋势,又考虑到人类健康水平日益提高的必然结果。鉴于本书主要面向中国读者,老年期以 60 岁为始。

总之,无论我们赋予老年什么标记,老化的特征确实存在,而且生理、心理俱在,它们主要通过生理年龄和心理年龄来测量。

第二章　老年人的身体及感知觉

老，是从身体开始的。身体上出现的一些典型生理变化，对于一般人而言也是一目了然的。老年人的皮肤苍白，出现各种老年斑，缺乏弹性；随着脂肪和肌肉的萎缩，皮肤上布满皱纹；腿部静脉曲张变得更加普遍；头发变白变少，体毛稀疏。

由于脊柱椎骨凸起萎缩，老年人的身高变矮。骨骼变薄引起颈椎后面的“老年驼峰”，患有骨质疏松的妇女更加明显。另外，骨骼中化学成分的改变增加了老年人骨折的风险。一些肉眼看不到的变化会影响内部器官和身体系统、大脑，以及感觉、知觉等功能。一个人到五六十岁以后，不仅听觉和视觉，连味觉、嗅觉和躯体皮肤感觉也都随增龄而逐渐发生退行性变化。了解身体的这些变化，以及各种感、知觉退行性变化的规律，对于老年人尽快地适应年老过程，提高老年生活质量有着重要的意义。下文将对此做一番梳理。

第一节　外　观

从外观上看，个体的老化表现差异很大。有的人，不过 40 或 50 多岁，却已是白发苍苍、两眼花花，老态显现；有的人，年过 80 岁，仍精神抖擞，不减年轻时的风采。笔者将从头发、皮肤、肌肉与体重、体格等方面加以说明。

一、头发

头发之所以由黑转白，源于毛发中色素的减少，而基因在其中起着很重要的作用。一般情况下，多数人在 40 岁的时候，头发会开始变白，可是也有不到 20 岁就出现白发的，也有 60 多岁老年人却没有一根白发的。

男女之间毛发的量与质是不一样的。过了 30 岁的男人，本来很短且细的眉毛、鼻毛与耳毛，可能会逐渐变长、变粗又变色。某些 50 或 60 多岁的女性，在嘴唇或双颊上，会慢慢出现一些从未有过的毛发。与上述现象相反，男性头发随着增龄而转白、变秃，秃头是一种随着增龄而出现的遗传现象，约有 40%的男子会变秃。男性秃头的比例是女性的 9 倍。女性一般不会变秃，但步入中年后头发会变得较为稀少。

二、皮肤

皮肤是人体表面积最大的器官。皮肤上的神经有触觉，能感受压力和疼痛。阳光下，皮肤能够制造身体中不可缺少的维生素 D。皮肤通过汗腺调节体温及排出废物，皮肤的颜色能反映身体的健康状况。皮肤还能反映人的情绪，例如：恐惧时皮肤变得苍白，兴奋时脸色通红，寒冷时脸色发青。

增龄会改变皮肤的外观，尤其是在脸部。对于年龄慢慢变大的老年人来说，皮肤会变得粗糙、起皱及失去弹性。脸上还会出现一些小黑斑，脸色也会逐渐苍白，曲张的静脉血管也依稀可见。

更年期以后的妇女，由于皮肤上油脂腺体的萎缩，皱纹会变得更深，也越来越明显。而男性的油脂腺却一直在运作，使其皮肤的皱纹延缓出现，同时，皮肤也越来越厚。这会让人产生“女人老得快，男人老得慢”的错觉。

阳光的照射是加速皮肤老化的一个很重要原因。阳光中的紫外线会干扰皮肤蛋白质的合成，严重影响皮肤的新生，甚至造成永久性的皱纹、干燥或皮革性表皮。此外，阳光加上风吹雨打，会使皮肤处于忽冷忽热状态，不断地伸或缩会导致皱纹加深。

不少老年人的皮肤常常发痒、干燥、皲裂，这可能是维生素 A 不足造成的，也可能是不良保健引起的不良反应。老年人还会觉得汗流得少了，原因在于只有很少的汗腺在工作，这一状况进一步引起人体调节体温功能的减弱，因此老年人对冷热特别敏感。

许多老年人的皮肤干而薄，且没有弹性，当被捏起的时候，可以拉得很高，这是因为胶原及弹力纤维变质的结果。此外，皮肤上的小血管会随着增龄而变脆，以至于很容易受伤，轻轻一撞，就会出现一大片瘀斑。汗斑、痣及其他斑点也都会出现在皮肤的不同部位。

老年人的脸色往往显得苍白，像是贫血症状，这是随着增龄，皮肤的黑细胞(黑细胞负责皮肤色素的沉淀)逐渐减少的缘故。

三、肌肉与体重

当人老的时候，腰也弯了，背也驼了，身高也会变矮；走路的步伐比以前小，且步态不稳；两脚分开的时候，需要有较大的底面支撑身体。这是怎么回事呢？这与肌肉老化的问题相关。

肌肉不像皮肤的细胞那样会再生，肌肉的细胞一旦死亡或萎缩，就无法重新生长。个体肌肉的力道与弹性一般到 30 岁的时候，就达到了最高峰，以后就慢慢地走下坡路，而且随着肌肉纤维量的减少与长度的稀疏，肌肉逐渐出现收缩的现象。不过，肌肉功能的衰退，在 30—65 岁之间并不一定明显，65 岁以后会比较显著，其功能可能只有年轻时的一半。在肌肉萎缩的同时，累积的脂肪慢慢地取代肌肉组织，使身体出现赘肉。一个男性在 60 岁时的体重也许与其 25 岁时差不多，但是他身体里的脂肪含量却已经远远超过肌肉的重量。正因为如此，有些老年人才会显得臃肿不堪、反应迟钝，甚至上下楼梯都气喘。

评估肥胖的一项重要指标是脂肪率，它是指脂肪占身体体重的百分比。例如：体重 70 千克，脂肪率为 10%，这表示身体有 7 千克的脂肪，其他的则为骨骼、肌肉、器官组织、血液等非脂肪组织。脂肪率可以测量，测量的最佳时间是早晨，从充足的睡眠(7—8 小时)醒来时体重和腰围的数据是比较准确的。

测量女性的身体脂肪率公式是：

$$参数\ a=腰围(厘米)\times 0.74$$

$$参数\ b=体重(千克)\times 0.082+34.89$$

$$身体脂肪总重量(千克)=a-b$$

$$脂肪率=(身体脂肪总重量\div 体重)\times 100\%$$

测量男性的身体脂肪率公式是：

$$参数\ a=腰围(厘米)\times 0.74$$

$$参数\ b=体重(千克)\times 0.082+44.74$$

$$身体脂肪总重量(千克)=a-b$$

$$脂肪率=(身体脂肪总重量\div 体重)\times 100\%$$

临床研究发现，目前有很多疾病，如恶性肿瘤、心脑血管疾病、糖尿病等都与肥胖有关。因此,老年人不宜过胖。

另一项可参考的健康指标是体重。多数男性在55岁前后还会继续发胖,而女性甚至在65岁左右时体重还在增加。

标准体重的衡量公式是:

女性=[身高(厘米)-70]×60%

男性=[身高(厘米)-80]×70%

体重超重的计算公式如下:

超重值(%)=[(实际体重-标准体重)÷标准体重]×100%

如果超重值介于10%以内,尚属正常范围。

四、体格

一个经常运动的人会比从来不运动的人有更好的体格。少吃肉类,多吃蔬菜水果,不暴饮暴食,都有助于保持适当的体重,维持良好的体格,这对年长的人来说尤其重要。

骨骼是身体的架构,它与肌肉协调,保护身体各重要器官,如肋骨与胸骨保护心与肺,头骨保护脑。每个人身上有206块骨头,每一块都有其功能。

刚一出生时,骨骼并不像成人那样坚硬,它由无数的软骨合成。在成长过程中,软骨逐渐被由矿物质与骨细胞组合的骨化作用所产生的硬骨所取代,而鼻、耳的外围一直保持着软骨的状态。骨骼需要吸收足够的钙、磷才能不断地运作。中年以后,骨骼中的钙质就开始以每年约0.5%的流失量开始流失,于是,骨骼越来越细,里面出现了海绵状的空洞。这主要是因为身体其他部分吸收了骨骼中的钙质,而骨骼中的钙质却没有机会再生所致。

老年人常见的骨骼问题有以下几方面。

(一)骨刺

年过65岁,80%的老年人会长骨刺。一般而言,颈、腰关节是人体活动最频繁的地方,也是最容易长骨刺的部位。在X光片下,可以明显地看到类似鱼刺的东西长在椎骨后面。假如骨刺压迫到颈神经,会造成颈、肩、手的酸、麻、痛;假如压迫到腰神经,会造成坐骨神经疼痛,除了腰部在长时站立或弯腰时会疼痛,疼痛感还会传导到小腿侧边或脚趾。长骨刺并不可怕,但老年人如果因为骨刺而感到剧烈且反复的疼痛,甚至造成大小便失禁,虽经吃药、复健但仍不见好转,就要考虑手术治疗了。

(二)骨折

老年人因为反应不灵敏,跌倒时往往就地跌坐,结果脊椎、股骨头受伤的概率比较高。此外,老年人若跌倒,因下意识的反应,会以手掌撑地,所以桡骨也较容易骨折。老年人一旦骨折,不仅会影响日常生活,甚至还会引发其他并发症。因此,老年人要竭力避免跌倒。

(三)肌腱炎

肌腱炎也是常见病,因为老年人肌肉的柔韧度降低,关节的灵活性也不如年轻的时候,若未曾暖身就直接运动,或者动作幅度稍微大一点,就容易发生肌腱损伤。

总之,骨骼要好好爱护,让它有效支撑我们的身体,维护快乐健康的生活。

第二节　器官和身体组织的老化

随着增龄,老年人身体中的一些机体系统逐渐衰退,例如免疫功能降低,这使得老年人很容易生病,而且是不可避免的。当然,也有一些系统的机能相对较好,例如消化系统。下面依次对某些器官和身体组织的老化情况加以说明。

一、心脏

心脏的功能是衡量健康的首要指标。血液循环系统遍布全身各部分,它每时每刻都要通过心脏的搏动,供应全身机体运作所需的营养,所以说心血管系统扮演着生命力源头的角色。

随着年龄的增长,心脏及血液循环系统逐渐衰退。例如:心率越来越慢,并且规律性降低;心脏周围的脂肪层不断堆积,进而影响心脏的功能,造成血压升高。另一种重要变化表现为备用容量(在极端压力情况之下,可以帮助身体系统的功能发挥到最大限度)逐渐下降,一些老年人不能像以前一样,而是对于超负荷的身体做出积极回应,比如:年轻人可以先担柴挑水,接着去游泳;老年人往往挑水之后,心脏容量就已经耗尽,甚至可能连担柴挑水都完不成,就需要中途休息了。

要想让“生命之源”的老化缓和下来,需要设法改变促成老化之因子。如果生活充分有规律，饮食有节制，身心压力较低，积极参与活动，避免通宵熬夜，戒除吸烟喝酒等不良习性，遇病及时求医诊治，都有助于延缓心脏血液循环系统的衰退，维系较佳的生命机能。

二、神经系统

正常情况下，健康老年人大脑的变化是适度的；大脑功能的变化也很小(Kemper,1994)。但是，随着增龄(30 岁之后)，大脑重量逐渐减轻，速度是先慢后快，至 90 岁左右，大脑重量下降达 10%。研究表明，脑重量下降的原因并不是神经元数量大范围内的减少，而是神经元自身的萎缩造成一些联结组织，如轴突、树突和突触的丧失。神经元萎缩开始最早且速度最快的是大脑前额叶，而这一区域在记忆和高水平认知中是发挥重要作用的(West,1996;Wickelgren,1996)。

随着大脑重量的减轻，中枢神经系统逐渐变慢(例如：对外在刺激的接受、传达和反应能力)的问题开始凸显出来，进而影响到身体的协调性和认知活动。在日常生活中，我们不难发现：老年人对于体温的调节和疼痛的感受比较迟钝。一般来说，老年人普遍怕冷，即使在温室内，还需要穿厚厚的衣服；有时候不小心被烫伤了，都不一定有感觉，同样地，出现冻伤时，可能也没有异样的感觉。

老年人的知觉能力也会发生变化，表现为知觉接受能力和敏感度的降低，反应及动作时间的延长。例如：触觉、听觉、视觉、平衡觉等好像都“越来越不听话了”。又如：老年人看到一个商品的单价，可能要花上一些时间(可能只有 1—2 分钟，但对于看清单价这一动作而言，已经不短了)，才能读出正确的价格。

关于这方面的变化，下文章节详述。

三、泌尿系统

泌尿系统是由肾脏、输尿管、膀胱和尿道构成，其中肾脏担负着整个系统的大部分工作，其他器官则负担起输送和储存尿液的作用。

肾脏功能的衰退是老化中很重要的症状，其中最扰人的是尿失禁，以及男性前列腺肥大的问题。尿失禁是老年群体中普遍存在的困扰问题之一，不少老年人自述有此问题，有的是暂时性的，有的则是长期的。老年女性因为支持膀胱和控制排尿的肌肉松弛，以及生育、肥胖或更年期激素变化，影响到控制排尿的肌肉功能，常常导致在咳嗽、大笑、打喷嚏、提重物或其他增加腹压活动时，流出少量尿液。

其他问题如无尿或尿很少，尿频又口渴，解尿时疼痛或血尿，都是严重疾病（如糖尿病、膀胱或尿道感染、肾结石及其他肾脏的疾病等）的症状，如果得了慢性肾炎，久而久之，肾功能便会衰退，一旦演变成尿毒症，就难逃洗肾、换肾的命运，不可不小心！

肾脏的过滤率，以及浓缩与稀释的能力，到了老年都会降低，但还是可以处置体内废物，只是需要较多时间而已。维持体液酸碱平衡的能力虽然有所降低，但仍存在，不过反应的时间比较长。

此外，老年人的夜尿次数比较多，大约有50%的男性和70%的女性都有夜尿现象，这是膀胱容积变小的缘故。

四、呼吸系统

呼吸系统随着老化，结构和功能有很多变化。具体如下：(1)随着年龄的增加，肺活量降低；(2)支气管与肺的动作减小，这是纤维性结缔组织与淋巴结构增加的缘故；(3)换气功能变差，这是因为呼吸道阻塞及肺部收缩或扩张能力变差；(4)最大呼吸量，也就是进出肺部的最大气体量随增龄而降低；(5)呼吸性气体交换能力受损，这是因为肺泡换气不足或血流较少引起的肺部过度换气；(6)肺组织的弹性受损，肋骨的移动性变差；(7)呼吸速度减慢，呼气时呼出的二氧化碳量减少；(8)咳嗽的能力变差，这是因为肌肉张力变差的缘故。

以上这些变化，在没有生病的时候，还不至于对老年人的健康有太大影响，但可以解释为什么老年人呼吸时，需要额外用力呼吸获得氧气，以维持身体的恒定状态，也可以说明老年人容易支气管发炎及久咳不愈的原因。

第三节　老年人的视觉

老年人视觉变化的个体差异很大，有些人还在中年时期或老年前期，视力就逐年变化，出现了老花眼现象，可是也有少数人六七十岁以后，看书写字也不需戴老花镜。当然，后一种人为数不多。多数人在50岁以后视力就逐渐下降并出现老花眼现象。一般来说，老年人每增加5—7岁，老花眼的度数就会增加100度。为什么视力减退并出现老花眼的现象呢？主要原因是视觉器官的生理结构发生了很大变化，致使折射（指眼球晶体把光线聚焦后，在眼球后部视网膜上形成影像)不良。

年纪大了,视觉器官会出现以下的变化:(1)角膜开始失去光泽,表面聚集了一些浑浊的流质,外周出现灰圈,其曲度逐渐变小变厚,这会使眼睛折射光线的能力变差,出现散光。(2)年纪越大,瞳孔的直径越小,那么,进入眼内的光线就越弱。平均而言,一位 60 岁的老年人,进入眼睛的光亮只有他 20 岁时的 1/3。因此,老年人在光线弱的地方看不清楚物体。同时,瞳孔括约肌功能降低,也就导致调整瞳孔大小的能力减退。这使得 65 岁及以上的老年人,近 37%遇强光不会改变瞳孔的大小;56%的老年人在水晶体改变形态时,瞳孔的大小也不会改变。(3)眼内的水晶体和玻璃体由于色素沉着或脂肪沉积,变得浑浊发黄,阻碍了光线的传递,也使到达视网膜上的光线减少,视觉能力下降。同时,调节水晶体曲度的睫状肌逐渐萎缩衰老,收缩性能减弱;而水晶体本身也会逐渐硬化失去弹性,最终使得水晶体折射光线的作用大大减弱,因此,老年人很难看清近处的物体,需要借助老花镜(它是曲率较大的凸透镜)来调节水晶体的光线折射。(4)视网膜上的一些视觉感受细胞会逐渐凋亡,使得视网膜对光的感受性降低,导致老年人很难看清物体的细节,对物体颜色的感知也减弱。

一、视敏度的变化

视敏度,俗称“视力”,一般随增龄而下降。研究表明,许多未曾近视的人 50 岁以后视力会从年轻时(15—20 岁)的 1.5 逐渐降为 1.0,到 90 岁时,可能只有 0.35 了(沈政,1986)。视力下降造成老年人在阅读小字体或浅色字体时存在困难。对于视力下降的老年人来说,开车非常危险,尤其是在晚上。专家建议:提高物体的照明度或改善物体与其背景之间的对比度,或允许以较长时间仔细慢慢观察,老年人的视敏度可能会提高些。不过,60 岁以后,无论如何改善条件,也达不到 20 岁时的视力水平。

二、明暗感受性的变化

由于视网膜感光功能的降低,老年人对弱光和强光的感受性随之降低,从亮处到暗处(或从暗处到亮处)的适应能力也就减弱。在黑暗中待上一会儿,暗适应以后给一个极弱的光,结果发现年轻人能感知 3 微微流明的弱光,而老年人对 5—6 微微流明的光才能感知(这表明老年人的感觉阈限高于年轻人,感受性低于年轻人)。强光照射会引起人们眼花,什么也看不见。青年人眼花后 2 秒钟左右视觉就能恢复,而 65 岁的老年人眼花以后 9 秒钟才能恢复。

三、颜色视觉的变化

随着水晶体的浑浊、光感受性的降低，老年人对颜色辨别能力也较青年人低25%—40%。研究表明，20 岁以后颜色辨别能力逐渐减退，而且对不同颜色辨别力降低的程度不等，老年人对光谱上蓝、绿端的鉴别能力比对红、黄端的辨别能力下降得更明显(程学超、王洪美，1986)。另外，两只眼睛颜色视觉的变化也有很多差异。不过，年老过程中颜色视觉的变化除个别高龄老年人，很少影响其正常生活。

四、空间视觉的变化

空间视觉是指辨别空间物体的远近、大小或相对位置的能力。研究表明，这种能力在 45 岁以后开始下降，且随着增龄，速度越来越快(刘荣才，2009)。对空间辨别能力的降低偶尔会导致生活琐事上的过失，如想将手中茶杯放到桌上时，在杯子未到达桌面之前，误认为已放在桌上了，以致脱手将杯子落在地上；又如，上下台阶时由于对空间关系判断不准确，易摔倒。导致这种变化的原因可能与高级视觉中枢发生退化有关，这种变化是缓慢地发生的，老年人只要认识这种退行性变化的规律，创造较好的条件，就会逐渐适应这种变化，以丰富的生活经验弥补和填充这些不足之处。

那么，创造哪些条件能更好地改善老年人的视力问题呢？经常给老年人检查视力，以便配戴适合的眼镜，及时矫正变化着的视力；老年用品或报刊的标记或文字应更加醒目；目标和背景对比度和色泽明显化；房间照明或阅读照明度要十分充分；等等，都是不错的办法。但是，如果是由于白内障、青光眼、老年性黄斑退化或糖尿病视网膜病变引起的视力损伤，一定要及时就医治疗。

第四节　老年人的听觉

听觉是声波作用于听觉器官而产生的现象。声波透过空气，促动耳鼓，进入中耳、内耳，产生信号，经由听觉神经传达至大脑。声波的振动幅度决定声音的强弱，即音量(测量单位：分贝)，声波的频率高低决定音调(测量单位：赫兹)的高低。

随着增龄,人体接受与传导声音的能力会越来越弱。很多人从40岁开始,逐渐地损失听力,不过并不明显,个体也并不会觉得生活受到影响,但当人逐渐衰老时,对声音的频率和强度会越来越不敏锐(赵慧敏,2010)。65岁的老年人,差不多有一半听觉明显衰退,其中,男性老年人听力障碍较女性出现的早,听力损失情况也较严重。居住在乡村的民众,比起城市内的居民,即使在晚年,听力也较好,这说明都市噪音污染问题比较严重。

一、音调的变化

人的听觉频率范围是16—20000赫兹,其中1000—4000赫兹是人耳最敏感的区域。随着年龄的增长,人对两个音调之间差别的识别能力会有所不同。一般地,从25岁开始,这种识别能力逐渐降低,55岁以后下降得比较迅速,而且老年人对于高频率声音的识别能力下降得很明显,尤其是2500赫兹以上的声音(相对于日常生活中接收到的声音,这算是高频声音了),而对低频率声音的识别能力下降不明显。这种现象在70岁以上的老年人中更显著。因此,老年人会觉得低音调音乐的声音听起来比较悦耳,能欣赏到音乐固有旋律的优美;而对高音调的音乐旋律和音调的变化已听不出来,似乎总是一个样子的单调声音。究其原因,可能是耳蜗基底部感知高频声音的细胞明显退化所造成的。

所以,为了延缓耳蜗基底部细胞年老退化的进程,老年人不妨耐着性子听一些高音调的乐音,如每日听上一段音调高、节奏强烈变化的迪斯科或摇滚乐。当然,如果老年人把听音乐作为一种休息手段或者为了欣赏音乐的优美旋律,则以音调低、节奏舒缓的行板或慢板音乐为好。如亨德尔的《水上音乐》、比才的《卡门》等世界名曲,可使老年人感到心旷神怡。特别是心脏功能不佳的老年人,主要应选择后一种音乐。像迪斯科一类的音乐,对他们来说,不但无法欣赏其高调快速变换之美,反而会出现心慌意乱的紧张情绪。所以,高、低音听觉能力下降的差异,对不同的老年人,意义也不尽相同,应根据每个老年人的特点和适应情况灵活安排。

二、声音辨别能力的变化

人对各种声音的辨别阈限随增龄而增高,特别是在50岁以后。人所能感受到的音量范围在0—130分贝之间。研究发现,给一个30岁的成年男子一个4分贝6000赫兹的声音,他听到这个声音有一定的响度;让65岁的老年人也听这个6000赫兹的声音,他要知觉到同样的响度,需要把声音强度提高到40分贝

(Olsho,1985)。

三、言语的知觉和理解能力

老年人听觉功能的变化直接影响他们对言语的知觉和理解能力。一些研究发现,70 多岁的老年人对言语知觉所需的最低音量比青年人高 6—7 倍。同时,老年人对言语的接受阈限随增龄而提高,对言语辨别的正确率在 50 岁以后明显下降,80 岁时则降至 25%(刘荣才,2009)。因此,平时对老年人讲话,速度要慢、声音要响,尤其是关键部分的内容,或许要重复几次才能使其辨别清楚,并充分理解。

另外,在安静的环境中和嘈杂的环境中,年龄因素对言语知觉的影响也不尽相同,噪音会对老年人的言语知觉能力产生更大的负作用。例如,噪音比较弱,青年人对句子的正确理解度为 90%时,70 岁老年人的正确理解度则为 84%;提高噪音水平,青年人对言语理解的正确率为 70%时,70 岁老年人的正确率仅为 50%。这说明,噪音普遍影响对言语的正确理解度。当噪音水平提高时,其影响的年龄差异就更显著。换言之,老年人在言语理解过程中,抗干扰的能力要比年轻人差得多。其原因是中耳和内耳的听觉神经细胞萎缩或老化,以及传导功能的丧失。研究表明,80 岁比 30 岁时的听神经传导速度要下降 15%(刘荣才,2009)。

所以,在与老年人的交流沟通中,环境条件会对老年人的言语知觉和理解能力产生很大影响。在大礼堂或大厅中,老年人的言语听觉能力显著下降,这是由于大厅中存在的回音现象,干扰着老年人的听觉系统。听电话时,电话的声音中常常混有一些杂音,这也明显地影响着老年人的言语听觉能力。如果两个人面对面谈话,声音强度在 60—65 分贝之间已经足够了;而在电话中,其音量至少要 81 分贝,才能听懂对方的讲话。一些实验研究发现,如果在电话中除了讲话人的声音,还有讲话人周围的其他声音,如念书声、谈话声等,当青年人对电话中讲话人的言语理解度下降 8%时,中年人的言语理解度下降 35%,而 70 岁的老年人则下降 56%,甚至更多。由此可见,在电话中向老年人传达事情,讲话人必须大声且慢,而且周围应尽可能没有其他噪声的干扰。

四、性别差异

随增龄而出现的听觉能力变化存在性别差异。研究发现,男性听力衰退得比女性快,受损伤的程度也比女性高:男性老年人对 4000 赫兹以上的声音听力就显著下降,而女性老年人则对 6000 赫兹以上的声音才出现明显的听力下降(赵慧敏,2010)。此外,男性听力衰退的时间要比女性早,男性在 32 岁左右就开始衰退,女性则在 37 岁左右才开始下降。

引起老年人听力下降的原因是多方面的,可以概括为听觉系统的退行性变化。具体表现为:(1)外耳道皮肤分泌功能较差,耳垢变硬,且难以排出,声波的传导就受到影响。所以,老年人应隔一段时间定期检查一次外耳道,清除耳垢,这或许可以改善老年人的听力。(2)中耳听骨钙化,听小骨关节的软骨盘变薄,关节腔逐渐为钙化沉积物所填充,听力关节活动范围变窄,导致声波传导效率降低。(3)内耳的退行性变化包括耳蜗基部毛细胞退化,常引起对高频声音听觉的减弱;内耳血管萎缩,使耳蜗细胞的血液供应不足与营养不良,常导致听觉功能的全面降低;耳蜗里基底膜等振动机制衰退,常导致声音辨别能力降低。(4)听觉中枢神经细胞数量的凋亡或神经细胞轴突髓鞘脱落等,都是听力下降的原因。

许多老年人听力下降以后,希望配戴助听器,以改善听力。但到目前为止,助听器装置大都有瑕疵,经常产生许多畸变。助听器放大想要听的声音时,也放大了许多噪音或背景声音;而且,这些音调不同的声音在助听器的电子系统中被放大时还会出现一些额外的新噪音,甚至会产生一种持久的噪音。这些都是使用助听器产生的不良效果。所以,最好不要轻易给老年人配戴助听器。

此外,老年人群体中还会出现其他一些听觉问题,比较普遍的有失聪(部分或全部听觉功能丧失),还有像失音症(丧失辨别声音的能力或丧失发出音乐上各种声音的能力)、失调现象(同时出现两种声音所出现的不悦耳现象)等,这些也是要引起人们特别注意的。

第五节　老年人的味觉、嗅觉

味觉是可溶性物质作用于味觉器官而产生的感觉,嗅觉是挥发性物质作用于嗅觉器官而产生的感觉。嗅觉常与味觉紧密相连。当有些刺激物质(味刺激物或嗅刺激物)接触到舌或靠近鼻孔时,刺激物分子便作用于舌上的味蕾(味觉的感受器)或鼻内之嗅球,才会产生相应的味觉与嗅觉。

一、老年人味觉的变化

味觉的基本要素是酸、甜、苦、咸。感受它们味道的感觉器官味蕾是一种化学感受器，它大多数分布在舌的表面。随着增龄，味蕾的数量发生变化，一般从舌前部向舌后部逐渐减少，也有从舌中心向舌四周逐渐减少的，这一过程一直持续到老年期。从发展心理的视角看，味蕾的数量以婴儿为最多，分布也很广，整个舌面都有；到儿童期，味蕾分布面缩小，但数量仍比成人多；成人大约有 1 万个味蕾，45 岁以后，味蕾逐渐萎缩，数量也减少，并且变得低平和皱缩。75 岁老年人的味蕾相当于 30 岁成人的 2/3(刘荣才，2009)。同时，与味觉有关的大脑中枢神经细胞数量也在减少，神经纤维逐渐萎缩。

由于味蕾的减少，对于味觉的敏感程度也随着增龄而降低。老年人味觉感受性的变化主要表现在：(1)4 种味觉的感觉阈限随增龄而提高，尤其是 60 岁以后的老年人，其阈限值上升更加剧烈(Schiffman，1996)。这一结论得到许多其他研究结果的支持。Hughes(1969)用微弱电流刺激研究人的主观味觉，结果发现，能引起主观味觉所需要的电流值有明显的年龄差异。82%的年轻人只要 10 微安以下的电流刺激舌部，就能出现味觉；老年人中 84%的人需要 10 微安以上的电流刺激才能出现主观味觉。这就说明感觉的灵敏度明显下降。但是，在 4 种味觉中，人对哪一种味觉的反应会比较迟钝呢？从目前的资料看，反应甜、咸 2 种味觉迟钝的资料比较多。(2)味觉的多样性也随增龄而下降。刘荣才(2009)研究发现，年轻人可以同时辨别食物中的多种味道，而老年人则只能辨别其中的某几种味道。

二、老年人嗅觉的变化

嗅觉的感受器官是位于鼻黏膜的嗅上皮细胞，它也是一种化学感受器。研究发现，随着增龄，鼻上皮内的血管发生退行性变化，造成嗅上皮在形态上已无血管的状态，因而使嗅感受细胞萎缩、凋亡(赵慧敏，2010)。另外，Smith(1942)在颅脑疾患的尸检中发现，随着增龄，嗅神经细胞也逐渐萎缩、减少。37 岁以前每年减少 0.9%，37—62 岁间每年减少 1.6%，62 岁以后变得稳定，每年减少 0.7%。同时，与嗅觉相关的高级神经中枢(主要是杏仁核、海马回等)也出现老年性退化(神经纤维萎缩、缠结等)，这都会影响嗅觉的感受性。

老年人嗅觉的变化主要表现在两方面。

(一)嗅觉的感受性随着增龄而下降

Furchtgott(1963)研究表明，嗅觉的感受阈限值随增龄而提高，70—80 岁的老年人更加明显。(2)对各种气味(如樱桃、石油、烟草、薄荷、肥皂、青草、柠檬、啤酒等气味)的辨别能力也随增龄而下降。研究发现，人嗅觉最佳时期是 20—

40 岁,50 岁以后出现微弱的衰退,70 岁以后出现显著衰退;在 65—80 岁的老年人中,大约有 60%的人嗅觉严重衰退,大约 25%的人完全丧失了嗅觉能力;而 80 岁以上老年人中几乎有一半完全丧失了嗅觉能力(Schiffman,1977、1996)。

一般来说,老年人的味觉、嗅觉的变化,对正常生活并不会产生很大影响。生活中对食品的鉴别,味、嗅觉是同时起作用的。食品的其他特性如颜色、温度、外形和食品的松软程度等,对于鉴赏食物的品种、质量、味道都有辅助作用。所以,老年人根据丰富的生活经验,依靠这些辅助信息,可弥补其味、嗅觉功能的不足。

第六节　老年人的皮肤感觉

皮肤是人体上面积最大的器官,成年人的皮肤总面积约有 1.5—2 平方米,重量约占体重的 15%—17%。皮肤不但具有保护身体免受外界伤害、进行新陈代谢、调节体温等重要作用,而且还具有感觉功能。在皮肤感觉中,作为感受器而言,有热点、冷点、痛点和压点等,与此相应的感觉可分为温度觉(热点、冷点),痛觉(痛点),触觉(包括压点在内的几种感受)。其中,痛觉有些特殊,各种刺激无论是压、触还是温度,超过了一定的强度都会引起痛觉。因此,它没有单一的适宜刺激。

皮肤之所以能产生温度觉、痛觉或触觉等不同的感觉,是由于它含有许多形态结构各异的感受小体(感受器)或游离的神经末梢,当它们与物质进行接触或碰撞,皮肤就能产生触、压、痛、温度等不同的感觉。有人发现,新生儿皮肤内的各种感受小体最多,随年龄增加则逐渐减少。已知新生儿每平方毫米皮肤内含有 100 个感受小体,10 多岁时则仅有 50—60 个感受小体,70 岁时只剩 10—20 个感受小体。在数量减少的同时,皮肤感受小体的长度和形状也随着年龄的增长而发生变化。由感受小体向脑或脊髓传入各种皮肤感觉,是通过感觉神经而完成的。Goybin 和 Gardiner(1937)对 1—84 岁脊神经的髓鞘纤维数进行了研究,结果发现:13—19 岁时,皮肤感觉神经内所含的纤维最多,20—30 岁时开始减少,70 岁以后急剧减少,70—80 岁减少 27%。其主要是脊髓神经节细胞随增龄而减少的缘故。与之相应,在产生皮肤感觉的脑高级中枢内,神经细胞数在老年期也迅速减少。

一、老年人触觉的变化

Honge(1943)研究了不同年龄被试腕区皮肤触觉的感受性。结果发现,60岁以后的老年人,皮肤上敏感的触觉点数目显著下降,触觉的感觉阈限在年老过程中逐渐上升,触觉的感受性下降。同时还发现,触觉的定位性也在减弱,如果让被试闭起眼睛,再请他们报告躯体的哪部分受触。结果发现,无论是触其一点,还是同时触及身体的两点,青年人均能准确无误地加以报告,而老年人对两处受触通常只能感觉到其中一处,这说明老年人的触觉定位能力较青年人明显变差。

Zobel(1938)研究了5—90岁之间男女被试(男270例,女261例)的鼻尖、眼及四周的触觉感受性。结果发现,在55岁之前,触觉基本上没有随增龄而变化,但到了55岁以后,触觉骤然变得迟钝了。

皮肤感觉的灵敏度,在身体各个部位是不同的(如头、面、手指、嘴唇等地方的触觉感受性最高),所以也不能一般化地以上述研究衡量全身。不过,可以肯定的是:触觉在老年期会变得迟钝。

Cosh(1958)通过测量振动感觉阈限(以飞快的振动为刺激,测量被试感受到这一振动时的振动数),测定某种触觉。结果发现,这一感觉也会随着增龄而迟钝。而且,手指(触觉经常使用的)和脚趾(触觉不大使用的)相比较,脚趾的触觉阈限远高于手指。这说明,手指的感受性比脚趾要好得多。

二、老年人痛觉的变化

痛觉是一个人的本能报警系统,对老年人的生存具有重要价值。许多人对痛觉进行了研究,但得到的结果很不一致。可能是因为痛觉的研究很难操作,它不仅仅是一种皮肤感觉,而且涉及认知、动机、人格和文化环境的作用。

有的研究发现,痛觉阈限值随增龄而提高。研究人员把200名10—85岁的被试分成少年组(10—22岁)、中年组(23—44岁)、年长组(45—85岁),分别测查他们的痛觉阈限和反应阈限(被试不能忍痛,并做出缩身反应的刺激强度)。结果表明,痛觉阈限和反应阈限都随增龄而上升。这说明,老年人的痛觉变得迟钝了。但是,Kenshalo(1977)发现,痛觉阈限随增龄而下降。Harkins、Price、Martell(1986)的研究认为,痛觉的感知能力并不随增龄而发生变化。

这些矛盾的研究结果可能与研究的身体部位有关;另外,不同年龄组被试对疼痛的态度和情绪反应也是各不相同;还可能与研究的方法有关。

值得一提的是，老年人的痛觉感受性有较大的个体差异，这与个人的神经类型和健康状况有关。有的人对痛觉特别敏感，有的人对痛觉的耐受性比较高。此外，老年人的痛觉有弥散性的特点，感觉到体内某一部位疼痛，但不一定是那个部位的器官有问题，可能是其他反射性疼痛引起的。

二、老年人温度觉的变化

温度觉是人的一种安全报警系统，当内外部环境的温度高于或低于人体舒适温度时，就会产生一种不舒适感。皮肤表面温度叫生理零度，它是划分冷觉和热觉的界限。人身体各部的生理零度是不同的：舌下 37℃，躯干 35℃，面部 33℃，耳朵 36℃。

沈政(1986)对 1000 名 65 岁以上老年人的温度感知能力进行测查，他发现：有 9.5% 老年人在体表和身体内部之间存在着温度梯度，尿液温度较低(35.5℃)，而体表温度并不低，这些深部体温低的老年人，在室温较低时也不会觉得冷，这显示其对室温感觉的迟钝；如果这些人身体内部体温降到 35.5℃时，死亡率和患病率就会明显增高。为此，对他们需要细心照顾。

Anderson、Rochard(1979)研究则发现，老年人的温度感知能力与年轻人没有显著差别，只是老年人应对低温和高温的能力随增龄而出现下降的趋势。因此，当外界温度发生骤变时，老年人容易受到意外伤害。在日常生活中，不难发现，老年人的死亡率在季节交替时会有所改变，因为那时气温会出现骤然变化。

以上都是皮肤外表受到刺激产生的感觉，与之相对应的是深部感觉，是躯体深部肌肉、关节受刺激或位置变换而引起的感觉。例如：当人们闭起眼睛，也会知道自己的腿是伸直的还是弯曲的，这就是深部感觉的作用。此外，还有特殊的内脏感觉，如胃排空的饥饿感或吃饱以后的胀满感，肠扭转的腹痛等。在老年人中，这些感觉也都发生了一定的变化。

三、老年人深部感觉的变化

在高龄老年人中，肌肉、关节状态的深部感觉退化会产生许多功能性障碍，例如：步履迟缓、步态不稳。如果视觉功能良好，尚可以帮助和弥补深部感觉的不足；但如果老年人视觉和深部感觉功能都不好，走路不但摇摆不稳，还会常常摔倒，甚至导致骨折。本来，老年人的骨骼因为钙的流失已经很脆弱，若再因感觉退化而跌倒、损伤，就会加剧身心的伤害。有关研究显示，约 30% 的七八十岁老年人在卧床 3 个月后去世，这是因为卧床容易形成血栓，将大大增加心脑血管发生意外的概率。即便老年人没有生命危险,其卧床一周钙的流失量就相当于平常一年的钙损失,这无疑会加重他们的骨质疏松,阻碍疾病康复。正是因为老年人摔伤危害巨大,目前也没有特别好的治疗手段,所以“防胜于治”。

深部感觉减退给老年人带来的不便还常常表现在口头语言和文字书写能力的变化。由于口部与发音有关的肌肉深部感觉能力减退,常使老年人声音变得嘶哑,说话含糊不清或语流不畅、断断续续。手部肌肉深部感觉减退,向内反馈的神经冲动减弱,造成写字所必需的精细运动困难。所以,出现书写不灵活的情况。无论是口头言语还是文字书写能力的不足,都给老年人的社会交际、思想交流带来很大困难,妨碍老年人的社会生活。所幸,这种变化仅出现在部分高龄老年人之中。如果刚进入老年期就加强锻炼(如弹琴、唱歌等音乐活动及手上滚球等运动),则可以延缓手、口等肌肉精细运动功能的老化。

以上分别讨论了各种感觉系统和感觉功能的老化现象及其变化规律。各个系统的老化进程是不一样的,某些老年人听觉变化较突出,另一些人则视觉变化更为突出。其原因是多方面的,先天遗传因素是常见的,日常生活中家族性老年视力减退或听力减退的例证并不少。此外,生活条件、职业训练也会对各种感觉系统的老化进程产生重要作用,例如:打字员、演奏家或从事手部精细运动职业的人,书写能力的老化现象出现率显著低于其他老年人;从事运动和舞蹈的老年人,很少发生躯体深部感觉功能的老化现象;相反,在机器噪音中终日工作的纺织工人等,进入老年期后听力减退的发生率显著高于从事其他职业的老年人。因此,对于某种感觉系统有家族性老化趋势的老年人,或对从事某项职业的老年人来说,及早采取措施,加强锻炼,可以有效延缓这一感觉系统老化现象的出现。

虽然各个感觉系统老化进程有所不同,但它们之间也常相互影响,并与脑高级中枢的老化、全身性老化进程密切相关。例如:老年人由于血管硬化或心脏血液输出量减少,许多感觉系统的血流供应不足,加速了这些感官的老年退行性变化的进程。又如:由于血流供应不足,脑内一个叫作基底神经节的结构非常敏感,容易出现一种静止型震颤的症状,肌肉张力较高,手足震颤,步态不稳,不仅使运动功能受到影响,肌肉关节的深部感觉,甚至一些与发音有关的肌肉深部感觉也受到影响。另外,当某一感觉系统的老化现象突出,它可直接或间接影响其他感觉系统的功能,譬如:一些老年人味觉功能明显减退,甚至口腔内总有异味的感觉,唾液分泌减少,唾液的酸碱度发生变化,使他们的食欲明显减退,营养物的消化、吸收不充分,从而使整个机体功能状态不佳,加速了其他感觉系统和全身的老化进程。

第七节　提高老年人感知觉水平的辅助措施

老年人视觉、听觉、味觉等器官及记忆力等认知功能的衰减，都会使他们出现强烈的挫败感，可能导致抑郁、焦虑、愤怒等负性情绪出现；另外，由于老年期中枢神经系统内发生生理变化及调整能力降低，老年人的负性情绪一旦被激发，需要很长时间来恢复。因此老年人要正视这些变化，正确认识因感知觉变化而引起的心理问题，以积极乐观向上的心态安度晚年。同时，社会也要多关注老年人的需求，并根据他们的身心特点提供贴心的社会服务。

现在，有一些新型技术或辅助措施或许可以帮助老年人避免感知觉缺陷，提高他们的感知觉水平，其中很多都是以重新设计物理环境的方式满足老年人的需要。具体如下文所述。

一、视力辅助设施

(1)经常检查视力，及时矫正视力。

(2)增加阅读光线的亮度。

(3)大号字体的书籍。

(4)目标和背景对比度扩大，以及物体色彩要显著(如铺有地毯或有纹理的地板)。

(5)视觉(频)信号声音化：会说话的出口标志；感觉热时，设备大声提醒；光线暗时，电子设备发出通知；汽车即将相撞时的声音警告。

二、听力辅助措施

(1)公共广播系统和录音设备达到老年人的听力范围。

(2)公园长椅或座位的角度或者组合有利于老年人面对面的交流。

三、手的灵活性辅助措施

(1)加长的梳子和刷子。

(2)可拉伸的鞋带。

(3)用魔术贴代替纽扣。

(4)不用弯腰的脚拖布。
(5)声控电话拨号器。
(6)长柄易握的拉链。

四、家中走动和安全的辅助措施

(1)扶梯代替楼梯。
(2)杠杆代替旋钮。
(3)较低的壁橱货架。
(4)为长期坐着的人准备较低的窗户。
(5)为独居老年人安装感应器,有任何异常情况可向亲戚、朋友或邻居求助。

五、温度调整辅助措施

(1)家庭配有加热设备。
(2)房间里有自动调温器。
(3)保暖性衣服。
(4)加热的食物。

六、行人安全的辅助设施

(1)道路信号灯变化较慢。
(2)设交通安全岛以便行动缓慢者停下来歇息。
(3)较低的公交站台和台阶。

七、预防在家跌倒的安全清单

(1)楼梯、走廊和过道:无堆积物;照明良好,尤其在过道或楼梯;过道或楼梯的扶手要牢固;粗糙的纹理和打磨的条纹确保地面安全、不打滑。

(2)浴室:浴缸、淋浴和厕所周围安装便捷把手;夜灯;不打滑的垫子,打磨过的防潮条纹地毯。

(3)卧室:电话和夜灯等开关安装在容易够着的地方。

(4)活动空间:电源和电话线远离过道;大小地毯固定附着在地面上,且不能磨损;检查暴露在外的钉子或其他容易使人绊倒的东西;物件摆放在熟悉的位置,且不要挡路;使用圆形餐桌或软布包裹棱角桌椅;沙发、椅子高度适宜坐和站。

最后，强调两个基本事实。首先，随着社会物质与精神文明程度的提高，以及社会的进步，老年人感觉系统退化和感觉功能减退的现象，和几十年前相比已大不一样。过去人到五六十岁以后，就已经表现出老态龙钟的现象，现在五六十岁的老年人仍然非常健壮，老化的年龄显然大大推迟了。其次，老年人感觉系统和感觉功能的减退并不必然伴随着高级心理功能（如情感智力等）的减退。尽管七八十岁老年人的外表不那么灵活，但其思维活动和理解、判断能力并不减退。因此，不能因老年人感知觉的退行性变化就认为老而无能。总之，老年人感觉功能的减退，并不那么可怕。

第三章　老年人的智力

在老化对智力的影响方面，多数人的刻板印象是：老年人知识较多但思考速度较慢；换言之，老化最普遍的特质是智慧增加而机智减少。艺术作品创作也启示了这一点，例如：画家或雕刻家创作的年老智者都是健康且带些许哀愁的样子，人们很难想象一个不是老年人样子的哲学家。但同时，老年人也被描绘成思考缓慢且反应呆滞、不够机灵的模样。有些人常常不假思索地脱口而出"真是老糊涂"。

然而，流行的意见并不等同于科学事实。仔细观察一下，人们就会发现，许多八九十岁的老年人仍可进行写作和科学研究等复杂脑力劳动。接下来要问的是：是否有证据显示，智力的不同层面会不同程度地呈现吗？老年人退化了的智力层面通过什么途径可以得到改善和提高呢？

第一节　什么是智力

智力一词，历来界说不一。

张春兴先将之解释为"个体在推论、想象、创造、判断，以及生活适应等方面的能力"，后来又补充为"智力乃个体自身之遗传条件，在其生活环境中与人、事、物接触而交互作用时，其所表现出善用以往经验，随时吸收新知，因时因地应对变局，迅速洞见困难之关键，并经思考、推理、判断以解决问题的综合能力"。这一解释可谓非常完整。它不仅指出智力的心理学内涵，还道明智力的形成过程，即智力是在人的生活过程中形成和发展的。它的形成依赖于一定的自然基础——遗传素质。遗传素质是智力形成和发展的自然前提，离开了这个前提就谈不到智力的发展。但遗传素质本身并不是智力，也不能现成地决定一个人的智力，它仅仅提供一个人智力发展的某种可能性，只有通过后天的教育和实践活动，才能使这种发展的可能性变为现实性。

Perlmutter 与 Hall 则将智力界说为：个体心智的一切活动，从而增进面对环境的各种情况，有效地发挥其功能。

多年来，心理学家谈到智力的时候，常常疑惑的是智力到底是一个单独而整合的要素，还是一系列的心理过程。通常情况下是通过因素分析方法发现智力，其理论的基础是每个人在面临不同刺激时，反应各不相同，仔细观察个体的差异，并探讨其中的具体关系，应该会找到真正的智力。

然而，有趣的是，有被试在面临同样的刺激时，呈现了一些大同小异的反应；也就是说，人与人之间有一些共同的能力。当然，特殊情境下需要以特殊能力去应对，仅靠那些一般人所具有的能力，不足以见到效果。这就出现了个体在应对不同刺激时的差异，也就可以看出彼此智力的差异了。

至于智力究竟是单一的，还是复杂的能力表现？因素分析的创始人斯皮尔曼(Charles Spearman)主张，每个人都拥有两种智力因素——一般智力因素(称为 G 因素，作为一般智力 general intelligence 的代号)和特殊智力因素(称为 S 因素，作为特殊智力 special intelligence 的代号)。

特殊能力是人们在从事如绘画、音乐等专业活动中需要具有的一些特殊的能力组合，如从事数学计算活动时，除了需要一般的思维能力之外，还需要具备推理、运算及概括等特殊能力；从事音乐活动的特殊能力则包括了音乐感知能力、音乐记忆和表象力、节奏感等。这种适应于某种专业活动的多种能力组合是有效完成某种专业活动所必须具备的。

一般智力则是人们在从事各种活动时必须具备的普遍的、共同的能力，如：感知(包括观察能力)、记忆、想象、思维、数字或视觉空间(如形状、外貌)等，每个人在这些方面有不同的量。这些不同形式的能力的综合就是智力。而且，G 因素一般用于描述智力测验所显示的整体能力。

不过，通常一份智力测验会评价许多不同的心智技能。同时，现在大多数研究者认为智力是“由若干相互关联之技能组成”，尽管还不清楚这些相互有关联的技能是什么，但是，G 因素因其缺乏一定弹性而不能客观描述不同心智技能的整体表现，大多数研究者目前都谨慎使用。

关于有争议的“相互关联之技能是什么”这一问题，当前最被广泛接受的也许是智力阶层理论(Cattell,1971)。该理论认为,所有的能力都使用一般智力,也会根据眼前任务的需要而使用特殊能力。在这些心智技能中,Cattell(1971)和 Horn(1978)分析出两种,分别是晶体智力和流体智力。

一方面,晶体智力是与人们对语言、文字、数字、观念、逻辑思考等抽象思维有关的智力,表现为应用先前已获得的知识经验的能力,通常用简单而直接的问题来施测,例如:要求被试对一些词汇下定义(如“解放奴隶”是什么意思)或要求被试回答属于一般知识的问题(如《心经》是什么);也可以问一些要求被试根据他现有知识可以解决的问题(如割破手指后该怎么办),或者是道德的问题(如为什么要孝顺父母)。这类问题的正确回答,主要依赖于被试头脑中已经存储的相关知识,并通过检索而回忆它们,人无法创造字的定义,也无法在被询问的一刹那,自创有关的知识。

另一方面,流体智力则是与人们对图形、物体、空间关系的感知、记忆等形象思维有关的智力(包括归纳推理和演绎推理),表现为一个人在混乱状态中发现意义(新知识)、解决新问题的能力,通常施测的方法是要求被试辨识出决定一组项目的法则,这些项目可能是数字的或视觉空间的,然后询问被试在此系列之后应该出现的项目是什么(或者要求被试把不属于此系列的项目挑出来),例如:1,2,4,7,11,16……

以上的这种发现包含对关系的知觉、形成概念及做出推论。流体智力极少依赖人们已经获得的知识,测量时也比较难以从正式教育或文化熏陶中受益。

现有的研究表明,这两种智力发展路径不同。一般来说,流体智力主要由神经系统决定,并随年龄增长表现出下降趋势;而晶体智力主要依赖个体的教育和社会经验,随年龄的增长保持稳定甚至会提高。下文详述。

第二节　一般智力的年龄变化

有关年龄对智力影响的早期研究大约出现在 1900—1930 年之间,其发现与人们传统所持的将年老过程视为智力衰退过程的观点相一致。当时,典型的研究结果认为:智力测验分数在青年初期达到峰值,30 岁以后开始平稳衰退,其中,语言技能不受影响(Rebok,1987;Thompson,1997)。然而,这个发现是建立在有瑕疵的研究方法之上的,主要缺点是过度依赖横断研究方法,即在同一时期对各种年龄的不同个体进行测验,比较各个年龄组的测验结果,作为从成年到老年智力变化的依据。问题在于,研究者发现不同年龄组有差异,但其实并不能确定有多少差异真正来自年龄本身,又有多少差异来自不同的教育水平和社会背景。而且,研究人员出于安排实验的方便,往往从老年人收容院或慢性病疗养院中选择老年组被试对象,从大学生中选取青年组被试对象,同时测验两组被试的智力水平,然后加以分析比较。结果自然会发现,老年人的智力测验结果比青年人差。

其中,至少有两个原因:第一,社会在不断发展,科学文化水平在不断提高,20 岁的青年人和 70 岁的老年人出生时间相差半个世纪,历史、文化和科学背景的差别是显而易见的。例如,有了电视机作为文化生活的工具,几岁小孩坐在屋内也能得到许多关于世界的感性认识,其智力发展速度是几十年前出生的儿童所无法比拟的。更何况,住院老年人的文化程度和健康状况自然都比大学生差得多,这些都会影响智力测验的结果。第二,进行智力测验时,老年人的感知觉能力、反应和运动速度都不如青年人,这些因素也会影响老年人智力测验的成绩。

因此,横断法测验出来的结果,可能并非是因为年龄因素所致,而是因为年轻人接受了更多的教育,且在文化更为丰富的环境中被养育成人。当差异来自社会背景和教育方式,而不是年龄本身时,便被称为代际效应。

代际效应可以用若干方式加以弥补(即控制代际效应,使它不再干扰研究发现)。其中,有一种方法称为纵向研究方法,即对同一个体在不同的时期内(典型的做法是在固定的时间间隔施测),观察他们某种心理活动的表现,比较两次或两次以上的观察结果,作为这种心理活动在这些年内变化发展的依据。假设研究者想要比较 20 岁和 70 岁的人在智力上的差异,若使用横断研究法,就会找一批 20 岁和 70 岁的人,给他们做测验,然后比较结果,纵向研究法则是找一批 20 岁的人做测验,50 年以后,当他们到了 70 岁,再做测验,接着将两次测验加以比较。采用纵向研究法的好处主要是可以避免代际效应问题。如果纵向研究发现了年龄差异,那么这不是因为教育方式或社会背景不同造成的,因为这是同一群个体。

有一项研究报告,在选择青年大学生和住院老年人之外,还从该大学的老校友中选择第三组被试。用来进行智力测验的是 48 张水彩图,都是生活中比较熟悉的画面,如沙发、杯子、锄草机、猫、狗、手推车等,以不同的数量和色调在图面上呈现,对三组被试在 20—25 分钟之间,进行不同的分类作业,结果青年大学生和该大学老校友这两组被试之间的成绩并没有显著差异，差异仅仅表现在青年人与住院老年人之间。这说明，文化教育程度和身体健康状况对智力测验的成绩具有重要作用。老年人智力衰退的传统观念，并未排除这些因素的影响，更忽视了几代人之间历史文化背景的差异。

总之，现有的纵向研究发现，G因素可以保持到中年，甚至更久。因此，早期研究所发现的年龄差异，实际上是代际效应引起的，而不是年龄导致的智力衰退。

当然，纵向法也有不足之处。第一，这需要十几年或几十年后才能得到研究结果，比较费时；而且，做试验的人和接受试验的人保持这么多年的联系是不容易的，比较费力、费钱，更严重的问题是，很多被试由于种种原因(交通不便、害怕自己表现不佳等)半途退出实验。第二，对同一批人追踪观察其不同年龄的智力水平，其结果也包含着不同历史阶段中社会重大事件的因素。例如，从1966年到1976年的10年和从1976年到1986年的10年，我国的社会状况相差很大。前一个10年处于“文革”时期，人们的主要文化生活是看样板戏和新闻简报；后一个10年实行了改革开放的国策，文化、艺术百花争艳，人们受到新文化的熏陶是中华人民共和国成立以来前所未有的。所以，两个10年中人们的智力发展进程也不相同。此外，有些被试在研究过程中因重复测验而明显改进了测验时的表现，从而使年龄差异被低估。

为了避免纵向研究中产生的上述问题，心理学家又提出一种将横断法和纵向法结合起来的研究方法——重叠性纵向研究。所谓重叠性纵向研究，就是把横断法与纵向法结合为一体，取各自之长补其不足之点。简单地说，假设在第一次测验时有四个年龄组：30岁、40岁、50岁和60岁，每组相差10岁，然后每隔10年都同时测一次智力水平。如表3-1。

表3-1　重叠性纵向研究的概念说明表

	阶段一	阶段二	阶段三	阶段四	阶段五
年龄组1	30	40	50	60	70
年龄组2	40	50	60	70	80
年龄组3	50	60	70	80	90
年龄组4	60	70	80	90	100

若把阶段一不同年龄组的表现加以对比，可呈现横断测验的结果；若把不同年龄组在阶段二和阶段一之间进行比较，则获得纵向研究的结果(如阶段二的70岁老年人，可以和阶段一的60岁老年人比较)。

根据重叠性纵向研究，可以评估、判断并控制代际效应。假设发现在阶段四，年龄组 1 的人比年龄组 4 的人分数高 20%，是否意味着：从 60—90 岁的老化会导致智力上损失 20%，或者是源自代际效应引起的改变？为此，我们可以检查年龄组 4 在阶段一的分数，看一看他们与年龄组 1 与阶段四相同年龄时的状况，假设发现年龄组 4 的 60 岁老年人只比他们在 90 岁时，多了 5%的智力分数，皆可以得到两种年老衰退的数据：(1)纵向研究法显示，智力的改变是 5%；(2)横断研究法显示，智力的改变是 20%。据此，研究人员可以区别出有多少年龄差异来自年龄本身，又有多少年龄改变来自代际效应。

Schaie 及其同事进行的著名的西雅图老化纵向研究，采用的就是重叠性纵向研究。这项研究始于 1956 年，被试总人数超过 5000 人，时间超过 40 年。1956 年，研究人员对一群年龄在 20—70 岁的人施测，然后每隔 7 年(即 1963 年、1970 年、1977 年，以此类推)再测，并定期加入新的参与者。使用的测验主要是基本心智能力测验(Thurstone，1958)，这是一组测验量表(指一组有共同主题的测验)，在该研究中，虽然每一项测验所测的是不同的心智，但皆为智力，包括数字能力(基本算数和数字技巧)、推理(逻辑演绎)、空间(视觉空间技能)、词汇意义(语意的知识)、言语的流畅性(根据范例提出词汇的效率)和知觉速度。研究结果显示，知觉速度和数字的能力分别在 20 多岁和 40 岁时达到高峰，有的老年人的语言和推理能力在 70、80 岁左右也没有明显的下降。部分年龄差异是由代际效应造成的。65 岁以后，即便控制了代际效应，老年人的智力分数也有显著的衰退。因此，老化始于 65 岁，确有其事，且有经验支持。同时，这也反驳了早期所谓的“中年以前，智力老化就已经开始了”的说法。

正是由于应用重叠性纵向研究，才使我们可以相信：老年人的智力仍有很大的可塑性。如果老年人像年轻人一样，不断学习，多动脑筋，老年人的智力水平也会不断提高。相反，进入老年期以后，由于社会地位的变化，老年人在周围人的心目中和自己的心目中，都成为受照顾的对象，其智力很少得到运用，就会导致智力发展的停滞或退化。有人认为“生命在于脑运动”是有一定道理的，因为科学用脑有利于延长寿命。一个思想上的懒汉，怕动脑子的人是不会长寿的，所以生物学家达尔文有一句名言：“寿命的缩短与思想的虚耗成正比。”

此处需注意的是：务必记得年龄带来的改变，在智力测验上是以原始分数出现(简言之，就是个体答对的题目数量)，智商并未随着年龄有什么特别变化。这是因为智商的计算，需要将测验的原始分数转换成相对于同龄人分数比较后，才能得出具有相对意义的标准分数。也就是每一个人的智力分数需要和他同龄人比较，而不是与所有年龄层的人相比较。一般说来，个体一生当中与同龄人比较之结果，大致会维持在相同水平，例如：一个人年轻时的智商是当时年轻人的平均智商，他晚年时的智商可能是老年人的平均智商。这已被许多研究所证实。

然而，尽管个体的智商保持相对不变，但心理测验的原始分数会有改变。原始分数在整个童年期上升，青春晚期达到稳定，然后下降。平均智商的年轻人比平均智商的老年人原始分数高。

还有一点十分重要，即纵向研究在许多方面比横断研究更能控制干扰因素，但是，纵向研究十分昂贵，并且要等待多年才能出结果，因此相对比较稀少，通常也不是学术界会使用的方法。

第三节　晶体智力和流体智力的年龄变化

在年老过程中，晶体智力和流体智力会发生怎样的变化呢？目前，经常被引用的是 Horn 和 Cattel(1967)的研究。他们发现，流体智力会随着年龄的增高而持续下降；而晶体智力很少退化，或相反地还会随年龄的增加而有所提高。比如说，以 27 岁时的智力水平算作 100 时，到了 60—65 岁的时候，其流体智力可能下降为 85—90；而晶体智力呢，却仍保持在 100，或上升到 115。如果老年人不断学习新知识，思考着解决一些问题，或经常进行一些心理训练，其晶体智力水平可以继续提高。具体见图 3-1。

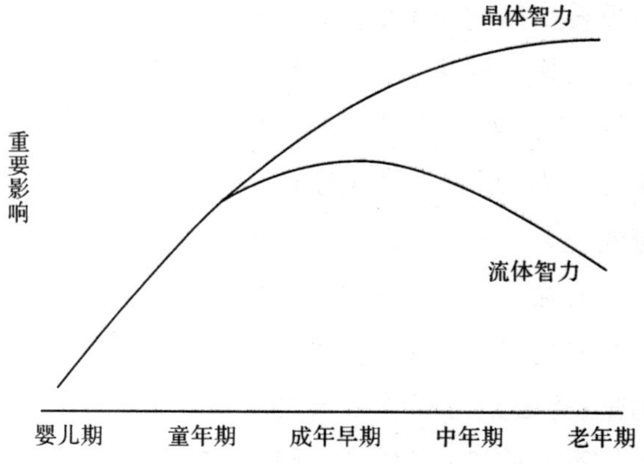

图 3-1　毕生发展过程中流体智力和晶体智力的变化

资料来源：Horn J L, Donaldson G: *Cognitive Development*: 2 *Adulthood of Human Abilities*. From Bring OG, Kagan J. Constancy and Change in Human development. Harvard University Press, 1980.

在日常生活中，如填写医学表格、查找应急电话号码和阅读医学标签等活动更多地与流体智力(而不是晶体智力)相关，且随年龄增长而下降。尤其在知觉速度慢的老年人身上，下降趋势更明显。因此，老年人不妨采用一定的补偿措施(例如:“好记性不如烂笔头”)，来保障正常生活的开展。

Schaie 及其同事进行的著名的西雅图老化纵向研究则发现了更加复杂的老化模式。知觉速度(属于流体智力)的高峰期出现在 20 多岁；数字能力(属于晶体智力)和言语流畅性(流体、晶体兼有)的高峰期都出现在近 40 岁时；而推理(属于流体智力)、空间(属于流体智力)和词汇意义(属于晶体智力)则到中年期达到高峰，尤其是女性，在这 3 项能力上的平均分数均高于她们在 25 岁时的分数。具体见图 3-2。

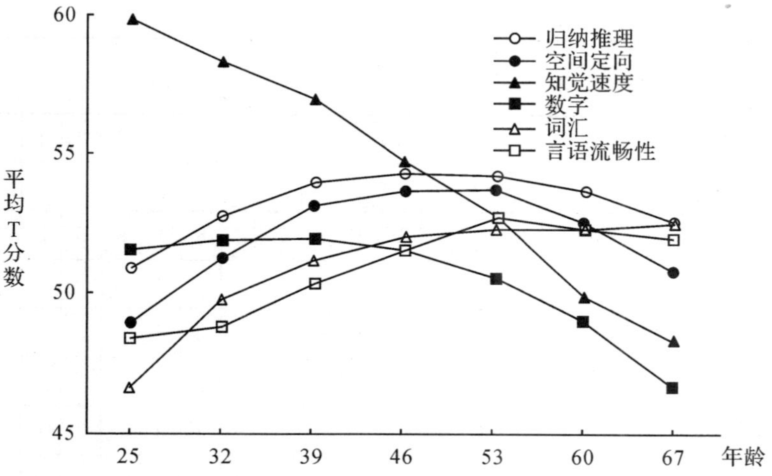

图 3-2 西雅图成人智力追踪研究(参与者年龄在 25—67 岁)6 项基本心理能力的变化模式

资料来源：Schaie K W：*The Course of Adult Intelectual Development*, *American Psgchologist*, 1994.

总之，西雅图研究中大部分被试的绝大多数能力在 65 岁之前均未显著下降，而晶体智力似乎未受老化的影响。后来的一些研究也几乎普遍支持 Schaie 的研究。例如:Cunningham、Clayton 和 Overton(1975)曾经报告，年轻人在一般流体智力(瑞文测验、非文字推理)的得分显著高于老年人，而有关语汇的晶体智力测验，年龄差异相对地不明显。Hayslip 和 Sterns(1979)用一套流体和晶体智力量表施测，发现类似结果。Rabbitt(2004)在他们的纵向研究中，也发现流体智力会加速下降，但以词汇为主的晶体智力则无显著下降。Singer(2003)的研究呼应了 Rabbitt 等人的结果，特别是其将研究对象扩大到年龄高达 90 岁的老年人。

值得注意的是，对上述年龄差异的解释必须相当谨慎。除了代际效应，很可能是其他因素引起，如由于身体限制（关节炎、风湿、一般性肌肉和关节的衰弱）而引起的书写速度减慢，最终导致老年人可能因为来不及完成测试而降低了分数。

Storandt(1976)用韦氏成人智力量表的分测验——数字符号测验，测试老年人。该测验要求被试将数字根据预定之编码加以配对（参见示例 3-1）。测验的时间限制是 90 秒，被试必须在 90 秒内完成这些数字符号配对。

数字对应的符号如下：

1	2	3	4	5	6	7	8	9
—	⊥	∩	∟	∪	○	∧	×	=

需要配对的数字样本如下：

2	1	3	7	2	4	8	1	5	4	2	1	3	2	1	4	2	3	5	2	3	1	4	6	3
1	5	4	2	7	6	3	5	7	2	8	5	4	6	3	7	2	8	1	9	5	8	4	7	3
6	2	5	1	9	2	8	3	7	4	6	5	9	4	8	3	7	2	6	1	5	4	6	3	7
9	2	8	1	7	9	4	6	8	5	9	7	1	8	5	2	9	4	8	6	3	7	9	8	6

示例 3-1：韦氏成人智力量表的分测验——数字符号测验

此测验很清楚地将目标放在测量能力，以及运用编码系统的能力。由于作答时间的有限，以及对于迅速书写能力的要求，老年人在这项作业上的表现极差，原因可能并非心智功能不良，而是无法快速写出答案。为此，Storandt 以老年人能在 90 秒内照抄多少个符号，作为书写速度的指标，再将之与测验本身的表现（编者按：包含知觉编码速度和书写速度）加以比较。结果发现：年龄差异的一半是由书写速度造成的。这就清楚地表明，以前对相关年龄差异的解释可能夸大了心理上的差异。但是，这也不意味着可以否认心理差异的存在。因为研究人员改变测试方法，允许老年人在不受时间限制的情况下进行流体智力测验，或将测验的印刷体字号放大（以便老年人不受视力问题困扰），老年人在测验上表现仍然显著低于年轻人。

另一方面,有进一步的研究说明晶体智力测验的表现并不像它给人的第一印象那样,能免受老化的影响。例如:Core(未出版,被 Rabbitt 引用,1984)发现,老年人在做晶体智力测验时,回答问题所花的时间显著地比年轻人长。如果限制时间(通常晶体智力测验的作答时间是不受限制的),那么,老年人的表现就会比年轻人差。因此,在某种程度上,晶体智力测验未见年龄差异,那是因为研究者对该测验没有做时间限制。Botwinick 和 Storandt(1974)指出,老年人在韦氏成人智力测验中的词汇分测验,与年轻人虽然没有年龄差异,但是,老年人所给予的答案比较不正确,不过因测验的评分标准比较宽泛,以致区分不出两者之间的差异。

Meacham(1990)更进一步证实,晶体智力会随着增龄而下降。他认为:智力的精髓不在于知道什么,而在于知道如何保有该知识,并加以运用。这就意味着,一旦我们谈论的不只是信息的背诵,而是有关"诠释"的问题,那么,就可能发现晶体智力的急剧下降。当然,不能就此下结论说:晶体智力是一种伪装的流体智力,因为有大量证据支持两者是以不同方式表现的。例如:Horn 和 Cattel(1967)指出,流体智力测验与生理状况的关系比较密切,像肺功能(Emery,1998)。再者,晶体智力的衰退远不如流体智力那么严重,Christensen 等人(1999)研究表明,晶体智力测验分数上的差异,小于流体智力测验分数上的差异。此外,痴呆症初期的临床症状表明,当患者的流体智力已经面临严重恶化时,但他仍然保有某种程度的晶体智力(Raguet et al. ,1996)。

因此,目前关于晶体智力较为客观的看法是:晶体智力并非不受老化影响,只是,它比流体智力更能抵抗衰老。

最后,要提醒读者的是老年人智力衰退的"真实"程度与研究者实际测量的结果有所不同。研究者不可能打开大脑看到里面进行的智力过程,一切都是通过行为推断出来的,这意味着不可避免地存在误差。这种误差在研究领域是得到认可的,但可能导致解释上的错误。例如:当读者看到"年轻人与老年人的测验分数差异来自代际效应",便会认为年轻人与老年人的"真实"年龄差异要比测验分数所显示的小,像有的人看到年龄差异 20 分,就将此解读为差异的一半来自代际效应,而"真实"的差异也就是 10 分。如果这样判断,那就错了。"真实"的差异仍然是 20 分。因为我们讨论代际效应或类似的效应,其实质都是指造成年龄差异的原因,对原因的分析并不否定差异的存在及其大小,只是引起年龄差异的原因是多样的,不仅由老化引起,部分也归因于营养、教育、社会环境等等。

例如:在传统观念中,老年人总是对自己的智力水平估计过低,这往往会影响其智力表现。心理测验从侧面证实了这一点。有位心理学家请许多青年人和老年人来做智力测验。在正式测验之前,先把测验的问题和使用的材料拿给他们看。然后,请他们分别回答下列问题:

测验材料中的这些问题,您能答对多少?

这些问题很难吗?

您有信心得到好成绩吗?

……

当被试回答完这些问题之后,正式开始智力测验。完成智力测验,再请他们回答一些问题,例如:

您答对了多少题目?

估计您能得多少分?

做对的题目是由于问题太容易,由于您有足够的能力,或者是您尽了最大的努力,还是碰巧做对了?

做错的题目是因为它太难,自己能力太差,粗心大意还是没有努力去做所造成的?

……

结果表明,老年人在晶体智力测验项目上成绩很好,年轻人在流体智力测验项目上成绩优异。另一方面,老年人和青年人相比,总是认为自己把握不大或难以胜任,只能试试看。智力测验之后年轻人对做对的题目,总是归结为自己有能力,对做错的题目大都归咎于自己的粗心或题目太难;而老年人则把成功归结为有利的外部条件,如题目太容易或碰巧做对了,对做错的问题则归咎于自己能力不佳。由此可见,在智力测验中老年人的信心和取得好成绩的期望心理不如年轻人强烈,因而就很难激发出他们的全部智力,出色地完成智力测验任务。

综上所述,笔者以为:只要研究设计得越合理、越科学,其误差就越小,解释力也就越强。好的研究设计(或方法)就是能将上述各种因素加以严格控制,并准确反映年龄差异的智力测验。这样一来,年龄差异和原因就都能得到正确的解释。

第四节 智 慧

将智慧与智力区别开来是很重要的。智慧是什么呢?可谓是众说纷纭,可能一个简单的概念更能说明问题,即“解决实际人生问题的能力”。在大部分情况下,研究者强调智慧与真实世界的密切关系,对于那些真实世界的问题而言,务实的考量与纯粹逻辑的考量一样重要,可以说,智慧的行动具有多样性,其目标是彻底解决问题且消除疑虑,而不只是解答了问题。换句话说,智慧是超越智力(它仅仅是逻辑性地解答问题)而有技巧地、完满地解决真实问题。

根据台湾地区老年心理学专家彭驾骍的说法,智慧的标准包括以下五方面。

第一,事实性知识:是指人类的本性、生命的发展,以及发展过程中的变化与结果,人际关系,社会的模式及其局限性等。

第二,程序性知识:包括生命意义与行为的探讨与策略,譬如说如何解决冲突的方法。

第三,对生命内涵的充分理解:包括有关生活各种问题(如教育、家庭、工作、朋友、休闲,以及社会福利等)之间的相互关系及其发展。

第四,对于价值体系与生活优先顺序的体认:包括对不同价值观的认知与容忍,以至于彼此契合,共谋社会之进步与福祉。

第五,对不确定性的体认与管理:人永远无法对所有事物做完全的了解,因而无从就其未来发展,做最完善的决策与考虑。同样地,现实中的许多问题如何谋求改善,也往往苦无良策。

当然,智慧通常与智力关系密切,而且会受到人格特质影响。但是,毋庸置疑的是:智慧具有某种程度的独立性。可预期的是,智慧是一个使人受益的能力,且特别与老年人的生活满意度相关。

根据上述标准,有人描绘出一位智慧老年人的画像(或称为必要条件)。

第一,他必须有高度的自知之明:对于个人一切有足够的了解,包括自己的优缺点、生命的目标、生活的意义与个人的情绪。

第二,能自我鞭策与自我约束:对自己的未来充满信心,努力向上,善于自我表达,而且,不断要求人际关系的和谐。

第三,充分了解群体与个体亲密合作的重要性:深切体认“我为人人,人人为我”的道理,而且尽自己能力所及,服务他人和社会。

第四,能够常常自我透视与自我反省:对自己一点成就,不矜不喜;对自己过失也坦然面对,并以此推己及人,以高度的宽宏接纳他人。

第五,能够容忍异己者:乐于听取别人意见,不坚持自己的看法,体会沟通的重要性。

Meacham 认为,所谓智者,便是能觉察人之所未觉察,并不断钻研一切所未知之事物的人。他以为智慧与否,不在于所知道的是什么,而是就所知道的事实,引申到其他领域,并运用到实际生活中;而且一位智者往往不会承认自己的智慧,反而谦卑地不断学习。

要做到以上种种,显然需要一个人在人生轨道上,经过不断磨炼,真心诚意、格物致知,才能在个人素养、品德修养方面有所建树,在学术上开创一片天地。这绝非立竿见影之事,而是随年龄而精进。这也是现实中所见智者必为长者之故。愿天下长者,在敦品励学方面,不断迈进。

第五节 “用进废退”说和选择性补偿策略

在人们的日常经验中,流行着这样一种说法:老年人若不动脑,其智力就会退化得更快,这也就是心理学界所说的“用进废退”说。这种学说认为,与年龄有关的智力下降是来自技能之缺乏使用,以至于它们最终衰退了。但是,这一理论不容易被证实或证伪。

研究发现,老年人心智技能可能因缺乏练习而变差,但也可能因技能已经变差而使老年人丧失继续使用的动力(在老年人的作业表现方面,动机往往被发现是不利的影响因素);或者,不论技能是否被练习,可能它本身早已恶化。那些有关老年人心智技能保持得还不错的研究几乎都发现,尽管固定练习,某些相关心智技能仍然会衰退,例如建筑师和飞行员,虽然他们每天执行任务,但空间作业技能仍显示出因增龄而引起的下降(Salthouse,1992a)。

心理学家提出一种方式来验证该学说,即探讨智力刺激对心智技能的影响(Salthouse,Berish,Miles,2002)。假设“用进废退”说是正确的,那么,至少可以预测以下三种行为。(1)因为老年人的心智技能较差,据此推测:人越老,他们的智力刺激水平(指常常接受智力刺激的程度)就越低。根据“用进废退”说,这种情况下的技能水平来自练习或智力刺激带来的心智技能的提高。一般地,老年人的智力刺激水平应该较低。Salthouse 等人的心理测验证实了这一点,不过,这一情况同时应该满足下面两项预测。(2)智力刺激水平和功能运作水平之间应该呈正相关关系。也就是说,人越聪明,他越能够因应生活中的相当于智力刺激的事件,然而,研究发现并非如此。(3)在心智的功能运作方面,年龄和智力刺激水平之间应该有交互作用。也就是说,如果练习有助于去除老化效应,那练习应该对老年人特别有益。然而,研究并未支持这一预测。不过,由于以上测试都在实验室进行,而日常生活中大量的学习发生在老年人并未意识到自己的心智被刺激的情况下。因此,以上研究可能忽略了所预测的行为模式的关键因素。

如果我们考虑日常生活情境,那么,看到的年龄差异通常会较少。因为老年人在某些基本技能上虽然表现得较慢且正确性较低,但他们的经验却可能做某种弥补,很多研究都证实了这一点。例如:Charness(1981)发现老年棋手下棋不亚于年轻棋手,但令人惊异的是,其实老年棋手在某些重要的心智技能,如记忆力,表现已经严重衰退。同时,还发现,老棋手会以大量累积的经验来弥补这项损失,因为通常他们比年轻棋手多下千百次棋,积累了大量经验,面对年轻棋手时,可谓是“老马识途”;也就是说,老年棋手大量的经验弥补了其基础技能的丧失。Charness(1979)早期有关桥牌常客的研究,结果也是类似。Masunaga 和 Horn(2001)研究指出,围棋棋手尽管在流体智力明显下降的情况下,仍然能保持高超的下棋技能。Salthouse(1984)比较老年和年轻打字员的作业,发现年老打字员手指移动速度较慢,反应时间较长,但在打字数量上,竟然与年轻人无差别。究其原因,发现年老打字员比年轻打字员,会通过较长的手指跨距来预备下一个动作。因此,虽然老年打字员手指移动的速度较年轻人慢,但移向下一个打字键的预备动作却早已准备好,这便弥补了较慢的手指移动速度。而且,Bosman(1993)进一步补充,只有勤学苦练的老年打字员,才能表现出上述敏捷的技能。Salthouse(1991)的研究还发现,一个打字员还可以通过增加阅读来补偿反应速度的下降。

在另一项关于补偿策略的研究中,Hoyer 和 Ingolfsdottir(2003)以医疗实验技术员为被试,进行一项设计精巧的实验,研究人员要求被试看一组显微镜载玻片,要他们辨识其中标的物的结构,一般而言,除了看过这些细胞或类似细胞的生物学家之外,任何人都可能以为这些载玻片上的图形,与任意滴洒的墨滴,差异极小。此测试有时间限制,故被试需高度专心和快速反应。研究发现,如果一开始就进行辨识作业,那么,45 岁以上技术员比 20 多岁的年轻技术员,花较长时间;但如果在辨识开始前,先提供他们一点相关信息,如:告知期待他们去发现什么,那么,年龄的差异就会消失。换言之,因老化而衰退的基本视觉搜索技能,在适当运用补偿策略的情况下,是可以被克服的。

练习抑或补偿,哪一种策略能更有效地提高老年人的认知表现?目前尚无定论,更进一步的研究还在进行之中。从务实的角度看,这或许并不那么重要,因为只要能帮助老年人应对问题,又何必计较具体的策略呢?但从学术上讲,研究假设的恰当性绝非小事,也只有搞清楚其中的内在关联,才能帮助老年人在心智技能方面表现得更好。

第六节　老年人反应时的变化

如果“用进废退”假说不足以解释老年人的智力变化,那什么说法更科学呢?有不少的心理学家认为,老化带来的衰退,主要来自身体功能减慢的生物历程,而该历程会进一步导致心理运作的减慢和效率的降低。为此,我们需要探讨老年人反应时的变化。

反应时是测量个体回应刺激所花费的时间。反应时短,说明个体回应刺激的速度快,反之亦然。显然,反应时间短,对个体是有利的,较快的反应速度可帮助运动员取得好成绩;对赛车选手而言,有无此种帮助甚至意味着生死之别,日常生活中的反应时虽然没有像赛车手那么戏剧化,但也是十分重要的。例如:个体在辨识各类声音、面孔或类似情境时,都会引发知觉并对它们(具有不同的复杂程度)做出反应,对它们的反应速度有人快,也有人慢。所以,通俗地说,反应时就是测量事物的出现与人们知觉该事物之间的时间差。

不过,反应时的测量一般都是在实验室获得的,而实验室将反应时视为对一个简单刺激做一个简单反应的时间。经典的反应时测量采取两种基本方法:(1)简单反应时间。这是看人如何迅速对一个刺激做出反应的时间测量。通常是要求被试在每一次闪光(或类似的状况)后,按动按钮(或类似动作),信号和反应之间的延迟时间即为反应时。(2)选择反应时间。这种设计是给被试呈现一组刺激,并要求他做出选择性反应,例如呈现 3 个灯和 3 个按钮,要求被试在红灯亮时按下 A 钮,绿灯亮时按下 B 钮,黄灯亮时按下 C 钮,此设计不同于简单反应时间设计之处,在于被试必须对实验状况做更多的考虑。因此,反应时一定比较慢,而且,考虑的选项越多,反应就越慢。上述是以视觉反应时的测量为例。此外,还可以进行听觉、触觉、运动觉等等的测量。

显而易见,当人越老,反应一定越慢。大量研究表明,简单反应时从婴儿期到 30 岁之前越来越快,50—60 岁时开始减慢,但不明显,70 岁以后反应时迅速减慢(Welford,1977;Rose et al.,2002;Der,Deary,2006)。而选择反应时的这一进程更加明显(Luchies et al.,2002;Der,Deary,2006)。同样没有争议的是,老年人的选择反应时比简单反应时慢得多;而且,选项越多,年龄差异越显著。对这一现象的简单解释是:老年人的神经系统运作较慢,处理信号时效率较低;而且,这一不利状况在选项较多时会更加明显。

不过,在上述现象之外,有着更为复杂和深刻的问题,需要注意。首先,在选择反应时实验中,如果让被试针对作业练习几天,年龄差异会消失。其次,老年人在各种不同类型的作业中反应虽然都较慢,但差异却接近一个常数(Rabbitt,1980);也就是说,一个老年人在简单反应时作业中慢 X 毫秒,那么,他在选择反应时作业中也会慢 X 毫秒,这意味着老年人自身对作业的适应性(settling in)导致其反应时变慢(至少是部分)。因此,可以设想,如果老年人有机会练习某项作业以至于达到自动化(是指一项技能被练习到不需做意识控制,就能操作自如的状况),那么,年龄差异就不会那么显著了。最后,如果考虑到老年人群体中的反应时个体差异,就会发现,不同老年人的反应速度差异很大,其差异性比其他年龄组更显著,同时发现,反应最快的老年人和年轻人的速度是一样的。

进一步的研究表明,反应时与智力测验的成绩相关,反应时越短,则智力测验成绩越好。Rabbitt 和 Goward(1986)发现,如果将老年人和年轻人的智力得分加以配对,那么,他们所表现的选择反应时就没有年龄差异。Hertzog(1991)、Salthouse(1991a)、Schaie(1989)从另一个角度证明,当反应速度的效应用统计方法加以控制时,智力测验的年龄差异就会显著减小或完全消失,这意味着变慢的反应时其实是心智技能降低的"因"。虽然任何两个项目(例如智力测验分数和反应时)有相关性,但是没有简单的数学方式能确定谁是另一方的原因,因此,反应时测量的是一种比智力测验更为基本的过程,在逻辑上可以认为,反应时是属于因果链中较早的阶段因素。通俗地说,反应时测量的是神经元输送信息的速度,智力测验则是测量这些信息做了什么,如果老年人反应时间较慢,那他们的心智运作历程也较慢,单就这一点便能解释老年人为何在有时间限制的智力测验中得分不如年轻人的大部分原因。当然,除了速度因素外,还有其他因素牵涉其中。伴随着反应时间的变慢,同时出现的是系统运作的正确性和效率的降低,这一现象的部分原因来自心理运作历程需要在一定时间(毫秒)内执行,否则就会衰减,慢的反应系统意味着一些心理过程将花费更长的时间来完成,超过了临界时间的限制,一个特定的心理历程将无法完成(Salthouse,1996)。另外,反应速度的减慢本身就是神经系统一般性生理衰落的结果,其症状包括神经元之间联结数目的减少、神经传导物质效率的降低、神经干扰讯息的增加等(Kail,1997)。

研究还发现,老年人反应速度的变异性比较大。一个人执行反应时任务,在直觉上一般不会认为对每个作业中的反应速度都是一样的,例如:对4个连续作业的反应时可能会是500、478、520、431毫秒,而不是500、500、500、500毫秒。这种差异在情理之中。然而,老年人的这种变异性会增加,而且,随增龄而显著,这种现象也被描述为"行为表现的不可靠"。研究发现,老年人的这种变异性水平相当稳定(Rabbitt,Lowe,Shilling,2001);也就是说,那些差异大的人一直都大,差异小的人一直都小。心理学家还发现,老年人反应时的差异性越大,其认知测试的得分越低(Gorus et al.,2008)。

目前,将心智技能因老化而降低的原因归因于神经传导速度的变慢,称为"普遍变慢假说";也就是说,低速度大致相当于低的测验分数,而且,随着年龄的增长,心智运作速度的变化与流体智力的变化显著相关。这种说法强调的是:反应速度变慢涉及的是一些更基础性的内在变化(神经系统层面的),而不是外在的作业特质或特殊的认知处理技巧等因素。一般地,学界对此没有什么争议。

有争议的是,反应速度的变慢在多大程度上可独立代表智能的表现,在此,就会涉及其他的、特定的因素对智力过程的影响。例如前面提到的,老年人用的补偿策略就会影响其智力表现。不少研究都表明:存在更多的其他因素影响老年人的智力表现。Sliwinski(1997)指出,就复杂程度不同的数数作业,认知速度变慢可能并非其作业速度的良好指标,相反地,复杂度不同的数数作业,可能是受不同的运作机制所调控。Salthouse和Ferrer-Caja(2003)也报告说,至少有3个因素潜在于成人的认知作业表现中(其被试年龄在10—90岁之间)。Shimamura等人(1995)通过实证证明:技能的衰退可以被个体所使用的补偿策略所抵消。Bashore等人(1997)指出:以反应时作为智力历程的指标应受到批评,因为它实质上是将一系列复杂且迅速的心理历程加以简化,以致于可能忽略一些重要的次级历程。

此外,Welford(1980)发现,反应时与健康水平密切相关,身体健康的人反应快,而生病的人反应时间长。阿尔茨海默症、帕金森症、脑卒中(中风)等精神方面的疾病自不必说,糖尿病也影响反应速度(Richerson,Robinson,Shum,2005),上呼吸道感染也会影响反应时,因为疾病使情绪消极,干扰睡眠(Smith et al.,2004)。一个人的疾病越多,他的反应速度越慢(Houx,Jolles,1993)。Houx和Jolles(1993)的报告还发现,教育也会显著影响反应速度,如果老年人经常做一些拓展反应的活动、科学而有规律的运动、培养活动兴趣等等,其反应速度和智力表现都有不同程度的提升。

综上所述，反应时作为神经处理速度的一种指标，在晚年会变慢，而它对老年人智力表现的负面影响有多大，会受到练习和作业复杂程度的影响。也就是说，反应时一方面可以描述年龄与练习、作业复杂度交互作用的智力效应；另一方面，可以描述为更为基本的普遍变慢假说。需要谨记的是，反应时虽然很重要，但不是智能变化的唯一指标。

第七节　老化带来的注意力缺陷

注意力是指无论外界有什么刺激物令人分心（分心的刺激物需要人在心智上加以处理），其心理活动仍然指向和集中于某种事物的能力。这一过程涉及大脑的额叶。Viskontas 等人（2004）指出，对老年人而言，注意力的技能与其他认知技能密切相关，老年人的注意力如果发生了什么状况，常常会引起心智的一般表现（编者按：其实任何年龄段都一样）。例如：你如果不能忽略周边的干扰信息而专注于本文文字，就无法阅读，乃至理解文章内涵。

一、持续性注意

单纯要求一个人专注于手边工作而不被分心的能力，称为持续性注意力。其典型的施测方法是，让字母持续在电脑屏幕上涌现，然后要求被试对每一个出现的特殊字母做出反应。就目前所知，老年人的持续性注意力保持得相当完好，即使有些衰退，也还不差（Salthouse，1982），研究发现，测试中出现的衰退，并不是由于注意力本身造成，而是因为测验提供的刺激物难以被老年人侦测到（Giambra，1993）。

二、选择性注意

当有其他分心刺激在眼前时，个体仍然能够对手边事物保持专注的能力，称为选择性注意力，其典型的测试方式“视觉搜寻作业”（让被试看几封信，然后要求他找出特殊的一封信）。通过该作业的研究发现，确实存在年龄差异。其原因比较复杂，Walsh（1982）指出，老年人这方面能力的衰退，很大部分原因在于神经传导普遍变慢。不过，他同时指出，视觉搜寻的关键是对于手边无关紧要事物的忽略（编者按：心理上的抑制机制），这方面是否存在年龄差异尚不得而知（研究结果大相径庭,完全取决于作业形式)。

一般而言,视觉搜寻在某种情况下可以被“视觉标记”所增强;也就是说,无关项目被抑制(即被忽略),那么搜寻就能更快。问题是:这种现象在年轻人中可发生在移动或静止的刺激物中,但在老年人群体中,只发生在静止事物上(Watson,Maylor,2002)。可能的原因是:对移动和静止事物的“视觉标记”现象具有不同的注意历程。

三、分配性注意

同时注意并处理一个来源以上的信息能力,称为分配性注意力,其典型的测试方式是“双耳听音作业”。它让被试戴上立体音箱耳机,然后在左右耳分别呈现不同的声音,要求被试报告左右耳分别听到什么。许多研究指出,老年人在这项作业上表现较差(Salthouse,1985),而且在需要同时注意 2 个及以上声源的分配注意作业时,老化带来的缺陷更明显(Lajoie et al.,1996;Vaneste,Pouthas,1999)。对此,不同的理论有不同的解释。最为精简的解释是:老年人因为一般性神经衰退,而不再有所谓的“心理能量”,去注意更多的信息。

关于神经系统方面,额叶的衰退对注意分配的影响很大(Woodruff-Pak,1997),如果相关部位有缺陷,则衰退更普遍、更严重(Woodruff-Pak,1997)。此外,焦虑程度也会大小不等地影响老年人在作业分配上的表现。Hogan(2003)发现焦虑测验得分高的老年人,在分配注意作业上表现相对较差,而同样效应在年轻人身上没有发现。

基本上,老年人在注意力处理过程中,已经丧失了年轻时所具有的准确性和运作速度。

第八节　晚年的创造力

什么是创造力?研究人员意见纷纷,但是大部分都同意,若要说一个行动是有创意的,它必然是新奇的,对运用的情境来说也必然是适当的。一般来说,富有创意的人在扩散性思维上表现良好。例如:要求被试思考“一块砖究竟有多少种用途”,有两类答案会被分类为“没有创意”,第一种是答案适当但较常见(如“盖房子”),第二种是新奇但不适当(如“敲昏自己,以作为治疗失眠症的手段”),

而创意性的回答则是既新奇又合理的(如“刮掉砖块的表面,用其细粉来制造胭脂粉”)。研究已经发现,老年人在扩散思维方面表现较差。

但是,有些老年人一直保持着旺盛的创造力,在他们身上,扩散性思维测试成绩中的年龄差异可能较小或根本不出现(Crosson,Robertson-Tchabo,1983)。Simonton(1990)和 Hendricks(1999)都曾指出,只采用扩散性思维来考量创造力是不妥当的,它们可能并不是“真实生活中”创造力的可靠指标。日常经验中确实发现,人们的扩散性思维测验成绩一般倾向于在 40 岁左右达到峰值,然后开始下降,但是他们在解决实际问题中的创意能力峰值初心较晚,甚至晚很多。

另一种考量创造力的方法是传记法。这种方法通过检验各领域受到高度赞扬的公认的杰出人物的创造性思维,以了解什么使他们表现得比别人更好。由此,研究者得出一些共识:(1)艺术家和音乐家在早年就展现他们的天赋(如莫扎特),而科学家通常在二十几岁之后才展现杰出的能力。(2)科学家展现的经常是胜任能力,他们在上学时一般不是优秀学生,仅仅是可胜任的学生,且这一胜任能力特别表现在专业领域,直到日后他们由于在专业领域中的杰出想象力而出类拔萃(Hudson,1987)。达尔文就是一个典型的例子。(3)许多著名人士在接近晚年时才在他们的专业领域做出贡献。这一现象适用许多领域,包括数学、化学和音乐创作等。(4)在杰出人物的事业生涯中,“伟大”作品和“常规”作品往往是交替出现的。意思是说,在多产时期,一个具有创造力的人会做出同样比例的“好”作品和“常规”作品;而在非高产时期,其“伟大”作品和“非伟大”作品的产出比也是一样的。也就是说,杰出人物保持着一个相对稳定的“质量比”(Simonton,1990)。(5)对多数人而言,创造力会在 60 岁以后降低(Rebok,1987)。虽然若干研究声称,创造力的发展可持续一生(Reed,2005),然而这种现象并不普遍,况且这些研究经常依赖于自我报道和自我感觉,而非客观测量。对大多数具有创造力的人而言,老化带来创造力的衰退。

关于第 5 点,有多种解释。在有些创造领域,如歌剧演员和芭蕾舞者,确实需要健康的身体,他们的巅峰时期从未出现在老年期。不过,对于大多数具有创造能力的人来说,虽然身体不佳,但并不意味着创造力不存在了。因此,还是应该寻求希望,许多人也仍展现了杰出的成就。例如:贝多芬晚年耳聋,但耳聋却可能是他晚年创作的因素之一;霍金堪称当代物理学之泰斗,因为动作神经性疾病而几近全身瘫痪,但病情却可能鼓舞了他对学术理论的思考。

还有一种说法是:有创造力的人常常是他们自己成功的受害者。意思是说,科学家若在其领域表现卓越,很可能晋升到领导岗位,这时他会把许多实验或第一手经验都交给研究助理,而自己陷入越来越繁重的行政事务之中,导致自身在专业领域上的活动受到限制,以至于创造性产出的衰退。对艺术领域的杰出人物而言,他们的成功比科学家更依赖于评论家和公众的意见,他们的价值取决于时尚。创造力强的艺术家往往作为一个时尚潮流的代表而受到关注。然而,艺术家几乎无可避免地会成为一个过时的时尚代表。他们过去越成功,现在越过时。对大多数艺术家而言,不过时唯一的办法是紧跟时尚;不过,往往是越有影响的艺术家,越不愿意放弃自己的风格而跟随别人。因此,很多艺术家创作衰退的原因可能是时代对人才的要求变了,而不是老化本身带来的创造力降低。

上述分析旨在表明:尽管研究发现晚年创造力测试得分不高,但没有人认为创造力不存在。这不仅鼓励老年人在老年从事富有创造性的工作,例如绘画、写作等,也反对那些主张"老年人已经夕阳西下,缺乏创造力"之主流论调。实际上,有许多证据显示,从事创造性活动,对老年人有很大的价值,可提高他们的幸福感和自尊(Hickson, Housley, 1997; Weisberg, Wilder, 2001)。这种价值可以从以下四方面得到印证:(1)创造性活动增强了晚年生活的士气。创造力的一部分本质就是参与、求变。当你发现自己还有能力去面对各项挑战,还可以在有些方面有所突破,心里的满足与喜悦自然成为前进中的信心,而且会带动对其他事物的兴趣。(2)创造性活动对老年人身体健康大有帮助。许多研究表明,一个人的情绪、大脑功能与免疫系统的运作是相互作用的。因此,不断地动脑、动手,会大大帮助我们各方面功能的提升,以至增进健康。这可以从一个兴致勃勃的老年人与一个垂头丧气的老年人之对比中可见一斑。(3)创造性活动能增进代际关系。当一个年过中年的个体发现自己即使进入老年,犹有无尽的发展潜力,必然会对长者有更深的敬意。即使刚刚成年的年轻人也可以从父母虽年衰,却依旧充满活力的状态中激发自己工作的热情。而老年人也可以从年轻人身上得到一些青春的气息,并更努力地展现生命的精彩。(4)老年人的创造性活动是文化传承的宝库。俗语说:"家有一老,犹有一宝。"充满创造力的老年人所提供的真知灼见,以及有意义的所作所为,是后人最大的资产。一个老年人整天暮气沉沉、怨天尤人,对其后代的负面影响不言而喻。

第九节　改善和提高老年人智力水平的途径

一、勤于动脑，善于思考

老年人勤于动脑、善于思考，不断地接受新事物，研究新问题，使脑血管经常处于舒展状态，这样可以增加脑部的血流量，使脑神经得到良好的营养，从而使脑细胞充满生机活力，不仅统帅和控制人体的各个系统和器官协调一致，延缓衰老，还会使老年人的智力向着改善与提高的方向发展。

美国科学家把73位平均年龄在81岁的老年人分成三组：勤于思考组、思维迟钝组、受人照管组。实验结果：勤于思考组的人血压、记忆力和寿命达到最佳指标。三年后，勤于思考组的人都还活着，思维迟钝组的人死亡12.5%，而受人照管组的人则有37.5%已经死去。有科学家用超声波测量出勤于思考的人脑血管经常处于舒展状态，从而保养了脑细胞，使大脑不过早衰老。

还有人用正电子发射层描仪对大脑新陈代谢进行研究，该仪器可以用来描记出人脑活动时不同部位能量供应的变化情况。在这种仪器出现之前，生物医学认为，70岁老年人脑子的能量供应，即葡萄糖利用率比20岁青年人低15%左右。可是利用正电子发射层描仪研究发现，葡萄糖利用率在脑子内分为许多各自不同的小区。甚至看黑白电视片和看彩色电视片，听音乐和听人念书时，脑子里葡萄糖利用率的小区都不一样。脑子活动时总是把较多的葡萄糖送到最需要的地方去。安静时的老年人和青年人相比，脑内的葡萄糖利用率较低，但用起脑来，脑内最活跃的地方所得到的葡萄糖并不低于青年人。可见，老年人在用脑时，脑子里葡萄糖供应的机动性和能量利用效率并不会降低。这就说明，脑子越用越灵，善于动脑筋者，脑子衰老得慢一些。

日本的脑科学家将经常用脑和不经常用脑的人做了对比，得出的结论是：同样年龄的老年人，常用脑者，大脑皮层很少萎缩，空洞体积小，勤奋用脑的人，其脑功能比懒散者高50%；而平时不爱动脑、智力负荷轻、思想懒散的人，久而久之，大脑就会出现“废用性”萎缩，并出现脑力不济的现象。因此，用脑少是导致大脑衰老的重要原因。

此外，活跃的大脑与长寿似乎有一定的联系。古今中外不少专家学者往往到了七八十岁仍然活跃在他们所从事的事业的高峰。我国春秋战国时期几位著名思想家,孔子、墨子、孟子、荀子的平均年龄都在 77 岁以上。而当时西周秦汉时期人口的平均年龄却都只有 20 岁。还有人曾对秦汉至中华人民共和国成立时期的 3088 位著名的科学家、文学家、艺术家、思想家的寿命进行统计,他们的平均寿命为 65.2 岁,这个数字接近于我国 1983 年全国人口普查统计时男性公民的平均寿命。名人长寿,不能不说是他们勤于思考、勇于探索、善于养生的结果。所以,勤于动脑、善于思考,是改善与提高智力水平和长寿的重要途径。

老年人日常生活中如何勤于动脑、善于思考呢?比如:老年人记账的过程,就是一个锻炼思考和增强记忆的过程。老年人可以回想一下:什么时候买了什么,花了多少钱,这个月的开支是多少,下个月应从哪几方面着手节约等,都会使大脑处于活动状态。只要能够长期坚持,这种对脑细胞的良性刺激就会让大脑的整体灵活性有所加强,反应变得更加敏捷,进而延缓脑神经的老化。

二、勤奋学习

美国芝加哥拉什大学医学中心研究人员罗伯特·S. 威尔逊及其研究团队从 1993 年起挑选 1157 名 65 岁以上老年人作为研究对象,每 3 年评估一次他们的智力状况。研究人员按照看电视、读报纸、听广播等 7 项脑力活动的频率为研究对象打分,分值从 5 分至 1 分不等。调查结果显示,在最初 6 年后仍保持良好认知能力的老年人中,脑力活动评分每多 1 分、年龄每增长 1 岁导致的智力衰退速率下降 52%。可见勤奋学习可延后老年人认知衰退时间。

退休后的老年人要怎样勤奋学习呢?这要根据每个人原有的知识结构和目前各种条件而定。一般说来,老年人在自己原来知识结构的框架中增添一些有关的内容是比较容易的,对完全没学过的知识不但难于掌握,即使花了大力气学到一点,也很难把它与原有知识框架融为一体。从晶体智力看,只有那些在头脑中与原有知识结构联系在一起的知识,才能有助于原有知识的综合运用。与晶体智力不同,流体智力很难通过读书、看报或专门学习,一下子就得到提高。因此,必须耐心地日积月累,不断培养自己的流体智力。那么通过什么途径有助于改善和提高老年人的流体智力水平呢?最好的办法就是多参加文艺和体育活动,通过文学、美术、音乐、电影、电视、棋类活动、体育锻炼等方式,改善自己的想象力、反应速度和形象思维能力。在这些活动中,主动地通过自己头脑不断构思、想象它们的每个细节。譬如,围棋和象棋,就是有助于提高流体智力的有益活动,在头脑中可以形象地构思出这些棋子的动态和全局的发展趋势。欣赏一些美术作品，想象出景物间的实际空间关系；听音乐，在头脑中想象出与音乐相伴随的一些场面；看电影电视之后，在头脑中不断浮现和加工着变幻的场面与情节；进行体育锻炼，除增强体质外，注意改善自己的反应速度。全部这些有益活动都能改善与提高老年人的流体智力水平。

总之，广义地理解，无论是扩展自己的原有知识结构进行专题学习，还是参加文化活动，对于老年人来说都是学习。老年人多活动多动脑，就是勤奋地学习，都能有效地改善自己的智力。

三、心理训练

老年人还可以学习和运用一些心理训练方法提高自己的智力水平。有哪些心理训练方法有助于提高老年人的智力水平呢？就训练内容来分，有注意、记忆训练，知觉鉴别训练，图形关系训练，策略训练等。就训练所使用方法而言，可分为反复训练法、反馈法和言语指示法等。这些训练内容和训练方法，虽然听起来都是些心理学的专门术语，实际上对大多数老年人和老年工作者来说，都是不难理解和掌握的。如反复训练法，就是让一些老年人对某些智力测验项目的问题，多次重复去做，使他对于这些测验的材料和问题逐渐熟悉起来。这样训练，使老年人不仅提高了该项智力测验的分数，也学会了完成智力测验项目的基本方法。又如反馈法，就是在训练中及时告诉老年人他做对了还是做错了。又如言语提示法，就是在面对一些测验问题时，向老年人加以解释；当他们完成有困难时加以提示，这一提示就可使老年人恍然大悟。再如策略训练法，是帮助老年人掌握完成某些智力测验项目的要点和诀窍，使他学会解决问题的一般方法。这些训练不仅可以改善老年人的注意力和记忆能力，也大大提高了智力测验成绩，特别有利于流体智力水平的提高。

从生到死，人的整个一生中，任何时候都可以通过学习或训练不断提高自己的智力水平。所以，勤奋的老年人智力永远也不会下降。

四、劳逸结合

马克思的休息方法常常是停止工作，演算微积分，换换脑细胞的活动。他的星期日是属于孩子们的，郊游或野餐。我们平时可以闭目养神，练练气功，也可以伸伸腰，扩扩胸，摇摇头，按按穴位，握握拳，扳指，散散步，做做操，打打球，弹弹琴，下下棋，写写字，绘绘画，哼哼歌，听听音乐，逗逗小猫、小狗、小鸟，看看鱼，浇浇花，锄锄草，还可以和友人、家人聊聊天，逗逗小孩，干干家务等。总之，要拿得起放得下，该休息就休息，像刹车一样，戛然而止，让脑细胞转入另一个“节目”。用脑要有劳有逸，劳逸结合，要有节奏感。只有勤于用脑又善于让脑子休息，才是推迟大脑老化和人体老化的最好方法。

英国伦敦大学日前公布的一项研究结果显示，睡眠时间减少或过多，都会使大脑受到损伤：不仅是早衰，而且会导致认知能力下降。该研究开始于 1985 年。研究人员收集了 5431 名年龄在 35—55 岁之间的男性和女性平均睡眠时间的数据。2003—2004 年期间，当被调查者达到 55—75 岁时，每人都接受了一系列有关记忆力、推理能力、总体及文字认知能力的测试。结果显示，睡眠时间保持在 7 小时的人这些能力没有大的改变。在睡眠不足 6 小时的被调查者中，25％的女性和 18％的男性在三个方面的测试中分数普遍较低：推理、词汇量和总体认知能力。而在睡眠时间超过 8 小时的人当中，7.4％的女性和 8.6％的男性在认知能力的 6 项测试中分数较低，尤其突出的是短期文字记忆能力。

五、控制血压

科学家对 990 名平均年龄 83 岁、存在认知困难但没有痴呆的老年人进行 5 年的跟踪调查后指出，老年人大脑认知功能的逐渐退化，如思考和决策困难，很可能与老年人高血压有密切关系。研究人员发现，有 57％的高血压者同时被诊断出认知困难，而没有高血压的人被确认为认知困难的只有 28％。因此科学家建议，老年人要对血压严加控制，以防它导致脑部出现疾病。另外，老年人易患的动脉硬化症会影响大脑神经系统功能，影响到脑细胞营养的供给，使脑细胞活力不足，智力逐渐衰退。所以养成良好的生活方式，预防疾病，是避免老年期发生智力下降的有效措施。

六、多与人交往

美国研究人员发现，社交活动多的人记忆力更好，平时与家人朋友联系密切的人，年老后出现记忆力减退的概率更低。他们用 6 年时间跟踪了年龄在 40—80 岁之间的 16638 名美国人，并对受试者的记忆进行评估，例如：让他们回忆一个写有 10 个单词的表格等。之后，研究人员对他们的婚姻状况、志愿者活动、参加社交活动的频率、对邻居同事的了解程度进行调查，以评估他们的社交情况。6 年后研究人员再次测试了这些人的记忆力。结果发现，与社交频繁的受试者相比，社交少的人记忆力下降的速度要快两倍。

2008 年美国密歇根大学的心理学家奥斯卡·伊巴拉声称，短期社交有助于提高人制订计划、协调任务,最终完成目标的能力。之后,又想要证实哪种类型的社交有助于提高智力。为此,他们选取了 192 名大学生作为研究对象。研究发现,参与者只要与他人进行旨在彼此熟悉的 10 分钟交谈,就可以在接下来的一系列日常认知任务中提高效率。这是因为,社交活动指引人们尝试读懂对方的心思,并抓住事情的要领,而这种努力有助于促进思维敏捷。

人们多与人交往,能够充分开发大脑潜力,让记忆更好。

七、改变观念

从养心的角度来看,思维可以分为正面思维和负面思维。所谓正面思维,就是遇到对自己有利或不利的一切事情,思考时都朝着对自己有利的方面,也就是积极美好的方面去想。同理,负面思维就是凡事都往坏的方面,也就是消极悲观的方面去想。正面思维是养心入门的金钥匙,而负面思维则是心理障碍的策源地。养心必须重视正面思维。

清代某笔记小说中有一首《行路歌》:“别人骑马我骑驴,仔细思量总不如。回头再一看,还有挑脚汉。”日本学者春山茂雄在《脑内革命》一书中曾这样说:“想好事,好事降临,想坏事,坏事敲门。”哲人说,人生就是一块多棱镜,从不同角度比较,就会产生不同的效果。当一个人改变对事物和其他人的看法时,事物和其他人对他来说就会发生改变。当老年人有了奋发向上的思想之后,才能获得真正的自信、智慧和健康;反之,如果不能奋起他的思想,他就永远只能衰弱、悲观、抑郁,并加速衰老。

八、积极锻炼

人们在谈到健身时通常只考虑到身体健康,而忽略了心理和头脑健康。实际上,不论多么轻微的运动,都能让人们的头脑变得更加聪明。因为人们在运动时会做出各种动作,身体各部位都会被调动起来。肌肉负责实现这些动作,而大脑则必须对这些动作进行控制。只有大脑发出指令,身体各个部位才能做出不同动作。运动使大脑处于兴奋状态,而大脑在不断使用的过程中也会变得更加聪明。

九、戒烟

2012 年,英国伦敦大学研究人员发布报告称,对平均年龄在 56 岁的 5099 名男性和 2137 名女性进行了为期 10 年的研究,分析了吸烟状况与他们的记忆、语言技巧、推理等方面的关联后发现，与从不吸烟者相比，吸烟者的思维能力下降很快，大脑功能会快速衰老，认知能力比非吸烟者(尤其是男烟民)提前 10 年衰退，甚至与痴呆相似的早期认知困难最早会在 45 岁就出现。

十、加强营养

大脑是一个功能器官，在很大程度上和血液中运输的营养素有直接关系，有时营养素甚至起决定性作用。营养学专家认为大脑的营养要从以下六个方面来加强(见表 3-2)。

表 3-2　加强大脑营养的食物

营养素	营养作用	含营养素的食物
不饱和脂肪酸	使脑结构物质完善、聪明	鱼、核桃、松子、芝麻
蛋白质	加强大脑皮层的兴奋与抑制功能，提高学习效果	蛋类、瘦肉(牛、羊、猪、鸡)及豆类
葡萄糖和氧	促使头脑清醒	大米、小米、高粱米、荞麦面
维生素	帮助大脑兴奋与抑制的过程	动物内脏、蛋黄、瘦肉、花生米、蔬菜、水果
钙	增强记忆力	牛奶、骨粉、海带、蔬菜、苹果

加强营养不是饱食，每当鸡鸭鱼肉堆满桌时，很多人会忍不住吃到饱胀不堪，尤其是冬令进补时期，人们总是吃得饱饱的。其实，长期饱食非但不能增进营养，反而导致大脑衰老加速。

饱食能诱发人脑内一种叫作纤维芽细胞生长因子的物质，这种因子被证实是促使脑动脉硬化的元凶。脑动脉硬化后，供给大脑的氧和营养物质就会减少，使人记忆力下降，甚至发生脑组织萎缩，引起阿尔茨海默症。有学者还发现一个惊人的事实：约 20%的阿尔茨海默患者在他们青壮年期皆是饱食的“美食家”。所以，要做到“每餐应该七分饱”。

最后，大脑的保健还应当保持良好的情绪。

第四章　老化与记忆

不少老年人常常抱怨,总是忘东忘西,感叹记忆力大不如前！在多数人的印象里,老年人也都是健忘的。那么,老年人的记忆究竟怎么了？

在心理学领域,记忆是研究最早、成果最多的领域之一,从1885年艾宾浩斯对记忆进行了第一次实验研究至今,已经走过了130多年的路程,人们对记忆的理解越来越深。记忆并不像表面看起来那样简单,生理上的证据表明,不同的记忆材料(如字词、图片、运动技巧等)就储存在不同的大脑区域。此外,不同类型的记忆有不同的运作方式,例如:语言记忆和视觉记忆,分别储存在不同的大脑区域,且有不同的心理过程和心理机制。下面必须先就记忆的若干概念或理论,进行一些说明;然后再来阐明老化与记忆的相关问题。

第一节　记忆简介

一、记忆的分类

根据分类的不同标准,记忆可以分成不同的种类,一般而言,有以下几种类型。

(一)短时记忆和长时记忆

在许多记忆的分类方式中,最简单的分类是依据记忆保留的时间长短来分,称为瞬时记忆、短时记忆和长时记忆三种不同系统。

瞬时记忆又称感觉记忆,是指保持感觉信息(光、声、气味和触压等)的瞬时印象，其保持的时间在0.25—2秒之间。瞬时记忆的信息是未经加工的原始信息。虽然信息在瞬时记忆中保存的时间很短，但却很有用。在看电影和电视时，由于有瞬时记忆，眼动和眨眼的时间并不影响我们知觉的连贯性。在与他人交谈时，由于有瞬时记忆，我们才能把别人的话理解成连贯的谈话。

短时记忆是指所获得的信息在头脑中贮存时间相当短（一般为1—2分钟）的记忆。传统测量短时记忆的方式是施测者念一串字母或数字，然后请被试重复一次，被试能够稳定地且记得最长的字串即为其短期记忆的广度。短期记忆中的信息如果没有积极加以复述，会很快在短时间内消退。那么，短期记忆的功能何在？Baddeley和Hitc(1974)提出“工作记忆”这一重要概念，其意思是人们当下对于信息的储存，而这些信息对于从事下一步的学习、推论及理解等活动是必需的。Baddeley(1986)曾说：为了能够进一步进行认知活动的运作，不论这些认知运作是为了要处理当下的记忆材料或是预备下一刻要处理的信息，人们都必须在心智上保存少量的信息，并维持短暂的时间。

其实，工作记忆是短期记忆的一种形式，在直觉上，我们可以很快发现工作记忆在日常生活中的运用，例如：上课时，学生必须记住老师正在说的信息，以便理解老师接下来即将要说的内容；另一个关于工作记忆的例子就是数学的心算，所有的数字都必须被短暂地保留，我们才有可能算出正确的答案。

工作记忆模式包括两个系统：中央执行系统和次要系统。中央执行系统的主要功能是从不同的次要系统提取信息，然后协调、整合，并分配注意力到不同的次要系统，最后将处理好的信息放回次要系统；同时，它还有存储器的功能，但记忆容量很小（因为主要任务是整合不同次要系统的信息）。次要系统有较大的记忆容量，每一个次要系统专营一种记忆材料，因此语言材料（包括字、词和数字）、图片材料和空间位置等均储存在不同的次要系统里。中央执行系统控制次要系统信息的存入和提取。当次要系统的容量满溢之时，那些经常被使用的记忆信息将会进入长时记忆（不经常被使用的信息则消退）。

在环境中，人们短时间内所接受的信息太多，因此短时记忆相当容易快速消退。例如：心算时，要计算正确的答案，短时间内要记住那些数字是必要的，但之后就没有必要继续保持，因为那样既浪费时间又浪费记忆容量。不过，有些内容的确需要长期记住，这时候，长时记忆就扮演重要的角色了。

长时记忆是指可以永久保持的记忆。它有最大的记忆容量（其容量限度目前尚无法回答），而且记忆应该不会消退，如果长时记忆有消退的现象，那表示大脑受到伤害（如车祸或神经细胞的死亡），除了失忆症的病人，一般人都不会遗忘那些天天发生的信息，例如：所使用的母语、自己的姓名、出生地、穿衣、如厕等，这些信息的特色在于几乎每天都在被使用或有机会被复述，即不断经历记忆的加工和重复，于是渐渐形成很强的记忆路径，不容易遗忘。当然，有些原本保持的信息在生活中因为不常被使用（也就很少复述），的确也会被遗忘，例如：好友搬家后，其原来的旧地址、旧电话你可能都不记得了。经典的长时记忆测试方式与短时记忆一样，只是需要被试将信息保持得更长久一些（一般从 30 分钟到数天）。

以上三种记忆是相互联系的，它们之间的关系可以从图 4-1 中看出。

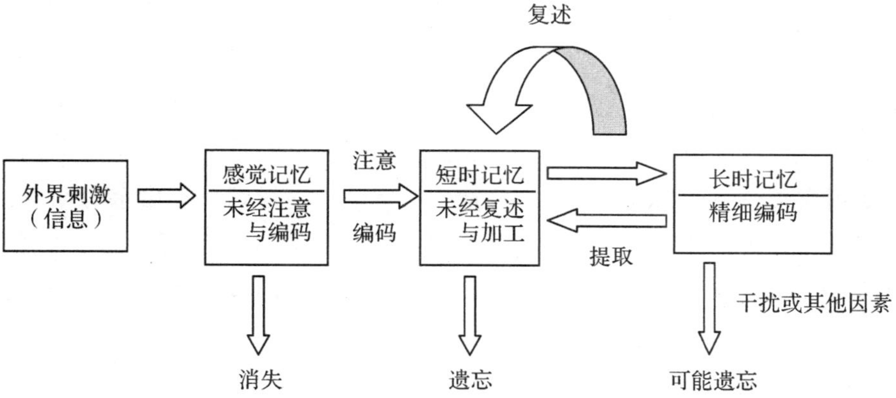

图 4-1 记忆的三个进程

图 4-1 的大意是：外界刺激引起感觉，它所留下的痕迹就是感觉记忆；如果不加注意，痕迹便迅速消失，如果加以注意，就转入第二阶段——短时记忆。短时记忆中的信息，如果不及时复述，就会产生遗忘；如果加以复述，就转入第三阶段——长时记忆。信息在长时记忆中被贮存起来，在一定条件下又可提取出来。提取时，信息从长时记忆中提取到短时记忆中来，从而能被人意识到；长时记忆中的信息，如果受到干扰或其他因素的影响，也会产生遗忘。

（二）语义记忆和情节记忆

第二种区分记忆的方式是将记忆区分为语义记忆和情节记忆（Tulving，1972）。语义记忆则是独立于个人经验之外，它是指事实的、知识性的及学业方面学到的内容；而情节记忆是个人经验的记忆，与此相似的还有另一个概念——自传性记忆，这是指个体相当独特的经验记忆。

（三）前瞻记忆和后设记忆

这一类型记忆与个体对自己的记忆进行计划及监督指挥能力有关，记得将来要做什么事，称为前瞻记忆；对自己记忆能力——容量如何、怎样才能记住事情等方面内容的了解，称为后设记忆。

二、记忆的运作方式

传统心理学把人的记忆过程分为识记、保持、再认和回忆四个基本过程。当我们要记住某个事物、某些内容时，就努力去了解和掌握它，以便使它牢固地印入头脑中，这就是识记过程，这是记忆的第一步；某个事物、某些内容印入脑内后保持一段时间不忘，是保持过程，它是实现再认和回忆的保证，是记忆力强弱的重要标志之一；当过去经历过的某个事物、某些内容再次出现时，我们能立刻认出它来，则是再认过程；当人们把识记的某个事物、某些内容努力在头脑中重新呈现出来或表达出来，就是回忆过程。

现代心理学则把记忆的上述过程与电子计算机的工作程序加以类比：识记过程就相当于信息的登录（输入和编码过程）；保持过程相当于信息的储存（储存和巩固过程）；再认和回忆过程相当于信息的提取（其中再认可理解为信息的部分提取）。而记忆的遗失则是因为无效率的登录或者无效率的提取。无效率登录的假设是指个体在登录信息时，就好像图书馆里一个无能的馆员把书放到了书架上错误的地方，以至于需要找书时，无法在正确的位置上找到书；与此相同，当记忆以无效方式登录时，在提取时便无法在记忆系统中找到该信息，也就形成了记忆的遗失。无效率提取的假设则认为，记忆会遗失并不是由于无效率的登录，信息存在于正确的区域，只是个体找不到它而导致提取失败，以上述图书馆例子来说，无效率的提取就是书本放在正确的位置上，但是因为馆员严重的个人问题（如失读症），而无法找到书本。

记忆能力可以通过不同的方式测量，最常见的两种方式是回想和再认。回想是要求被试尽可能地将所记得的字词报告出来。再认比回想简单，一般只要求区分字词是否呈现即可。一般而言，再认作业的表现会比回想作业的表现来得好，因为其记忆负荷较少。

第二节　老化与短时记忆

研究发现，如果以短时记忆的广度进行测量（也就是要求被试复述施测者所念的内容,如数字,包括顺序复述和倒序复述两种形式),那么老年人顺序复述数字的能力保持较好;不过,倒序复述数字的能力则不然,与年轻人有显著差异。当然,倒序测试比顺序测试要困难,因为被试一方面必须记得数字的顺序(倒序的),另一方面又必须记得自己当下回答的数字(事实上这项作业就是需要发挥工作记忆的功能)。

产生上述现象的可能原因有很多,其中之一就是抑制缺损假说——指被试无法抑制无关信息的干扰(例如:当进行倒序复述时,必须抑制无关的顺序数字的出现)。由于顺序复述和倒序复述都是同一组数字,当被试反应时,很容易混淆两种形式,形成一个融合乱码,老年人无法区分无关和必要的信息,这意味着老年人对心智材料加以规划的能力受损。而这与老年人大脑额叶功能的衰退有关,因为大脑额叶功能衰退会影响认知功能的许多层面,包括记忆力。

有一项研究证实了这一点。该研究对 19—30 岁的年轻人和 60—77 岁的老年人进行了一项简单的记忆测验,测验时被试的头部连接功能性核磁共振扫描仪。测验包括 4 个图像系列,其中 2 个是人脸,2 个是自然场景。测验要求被试记住人脸,视自然场景为无关信息;或者记住自然场景,视人脸为无关信息,然后要求被试回答在 4 个图片中一个特定的人脸或自然场景是否出现过。当年轻人被要求记住人脸时,他们的大脑显示出加工人脸的脑区活动增加,加工场景的脑区活动减少;要求年轻人记住场景时,他们加工场景的脑区活动增加,加工人脸的脑区活动减少。然而,当老年人被要求注意人脸时,他们加工人脸的脑区自然增加,但是加工场景的脑区却依然活跃(即没有抑制或很少抑制),反之亦然。这表明:老年人能够集中注意相关信息,但是不能抑制干扰信息。

一般而言,随着年龄的增长,人脑内存储的信息越来越多。对老年人来说,他很难区分哪些信息是当前记忆任务需要的,而哪些信息是不需要的,这一区分作业及其无关信息的存在对于要完成某一记忆任务来说,好像是一种“噪音”,会对记忆过程发生干扰。老年人和青年人相比,记忆的抗干扰能力更弱。

从工作记忆模式来看,以上现象也符合老年人年龄特点。Baddeley(1986)就指出:中央执行系统(大脑功能区正好位于额叶)会随着增龄而退化。Swanson(1999)更明确:工作记忆在 45 岁以后逐渐萎缩。这将使得个体很难同时处理多项任务(Smith et al. ,2001)。

其他研究也发现,增加任务的复杂性(需要重新组织材料或进行精细化分析的任务),老年人的记忆成绩大大下降(Mitchell et al. ,2000;Morris,Gick,Craik,1988)。例如:请被试将创可贴、大象和报纸根据形状按照从小到大顺序口头排列(创可贴一报纸一大象),你必须回忆先前关于创可贴、报纸、大象的知识,那么,你需要更多的心理努力在大脑中保持额外的信息,占用更多有限的工作记忆容量。又如:请老年人一边走路一边记忆,当记忆的内容没有改变,但如果将走路的路线变得较为复杂时,老年人的记忆成绩就会受到影响。另外一项研究是在再认作业中,增加许多并未出现的字词让被试判断,未出现的字词并不会增加认知负荷,但是结果发现老年人在这项作业上的表现并不好。依据工作记忆模式,以上多项任务的执行由中央执行系统监管,但是,老年人的中央执行系统无法有效结合当下的注意力和记忆内容,也就是无法分心(或者说是抑制无关信息),致使老年人在这些作业中表现不佳。Maylor、Vousden、Brown(1999)设计了一项非常聪明的实验,测量老年人在额叶功能、短期记忆(或工作记忆)及反应速度上的表现,结果发现:老年人短期记忆(或工作记忆)的不好表现,确实是由于信息处理过程变得较为缓慢造成的。

基于上述发现,以及额叶功能在信息处理中所扮演的角色,目前可以证实老年人在短期记忆(或工作记忆)中的不好表现与流体智力、反应速度及中央神经系统(如:神经系统会影响被试的视觉准确程度)有关。从这一角度看,老年人短期记忆(或工作记忆)的退化可以看成是一般智力退化的一部分。

生活中很多人都有过这样的体验:曾经记住的单词却怎么也想不起来(信息提取困难),好像就在眼前却说不出来,不过我们确信自己知道这个词——可能想到其中一个字,或者某一个发音,或者某一方面的意义。这种症状称为“舌尖现象”。这种现象在老年时期更加普遍,例如:老年人在说出图片上物体的名称时往往表现出更多的错误,在口语中出现更多模棱两可的引用或“舌尖现象”(如“嗯”“啊”的停顿)。在一项测试中,Smith(2000)要求老年人和年轻人分别给单词下定义,两者没有年龄差异;但是,当要求根据定义写出特定单词时,老年人表现得比较困难。进一步的研究发现,其原因可能与工作记忆有关(Light,1990;Schonfield,1974)。也就是说,老年人“舌尖现象”的普遍化与其工作记忆的退化是相一致的,正是工作记忆的退化导致言语提取失败。

老年人在工作记忆上的退化现象,另一种解释是,随着年龄的增加,老年人处理信息所需的加工空间比年轻人要小得多,也就是说他们缺乏足够的加工空间去处理要记忆的内容(如数字)。由于工作记忆中次要系统的记忆容量严重不足,当记忆内容要转换成长时记忆系统进行重组时,发生内容丢失,或者错误存放所导致的长时记忆提取失效。Morris(1990)以传统的工作记忆对年轻人及老年人进行测试,要求他们记住一串字词时,同时判断一些简单句子的对错(例如:

麻雀会筑巢?),接着回忆字词,结果发现老年人的表现比年轻人差得多。Morris认为产生差异的原因在于:年轻人在工作记忆过程中,不仅对信息进行编码,而且还将一份记忆痕迹的副本送到长时记忆系统,作为备用,一旦工作记忆中的记忆痕迹丢失的话,他可以从长时记忆中取回副本。但是,老年人却无法复制记忆痕迹的副本并送至长时记忆,而这很可能就是因为他们工作记忆中次要系统的记忆容量不足。由此可以推断,老年人工作记忆的退化是由于他们记忆加工空间不足导致的信息编码与信息提取无效引起的。

在日常生活中,我们也可以发现类似表现:老年人对刚刚看过或听过的事情,马上可以复述,与年轻人没有明显差别。但是,要把看过或听过的事经过信息加工(重新组织材料或精细编码信息),并将其中关键部分存入脑中,转变为长时记忆时,老年人的表现比年轻人差。

此外,另一项研究表明,老年人在对短时记忆中的信息进行登录编码时,使用的策略没有效率。一般的登录策略会使用记忆组块,因为要记忆的字串往往大于 4 个串节。对此,比较好的策略方式是将一串字符分成不同的串节。例如:要记住电话号码 13685475621,有效的登录策略是将之分解为 3 个组块:136,8547,5621。这个方法也适用于记忆身份证或银行卡号码。研究指出,老年人在将字串分成组块的策略上并不如年轻人;同时发现大多数老年人很少对要登录的信息进行安排或组织(例如:采用组块策略),如果不加以提示,他们不会付出密切的注意。换句话说,老年人对信息的加工不够深入(Belmont,Freeseman,Mitchell,1988)。如果信息呈现很快,老年人则更不擅长编码,这表明老年人的编码过程较慢,效率较低(Waugh,Barr,1982)。

其他研究发现:老年人在一些短时记忆任务中,再认的测试成绩比回想的测试分数要来得高,研究甚至发现老年人与年轻人在再认任务上没有年龄差异。再认比起回想来说,要容易得多,那是因为被试不需要对于字词有详细的记忆,大约有个概念就可以回答。研究者认为:如果年轻人和老年人对于信息的登录能力(如编码)是一样的,那么,产生问题的地方就在于后来的储存或提取(在实验方法上,这两者是相当难以区分的)。在回想任务中,只有那些可以完全清楚地提取的信息才能被回忆;而在再认任务中,被试可以依据模糊的记忆痕迹,来判断这个字词是否出现过。当然,如果老年人在信息登录时没有形成任何记忆痕迹,哪怕是一个很弱的痕迹,再认也不可能发生。有一项研究支持这一观点。研究者要求被试对于再认作业的字词进行信心评分,请被试以“确定知道”或“似乎知道”来判断对于这个字词是否出现的信心程度。结果发现,随着年龄的增加，判断为“似乎知道”的比例越来越高，而且进一步研究发现，此种判断与额叶功能有关，这再次支持了额叶功能在老年人记忆表现中的重要作用。

上述分析表明，对老年人而言，其短时记忆的形式——工作记忆存在显著的退化现象，这与额叶功能的老化有关；而且，记忆容量也可能不足；再加上编码策略的无效，最终导致老年人在较为复杂或精细的短时记忆任务中表现不佳。但是，再认与年轻人没有年龄差异。

第三节　老化与长时记忆

既然老年人的短时记忆会受到年龄的影响，那么长时记忆也会受到年龄的影响，因为任何进入长时记忆的内容材料，都要经过短时记忆。对长时记忆的研究不仅有实验室环境下的记忆测试，也有基于日常生活事件的测量。下文侧重于后者叙述。

一、远期记忆

远期记忆是个人对早期生活事件的记忆，但它的内容不是个人自传性的，而是 40—50 年前个体所生活年代发生的重大新闻事件（不能是已经作为书本上的一般性知识或媒体反复炒作的新闻材料）。

学者 Stevens（1979）设计了一项称为“著名人物姓名测验”的心理测试，测验内容包含一系列人名，如：John Conteh（拳击手）、Sid Vicious（摇滚乐手）、Issy Bonn（喜剧演员）、Reggie Whitcombe（高尔夫选手），任何一个年龄超过 40 岁的人也许会说出前两位人物的事迹，但要说出后面两位人名的事迹，应该是 70 岁以上的老年人。以上人物在当时的年代都非常有名，后来的媒体也没有常常刊登他们的信息，因此被试的回答能代表其远期记忆；测验中还加入一些虚构的人名，以防止被试的猜测。结果表明，老年人的表现比年轻人来得好。不过，如果 70 岁以上老年人不能回答 Issy Bonn、Reggie Whitcombe 是谁时，表示其远期记忆受损，有罹患失智症的可能。

二、目击者证词

目击者证词是指有能力记得意外发生时的信息。实验室测量时，一般使用录像呈现。研究显示，在回想意外事件的主要内容时，老年人与年轻人表现一样好，但在回想细节部分（如主角所穿的衣服、头发发型等），其表现不如年轻人。如果测试要求老年人在一星期之后指认录像中的罪犯，则会发现老年人不但会遗漏真正罪犯，还会错认罪犯。

此外，老年人容易被误导的讯息所影响。研究人员先将犯罪录像呈现给被试，然后询问一些问题，其中包括误导性问题。结果发现，老年人在记忆上的表现差于年轻人，而且，老年人的回答容易受到误导问题的影响。

研究还发现，老年人无法有效指认事件或消息的来源，例如：让被试听一段录音，录音里有不同的人物在对话，包括男性、女性、成人或儿童等，老年人在被要求指认话语（尤其是相似话语）是由谁所说时，有较大困难，这表明老年人无法正确判断相似消息的来源。有些研究还指出，老年人会自动将信息的解释错认为就是事实，以至于为了符合其解释而扭曲了事实的客观性。

鉴于此，法庭一般会慎重采纳老年人的证词。当然，并不是所有老年人的表现都这样，有些老年人的表现可能与年轻人相差无几。个别差异总是存在的。

第四节　老化与语义记忆、情节记忆

语义记忆和情节记忆都是长时记忆的类型。

一、语义记忆

语义记忆是老年人保存较为完整的记忆，因为语义记忆系统受到晶体智力的影响，而晶体智力是不受年龄影响的。事实上，老年人回答有关语义信息的能力，与年轻人一样好。不过，这是相对于已存储的语义记忆而言的。

当要求老年人存储新的语义信息的时候，老年人的记忆表现可能会比年轻人逊色。也就是说，面对新的学习任务（存储新的语义信息）时，老年人从记忆库中提取新信息的能力是不太流畅的（Craik et al.，1995）。一些研究者发现，如果请老年人对语义知识（例如：词汇）下定义，他们的定义虽然正确，但是不太严谨（Kozora、Cullum，1995）。此外，在一个三年的纵向研究中发现，老年人随着年龄的增加，对世界上发生的一般性知识（语义性的）的记忆表现也下降，这或许与老年人其他记忆能力及智力的下降所引起的学习能力下降有关，也或许是代际效应造成的。

二、情节记忆

相对于语义记忆，情节记忆在老年则是显著衰退，尤其是回忆最近发生事件的能力，例如：今天早餐吃了什么？出门时门锁了没有？等等。其典型的表现就是未能记住信息的细节。

例如：老年人容易遗忘这信息来自哪里？如果给老年人一些新的"事实"（是一些错误的、但貌似可信的一般知识），一周以后，请他们回想这些记忆内容，发现他们可以正确回答相应的信息，可是关于是在哪里获得的该信息，却被严重遗忘了（McIntyre，Craik，1987）。此外，老年人在记忆当初是谁说的信息，当初说这个信息的人是男是女，等等，这些特定的和局部的信息来源方面，明显不如年轻人（Simons et al.，2004）。

另一项研究发现，老年人更容易遗忘把信息告诉了谁。研究者编写了50个故事，同时用电脑屏幕向被试依次呈现50个名人图像，要求被试对着每一个名人朗读一个故事，并要求记住向谁朗读了什么故事。结果发现，老年人的正确率远远低于年轻人（相差21个百分点）。研究者还发现，老年人不仅记不住自己曾告诉过谁，而且他们对自己的错误记忆还非常自信（Gopie et al.，2010）。这可以解释为什么老年人会一遍一遍地重复同样的故事，因为他们确信自己没有告诉过你。

专家推测，老年人情节记忆的退化可能与下列因素有关：(1)因为情节记忆和特定的事件相联系，个体需要在头脑中重建最初的经历，才能提取信息。而老年人对事件发生的背景（事情发生的地点、人物）关注较少。因此，唤醒其记忆的连接也较少（Kausler，1990）。(2)老年人往往将经历过的很多相似事件联系在一起；或者说，老年人排除无关信息的能力不如年轻人。研究人员设计一项"自由回忆扩展"的测试，请被试不仅报告要求记住的字词（目标词），还要报告任何脑海中想起的字词（干扰词），然后要求被试自己如果发现所报告的字词是干扰词，那么就按一下按钮，结果发现老年组和年轻组都会产生干扰，但老年人却在辨识干扰词的能力上比年轻组差，这表明老年人无法组织、监控记忆的来源，以至于影响情节记忆的表现。

以上叙述表明，老年人的语义记忆和情节记忆表现相反，但在老年人身上存在相关性；而且，年龄越大，其相关性越高。在一个5年的长期追踪研究中，老年人的情节记忆表现为不稳定的下降，而语义记忆则是有规律的下降，且两者存在高相关性。不过,两者仍然具有不同的特性。

此外,还有一种称为程序记忆的长时记忆类型。程序记忆主要包括:(1)感觉运动技能。如打字、开车、骑自行车、弹钢琴、游泳等。(2)习惯和过程。如饮食习惯、日常生活时间节奏等。(3)涉及序列和规则的学习和记忆。如扑克、下棋、拼图等。(4)记忆启动。这是指个体在解决问题、回答问题或者从事先前做过的工作时,其能力增加的现象,例如:一个词或图片重复多次后,识别它们的速度和准确性比初次看到时而提高的现象。我们都有过这样的体验:当在考试中遇到先前教过的题目,或者解一道与先前做过的步骤相同的题目时,之前的做题规则就马上涌现在脑海中(记忆启动发挥作用了)。这种现象能解释为什么老年人在识别熟悉的图画或回忆熟悉的单词上,与年轻人的表现一样好。

程序记忆一旦为个体掌握,它是不需要意识努力就可以被激活的。研究显示,程序记忆在老年保持相当完好。对于感觉运动技能而言,尽管老年人可能由于运动操作的老年问题(如关节炎、肌肉无力)而反应变慢或动作迟钝,但对动作的记忆及其顺序保持完好。其他各方面都不受年龄影响。

第五节　老化与自传性记忆

自传性记忆是一种独特的情节记忆。

在日常生活中,人们经常听到老年人不断地诉说他们自己遥远的过去,似乎那是他们心中唯一的东西。但是,对于回忆内容的可靠性问题一直困扰着研究人员。例如,一位老年人回想起 1942 年,他与父亲一起去爬山,可是没人能确认这件事情的经过甚至其真假程度(他的父亲已经去世了)。这并不是指老年人说谎,而是随着老年人反复多次的回忆,往往提取出事件的细节是不尽相同的(Bartlett,1932)。事后 5 年的回忆与事后 50 年的回忆,也许在主要情节上的内容是相同的,但在细节方面却有所不同。这个观点得到一项纵向研究的支持,研究者比较了同一事件 30 年后和 70 年后的回忆,发现两者在主要情节上的相关性很高($r=0.88$),而细节部分只有 16%的相关性($r=0.43$)(Field,1981)。

一项研究指出,当记忆区分为正向与负向记忆时,被试容易回想那些具有负向情绪的记忆,即使研究人员使用一些技巧引发正向的记忆,但负向记忆仍然较多(Berntsen,Rubin,2002)。

如果不考虑被试抑制或监督其回忆的内容(如关于性生活的回忆因为受到被试监控而很少为被试所提及,其实是其记忆最多的内容),大部分自传性记忆都来自被试10—30岁之间(Berntsen,Rubin,2002;Rubin,Rahhal,Poon,1998),这并不令人惊讶,因为这段时间是人生的关键期,包括性特征的改变、升学、就业、结婚、生子等。相反,在人生早期阶段,其回忆的内容反而很少甚至是不存在,过去弗洛伊德学派认为是由于对不愉快记忆及潜意识冲突的压抑,但是,现在被认为是由于孩童时期缺乏心智建构能力去登录这些自传性记忆。

研究发现,最能引起老年人回忆的因素是事件所产生的结果,就好像保留摔碎的瓷器的一个碎片,就能提醒自己此瓷器曾经存在的事实。研究人员认为这是由于老年人对生动的记忆显得比较迟钝,因此只有通过不断地复述事件(就像保留瓷器碎片)的结果,才能维持其记忆。研究还指出,老年人自传性记忆的品质不会太好,例如:他们报告的内容往往比较模糊,像"我记得在小时候曾去野餐",而不是"我记得7岁生日那天,曾去植物园野餐",研究人员认为年龄老化带来的流体智力下降是主要原因。

还有一项研究发现,自传性记忆与人格特质有关。研究人员以五大人格结构(外向性、神经质、经验的开放性、宜人性、责任性)去评估其自传性回忆的回忆量,结果发现回忆量与人格结构中的外向性、神经质和经验的开放性显著相关。外向性使被试产生更多的记忆报告,神经质促发被试对不愉快事件的反复追忆,经验的开放性则促使个体不断地寻求其生活的意义而有较多的回忆(Cappeliez,O'Rourke,2002)。由于自传性记忆与寻找生命的意义有关,它被广泛应用于治疗。不少研究者认为,应该对老年人进行"回想治疗",帮助他们从过去的生活中找到意义,并坦然面对生活(Pasupathi,Carstensen,2003)。同时,也有证据表明,诱发老年人的自传性记忆可能是治疗老年人抑郁的一个有效方法(Serrano et al.,2004)。

第六节　老化与前瞻记忆

前瞻记忆是指记得将来要做的事情,这意味着个体有能力规划未来。运用这种记忆一般采取两种策略:(1)外部线索。这是环境中可见的、提示性的线索,例如:行事历中记载的事项,裤腰带上的蝴蝶结,等等。个体一旦给予某种外部线索，就会依据线索代表的记忆从事某种活动。这类活动在心理实验中被称为“基于事件的作业”。(2)内部线索。这是指个体在适当的时候所采纳的时间线索。在心理实验中称为“基于时间的作业”。两种线索经常同时作用于前瞻记忆，例如：早餐后记得要去完成某项活动（把行李拿下来，办好退房手续），这就包括外部提示和内部的时间线索。

研究显示，在某些前瞻性记忆作业中，老年人与年轻人没有年龄差异，甚至比年轻人还好。该研究要求被试在指定的时间打电话，结果发现老年人不但都记得，而且很准时。有人怀疑这可能出于代际效应的影响，因为老年人悠闲的时间较多，而且他们所受的教育比较重视守时和承诺。为此，研究人员设计另一项测试，有效控制代际效应，结果发现老年人的表现仍然不错。

然而，在其他的研究中则发现前瞻性记忆有明显的年龄差异。Cockburn 和 Smith(1988)发现老年人在“记住预约”和“记住传递信息”方面的表现明显下降。也有其他研究支持老年人在“记住传递信息”方面表现不好。当然，这可能是由于作业的认知复杂程度较高，需要较多的注意力。不过，老年人为什么能够很好地完成一些前瞻性记忆任务，而不能很好地完成另一些前瞻性记忆任务呢？这是一个有待于进一步探讨的问题。

有人提出老年人更善于完成基于事件的作业，而不善于基于时间的作业。不过，Maylor(1998)的研究显示并非如此，研究者给老年人看一些著名人物的照片，然后要求老年人为这些人物选择适合的场景及其衣饰穿戴（这是典型的基于事件的作业），老年人在其中的表现并不好。Henry(2004)的研究则发现不论在基于事件的作业或是基于时间的作业，年轻人的表现都优于老年组，而且，随着认知复杂度的增加，年龄的效果就会越明显。Park(1997)认为，“基于时间的作业”也许测量的不只是记忆，还包括对于时间的监督能力。

总之，老年人在较自然的实验情境下（记得打电话），测得的前瞻性记忆较好；在实验室环境下，要求其做一些较为复杂的认知作业时，其前瞻性记忆的表现与前者大相径庭。

第七节　老化与后设记忆

后设记忆是一种监督或检验自己记忆的能力。

目前对这种能力的测量方法有两种,其中一种叫"后设知识感"(feel of knowing ,简称 FOK)。典型的 FOK 测试要求被试看一些问题,然后请他们评估在多大程度上对自己的答案有信心。例如:

问题:什么是穿山甲?

你对自己能正确回答这个问题的信心有多少?

(1)完全猜的　(2)部分猜的　(3)比较有信心　(4)很有信心

研究表明,被试在判断他们的信心程度时,都相当准确。也就是说,答案越正确,其信心指数越高。而且,后设知识感的准确性没有年龄差异。这表明后设记忆能力基本上没有年龄差异。不过,在有些情况下,后设知识感的准确性与要测试的记忆种类有关,Marquié 与 Huet(2000)的研究就指出,在关于算术记忆的后设知识感测试中,老年组的后设知识感(信心)低于年轻人,而在一般知识方面的测试中,两组的后设知识感表现没有显著差异。有人推测这与增龄所产生的老年人对自己记忆的悲观态度(一般地,老年人认为自己的记忆是退化的)有关。

当所进行的作业需要判断记忆的抽象特征,如:哪些字词比较容易记忆或者采取哪些记忆策略比较好,在这些作业中,后设记忆很少有老化迹象(Marquié, Huet,2000)。但是,在以下情况中,后设记忆呈现老化迹象:(1)当作业涉及对未完成的记忆事件进行判断;(2)对未来或过去的表现进行判断。

前述的"舌尖现象"方面的年龄差异在一定程度上可以说明老年人在后设记忆(主要涉及"未完成的记忆事件")上的退化现象。研究发现,老年人比年轻人有更多的"舌尖现象",不过在解决该问题的能力上,似乎没有年龄差异(也就是大多数老年人后来也找到了正确的用词),但是年轻人可以报告的关于该正确字词的细节更多(Burke et al. ,1988)。后续的研究发现,年轻人保存更多的该正确字词的信息,且比较容易就能侦测出该正确字词(识别阈值较低),而老年人的阈值较高,例如:White 与 Abrams(2002)的研究中给被试关于某字词的发音暗示,结果显示年轻人的正确率高于老年人。

Burke 等人(1988)的研究还发现,老年人和年轻人产生"舌尖现象"的字词类型存在年龄差异。两组最大的困难都是名词,但是,老年人最困难的是名字和日常用品,而年轻人主要是抽象名词。最后一个区别是:年轻人在遇到"舌尖现象"时,会在脑海中主动寻找正确的字词或是请求别人的协助,而老年人通常则是被动地期待该字词会自己"蹦出来"。

根据以上线索,专家推测:老年人提取微弱的记忆痕迹时有困难,他们有更多的“舌尖现象”,而且当他们陷入窘境时,只有很少量的有关细节,这促使他们主动放弃记忆搜索(这可视为一种记忆策略,属于后设记忆范畴,当然也有人表示异议),最终导致任务失败(说出正确字词)。相反,年轻人能记起更多的细节,因此积极加工从而圆满解决问题。

后设记忆的另一种测试方法是个体对于自己记忆状态的了解。通常要求被试完成自陈式问卷进行评估,内容包括对自己每天记忆能力的评估(例如:从1分“很差”到5分“很好”),以及估计每天生活中遗忘重要事情(如约会)和琐碎事情(如进了厨房却忘记自己要做什么)的次数。不过,在这方面的研究结果不太一致,有的结果显示老年人评估自己的记忆能力下降,有的研究则表明年轻人认为自己的记忆断层很严重。为了评估被试后设记忆的准确性,研究人员经常会将自陈式问卷的得分与记忆广度测试或其他心理测验的分数进行相关性检验,然而,这方面的分析结果也有点混乱,有的报告显示两者有很高的相关性,有的报告则显示无关。

产生这些歧义的原因可能在于人们评估自己记忆时的方法使用问题。首先,人们在评估自己的能力方面本来就存在着误差。其次,根据Rabbitt(1984)的观察,人们需要一些参照系来评估自己的记忆表现,那么以谁为参照呢,比自己年轻的人,还是同时代的人,抑或是一个虚拟的聪明人?被试在评估自己能力时也许使用了不同的参照系,其结果自然有相当大的误差。再次,个体不同的因素会影响其进行记忆评估的结果,例如Lane与Zelinski(2003)的一项纵向研究发现,个体的人格、对于记忆的定义及自身记忆的变化,均会影响其对自己记忆能力的评估;Pearman与Storandt(2004)发现,三种人格特质,即责任性、自尊与神经质,会综合影响老年人对自己记忆能力的评估。

由此可见,自我形象认识可能是影响后设记忆感的关键因素。老年人常常认为自己是健忘的,而且他们对自己的记忆断层是相当敏感的,所以他们往往会夸大记忆力减退的严重程度,不切实际地低估自己的记忆能力,而年轻人则不会有此现象。如果老年人的后设记忆感下降是出于较低的自我形象,那么鼓励老年人摆脱悲观的看法,也许记忆能力就可以改善。有趣的是,研究结果的确证实了这一点。在日常生活中,我们从观察也可以得知:某些老年人个性倔强,善于从生活中总结经验,即使意识到记忆减退现象,他们也会很快找到改善记忆的途径和方法,克服记忆力减退的问题,很好地适应社会工作和生活的要求;反之,有些老年人对自己记忆力的减退十分敏感,并且有严重的恐惧心理,这种心理状态则加剧了其记忆力的减退。

值得注意的问题有：自陈式问卷调查方法本身会高估被试最低限度的记忆能力。例如：对记忆信息的评估主要是被试自己，但假设被试实际上已经遗忘某项记忆信息，但他以为自己还记得（被试自己怎么可能去记住那些遗忘的信息呢），于是评估的结果肯定会出现误差，问题是这种调查本身不能提供证据证明被试对自己的评估是错误的（因为方法本身就是自陈式的）。

以问卷评估后设记忆可能还面临方法上的其他一些问题：个体后设记忆评估与实际记忆能力之间的相关系数低，其原因可能是自陈式问卷涉及的都是现实生活中的记忆表现；记忆广度和心理测验则都是在实验室进行的，而这并不能反映被试在真实生活中的记忆表现。于是，两者呈现无关（或相关性低）结果。

总之，老年人在涉及某些记忆类型（如算术记忆）、记忆事件（如"未完成的记忆事件"）的后设记忆上出现衰退迹象，其原因有待于进一步探究（包括后设记忆研究方法的改进），不过，老年人对自己形象的认识在其塑造后设记忆中具有较大的作用。

第八节　增强老年人记忆的途径

回到本章开头所提及的老年人的抱怨，我们必须承认：老年人记忆的衰退现象是存在的。除了少数的记忆类型（如基本的短时记忆广度和部分的后设记忆），某种记忆类型的退化往往还伴随着其他记忆类型的退化（如语义记忆和情节记忆在年长者的测量中具有很高的相关性，亦即情节记忆若下降，语义记忆也会随之下降）。

那么，有什么办法可以弥补老化过程中出现的记忆减退缺陷呢？

首先，从科学道理上对记忆减退现象有个正确认识，消除"未老先衰"或"衰老到来"的沉重感和悲观情绪。回忆中一时不能再现某件事时，不必强求，更不要焦急。要相信，这是记忆中的抑制或干扰现象，会随时解除，解除后，回忆不起来的事可能会在头脑中再现。此外，在自己的身边准备一个小本子，对一些重要事情，或要回忆的任务，一旦在头脑中出现，就立即记录下来。

其次，在认识某件事时，不要孤立地去记忆，应尽可能把它的前因后果和某些可供做回忆线索的情节一道记入脑内。在回忆过程中，尽可能地集中注意力，排除脑内插入的无关联想，这是减轻记忆衰退现象的重要途径。

心理学家还建议,通过训练,采用一种称为“位置法”的记忆术,强化记忆能力。所谓“位置法”,是将一些在家中熟悉的景象制作成图片,然后将数字与图片配对,记忆数字的同时,想起家中的景象(就好像游览家中景象一般)。例如:要记住 13587,那么就将 1 想象成家门口的信箱,3 是门口的伞架,5 是自己,8 是沙发,7 是吃东西。利用这种方法可以将记忆数字变得生动形象,从而提高记忆效果。

最后,刚刚步入老年期的这个年龄恰好是人的更年期,由于内分泌的改变和周身的调整,常常产生不适状态,表现为疲倦感、焦虑烦躁、睡眠紊乱、注意力涣散,以及出现难以控制的自发性联想。这些都会引起记忆减退,工作效率降低,促成人们未老先衰之感。对此,要尽量保持作息时间和生活的规律化,充分利用业余时间从事一些文体活动,还可变换环境以调整情绪和心境。当个体适应了更年期变化,或度过更年期以后,上述不良的心理反应也就会消除。随后还可能出现人生的“第二个青春”,记忆力和工作效率得到显著改善。

第五章　老化与语言

第一节　简　介

在介绍老化与语言之前，有必要对语言过程的基本概念做一简介。鉴于语言技巧在心理学及老年学中资料较为丰富，先从阅读的心理过程开始说明。

阅读是一个相当自动化且瞬间发生的活动，事实上，阅读涉及整合相当多不同的技巧。首先，要辨认单字(词)，能够区分单字(词)形、声、意的差异。其次，要判断单字(词)的排列顺序是否是一句有意义且可理解的句子，这就包括了语法、语义的加工能力。例如："金鱼使适合的宠物"这句话是有意义的，但语法用错了("使"改成"是")；而"数字 7 是绿色的"这句话虽然有趣，却不具有任何意义。语法表示句子使用时的合理性，语义表示句子所传递信息的意义。最后，在阅读许多句子之后提取文本的整体意义，也就是文本的关键特征(他不需要记住每句句子，只需提取文本所传递的意义)。当然，在实际阅读中，并不一定依次遵循上述阅读的心理历程，有时候因为最后的提取意义阶段可以回过头帮助阅读者辨认单字(词)，而侧重于从最后的过程入手理解文本。

记忆在阅读中也扮演着重要的角色，如果没有长期记忆，个体不可能阅读一个故事或理解语言意义，因为他会遗忘文本前面相关的情节。工作记忆似乎不太重要，但是，个体需要将刚刚阅读的文字在记忆系统中保存下来，否则连一句话都会记不住，因而工作记忆也是重要的，这在阅读那些内容丰富的书籍时尤为重要。

阅读涉及知觉、认知语言与记忆的整合，在口语沟通中也一样，包括辨认听、说的单字(词)，是否是正确的发音，是否具有意义及符合语法结构，同时也要提取文本整体意义。阅读主要依靠视觉，而沟通主要依靠听觉。所以，阅读者有什么不清楚的地方，可以倒回前面的文本，重新阅读与理解，但是，口语沟通却无法这样。本章会探讨阅读与口语沟通两个不同过程在老年人心理中的研究结果：阅读方面的能力下降并不意味着倾听能力也会下降。此外，口语沟通与书写也有不同的地方，书写比较重视格式、语法与用词的正确性，对于书写与口语沟通是否涉及共同的心理历程，尚有争议。

目前，关于老化与语言的研究还比较零散，研究结果也很不一致，而且大部分的研究是以横断研究法进行的。近些年出现一些长期追踪研究，其发现表明个体的教育经验或世代效应比老化效应对老年人语言变化的影响要大。此外，阅读能力与许多其他的技巧存在交互作用，这往往超过了研究者所可以了解的。因此，仍然要根据具体的情况(如不同的情境、对象或团体)谨慎地解释研究结果。

第二节 体力衰退的局限

随着年龄的增长，老年人的视觉、听觉、手指关节、肌肉等身体的衰退，给老年人的听、说、读、写等语言技能造成了一定的障碍。

前面提到，大部分的老年人在视力方面均有退化的现象。据估计，大约有23%的老年人无法阅读正常印刷品字号大小的书籍(Bell，1980)。解决这个问题的方法之一是印刷更大字号的书籍，使老年人的阅读轻松一些。不过，书商的利润、书籍的负重量加大及字号加大后阅读速度减慢等因素，都显示了该方法的局限性。有些老年人使用有声书解决问题，但是也不见得能完全满足他们阅读的需求。首先，有声书强调每个句子如何被大声地读出来，无法配合听者本身想了解的重点；其次，阅读书籍的历程较听更具有预测性，阅读者可以轻松跳过一些字词而进入下文；最后，阅读书籍若有疑惑时，可以反复来来回回阅读，而有声书却做不到。

感知能力下降并不仅仅意味着老年人需要更大的字号、老花镜、助听器等，还会影响老年人信息处理过程。例如：一项研究表明，轻度听力损伤(35—50 分贝)的老年人很难记住听到的言语,即便他们可以重复所听到的句子,但是需要较多的认知资源(Rabbitt,1989)。不过,这只限于听力过程,如果以印刷字呈现给老年人,就不会有以上的现象。有的研究显示,耳蜗有轻微退化而造成感知到的音质有微小变化的老年人,在噪音或语速较快的情况下,他们与别人对话的记忆力会下降,无论是记住对方说话内容的细节还是要旨。如果调整声音的大小使其适合被试(如老年人)的听力,即使加上环境噪音,老年人的表现也与年轻人一样。因此,改变听力指标对于老年人的语言技巧是有影响的。

发音也受到年龄的影响。最明显的是老年人的音调提高了,而咬合能力下降了,这与肺活量的下降有关系,也可能与肌肉损耗,以及使用不合适的假牙或抽烟习惯有关。这些原因还会影响老年人与他人对话的效率及对话的反应时间,朗读时也会放慢发音的速度。还应该注意,说话速度与记忆广度是呈显著相关的关系,即记忆广度越小,说话速度越慢(Multhaup,Balota , Cowan,1996)。

书写能力方面也受到体力退化的影响,例如:写字时手指和手腕动作的空间协调的精细控制能力在晚年时下降,均对书写产生影响。此外,视力是书写的反馈系统,而老年人利用视觉反馈的效率较差,因此也会影响书写能力。当然,书写能力的改变并非全由体力造成,例如:有些老年人天生是左撇子,却用右手(效率较低),所以在书写方面效率自然不高。有的研究还指出,书写能力也受到其他因素的影响,例如:书写内容的难度及受试对内容的熟悉度,当内容是被试所熟悉的内容时,其年龄差异就会消失(Dixon,Kutzman, Friesen,1993)。

第三节　一般认知的限制

直觉上,一般会认为增加认知负荷量(如:让阅读内容变难),将会使老年人的言语能力下降。但是,有些研究结果却并不如此,例如:有研究发现,增加促使老年人分散注意力的刺激并不会影响老年人的阅读速度,进一步的研究则是变化语法的复杂度即文章的内容,结果老年人的阅读速度也没有受到影响(Stuart-Hamilton , Rabbitt,1997)。此外,就眼睛移动的速度而言,研究发现没有年龄的影响,只是老年人对语义较不清楚的内容,会回过头重复多看几次,这可能是由于年长者对于信息的知觉处理较之年轻人更慢所导致的(Speranza,Daneman, Schneider,2000)。

不过，有些认知操弄的确会造成年龄差异，例如：增加阅读内容较为模糊的言语（称为“视觉噪音”），老年人的表现就不如年轻人，只有“视觉噪音”降低时，老年人的表现才会与年轻人一样好（Speranza, Daneman, Schneider, 2000）。Kemper、Herman 和 Lian（2003）请老年人一边做其他活动（如走路或手指敲击），一边回答问题。研究发现，老年人回答问题时的语法较之年轻人简单且不流畅，该项研究支持老年人工作记忆能力下降的观点。

至于工作记忆受到怎么样的影响，与阅读技巧的不同层面有联系，其研究结果较为复杂。总之，研究者发现，随着不同的阅读作业，其工作记忆所扮演的角色可以从轻度的影响到重度的影响（DeDe et al. ,2004）。

因此，虽然有研究显示老年人的言语能力受到一般认知功能的影响，但是，并没有清楚的界限，有些阅读技巧似乎不受一般认知功能的影响。目前还没有一套理论可以完整地解释上述结果，或许言语技巧本身包含太多的不同且复杂的因素，以至于难以用简单的理由来解释所有的变量。

第四节　字词的再认

字词再认能力的测量方式通常有两种，即词汇判断测验和读名反应作业。词汇判断测验是呈现一些单字，然后要求被试判断所见单字是否形成一个词，作为判断，这里只需要说出“是”或“否”，不需要说出该字词的发音或意义。读名反应作业则是要求被试尽快将看到的字词大声念出来，以反应时为测量指标。一般而言，如果以传统的方式，老年人在此作业中的表现并没有退化，但是如果作业内容变得较为困难且复杂，年龄差异就会显现出来。在词汇判断测验中，老年人的反应较慢，但是其准确度较年轻人高，或许是因为测验的标准较为保守所致。于是，Bowles 和 Poon (1981)以修正后的词汇判断进行研究，他们呈现两对配对的词，只有当配对词均为正确时，被试才能回答“是”，否则为回答错误。这样的测验难度提高，老年人的表现较年轻人较差。一般而言，当词汇判断的困难度提高，年龄越大，其表现也越差。

此外，Allen(2002)在词汇判断测验中，改变了字词呈现的大小字母，包括相同大小写的字母（如：same case）或不同大小写的字母（如：MiXed CaSe），还有以相同颜色呈现或不同颜色呈现。由于相同大小字母的阅读过程不必逐字理解，故以“完型方式”阅读，而不同大小字母需要逐字分析，应以“分析方式”阅读，所以可预测的“完型方式”阅读所需时间较少，而“分析方式”阅读所需时间较多。研究结果显示，年轻组符合预期，而老年组则有不同的反应，老年人不受“完型方式”影响，但在“分析方式”上差异很大。在 Logan 与 Balota(2003)的研究中，则是请被试从零散的字母中选出目标字母，将其拼成完整的字词，当这些零散的字母的相似性越高时，老年人的错误拼字越多，研究者认为这是因为老年人抑制相似字母的能力较差，这个推论与老年人额叶退化的生理证据(额叶功能之一即为抑制无关信息的能力)不谋而合。

值得注意的是，本节阐述的关于字词再认能力的实验心理都是以英语为母语的，其研究结论对于解释以汉语为母语的字词再认能力可能需要更谨慎一些。

第五节　拼字和发音

拼字能力属于晶体智力的一种，而晶体智力与年龄的退化关系不大。因此，拼字能力似乎不会随着年龄的增加而退化，但事实却并非如此。研究人员发现，老年人与年轻人一样可以很熟练地指出哪些字拼错了，却无法有效地拼出正确的单词，这恐怕难以用晶体智力、教育程度或知觉速度等加以解释。有学者认为转换缺损假说可以提供可能的解释，该假说认为各种概念是以节点相互连接，老化使得这些节点较不容易被激发，以致影响整个概念的提取，除非老年人有机会时常练习，否则将会导致老年人的拼字过程较为缓慢，而再认会比回想简单，因为再认过程中已经激发节点。

年长者的发音能力并没有退化，只是比较慢。有学者进一步认为，这是属于晶体智力的一部分，不会随年龄而改变。Nelson 与 O’Connell(1978)据此发展出国际成人阅读测验(National Adult Reading Test，简称 NART)测量个体的发音能力，对 120 名 20—70 岁的成人进行测试，没有发现年龄差异。

第六节　语义加工

对言语意义的理解属于晶体智力。因此，语义加工过程一般不受年龄影响，但是,基于语义理解过程中所包括的些许的流体智力的任务,老年人的语义加工过程会变得较为缓慢、较不精确。例如:McGinnis 和 Zelinski(2000)给被试一些较不熟悉的字词,要求被试根据上下文说出这些字词的意义。结果发现,老年人的回答较为简单,甚至模糊。在后续研究中,则是给被试 4 个选项,要求被试选择正确的定义。其中,第 1 个选项是完全正确的答案,第 2 个选项是一般性且有点模糊的选项,第 3 个选项是解释故事内容,第 4 个是与答案无关的选项。结果发现,年轻人几乎都选择第 1 项正确的选项,而 75 岁以上的老年人倾向选择第 2 项选项。在接下来的研究中,则是请被试阅读一段散文,其中含有一些不熟悉的字词,请他们仔细思考所阅读内容的重要意义,接着请他们回答问题。结果发现,老年人的回答仍然是模糊、不精确的,甚至与阅读材料无关。综上所述,研究人员认为老年人提取文章意义的能力是有限的,尤其是当文章内容较为复杂,且出现不熟悉字词的时候。所以说,当文字的意义超过其字面意义时,老年人的语义加工能力是下降的。

不过,值得注意的是语义加工过程会受到许多其他语言技巧的影响。因此,年龄差异也会因受到这些相关技巧的影响而改变。测量时,相关语言技巧虽然可以控制,但是被试也许会采用其他的语言技巧(如语音加工)来完成实验室语义任务。因此,老年人语义加工的测量结果很大程度上依赖于实验设计。例如:Taylor 和 Burke(2002)给被试看一些图片,请被试将图片上的物品念出来,同时有其他干扰词也大声呈现,如某一事物 ball(可以理解为“球”“舞会”或人名),然后干扰词是 dance(意即“跳舞”),因为两者语义接近,那么年轻组被试在此情况下的反应较快,而年长者无法从中得到协助,研究人员推测这可能是因为年龄对语音和语义的影响并非平行所致。另一项研究要求被试自行就不同分类说出字词,这里区分两种情况,第一种情况是只需要说出分类 a 的字词,第二种情况是依次说出分类 a、分类 b、分类 c 等的字词。显然,第二种情况比第一种情况复杂,需要进行分类的转换。结果显示,在第一种情况下,老年人的语义提取能力没有下降,在第二种情况下,老年人的表现就不如年轻人。

以上实验表明,当进行的语义作业比较单纯,老年人的语义加工能力并不差,但是当语义作业比较复杂时,年龄差异就会显现出来。不过,有人质疑:复杂的语义测验测量的是语义过程吗?在基本的语义过程中,如“在句子中填写缺失的字词”“请被试解释常用的成语意义”,老年人的表现并没有下降。因此,对复杂语义作业所得到的测验结果的解释,要依据其测量设计的复杂因素才比较科学。

第七节　语法加工

关于语法过程的研究比较少，有代表性的研究是 Kemper 所发表的关于老年人语法加工能力下降的一系列研究。在一项研究中，Kemper(1986)请年长者模仿一些句子的语法造句，结果发现当句子越长，老年人的表现就会受到影响。这一点在日常生活中也可以看到，老年人在对话时往往会漏掉一些字词或错用语法。另一项研究中，Kemper(1992)发现，老年人与年轻人在对话时，有一样的断句方式，但是年轻人的断句方式倾向品质较高的简短，而老年人则往往给出不完整的句子，且遗漏一些重要字词。

Kemper(1988)分析被试句子中所包含子句的数量，结果发现平均 50—59 岁的成人其平均子句为 2.8，但到了 80—89 岁后，其平均子句下降到 1.7。有趣的是，该研究还发现语法复杂程度与记忆广度相关(r＝0.76)，所以记忆越好，语法加工能力越好，对此，一个简单的解释是：复杂的句子原本就比较长，这需要短时记忆去完成，因此如果在一段时间内可以记住的句子越多，那在语法的复杂程度上会表现得越好。这也可以解释为何老年人使用的句子较短，因为他们知道自己可以使用的短时记忆容量不大，自然就使用简短且简单语法的句子。Kemper 进一步推论，也许智力的下降同时影响了记忆和语法的复杂度。

Gould 和 Dixon(1993)请年轻和年长的夫妇描述他们一起度假的体验，然后分析他们所使用的句子。结果发现，年轻夫妇所描写的句子比较详细且丰富，而年长夫妇描述的细节较少，句子也不丰富。研究人员认为这可能是老年人工作记忆退化的缘故，也有学者认为是老年人不重视娱乐、度假的因素所致。

在一项研究中，Adams(1991)请被试阅读故事后，将故事描述出来。结果发现，年长者会将故事以较为抽象的方式描述出来，且会强调故事的梗概，这可能是老年人的信息加工容量受到损失；也就是说，如果老年人无法记住所有的细节，那么抽象地(意即简要)谈论故事内容可能就是一个明智的选择。研究人员由此认为，老年人可以用不同的叙述策略来规避自己语法加工能力的不足，而将信息传递出去。同时，研究人员注意到，老年人在叙述时更愿意强调故事的积极情绪。

Kemper(1987)研究了 6 位著名人士的日记。这些日记来自博物馆档案，开始于1856—1876年之间,完成于1943—1957年之间。研究发现,随着著者年龄的增加,所书写内容变得越来越简单,句子的长度变短,语法的复杂性下降,并且会犯一些引述错误(如:在句子中使用“他”时,不能充分说明是指前文中的哪一个人)。与此同时,叙述的精致性下降,并且越来越倾向于将事件描述为一个事实一览表,而不是有情节、有过程和结论的“故事”。在另一项研究中,Bromley(1991)让年龄在20—86岁之间的被试用书面语描写自己,分析句子后发现,语法的复杂性及词汇量与年龄有关,而其他因素,如字长和可读性,则受到教育水平、一般智力的影响。

近期研究进一步指出,老年人书写句子的贫乏与能力有关。Kemper(2001)通过纵向研究方法,分析年长者一年一度的语言样品(如书写、日常言语)和认知测验成绩。结果发现,在语法的复杂性和内容的丰富性方面存在着老化衰退,特别是在70岁以后。同时还发现,语法的复杂性与工作记忆有关,句子的长度与言语智力有关。因此,研究者认为,影响老年人语言表达的主要因素是一般智力。

综上所述,老年人的语法技巧与一般智力相关。但是,其他因素,如代际效应、晶体智力可能是混淆变量而影响语法技巧的表现,而较慢的心智处理历程也可能是因素之一。因此,关于老化与语法加工能力,研究结果并不完全明朗。

第八节　故事理解

故事理解能力的测试方法非常简单,请被试阅读或听一段文章(约300—400字),然后请被试复述刚才看到或听到的内容,或是以选择题的方式请被试进行选择。大多数研究表明,老年人记住的较少,但是可以理解的较多;不过,不同的被试和实验材料的多样性会对实验结果产生重要的影响。

一、被试的选择

有些实验声称,60岁以上老年人没有发现年龄所产生的差异(Mandel, Johnaon,1984),只有在70岁及以上的老年被试才发现显著的年龄差异(Meyer, 1987)。另一个重要的个体因素是被试的教育水平或先前的知识水平,有些研究在语言能力很高(或智力表现很好/教育水平高)的老年人中没有发现年龄差异

(Taub,1979)。Soederberg Miller(2003)给被试阅读一些文章,其中一些与烹饪有关。结果发现,那些有烹饪经验的人,对于烹饪有关文章的记忆与理解表现最好,不过没有发现年龄上的差异。

有研究认为被试的人格特质及焦虑程度会影响其理解能力,情绪状态对于老年人在故事理解中的表现也有影响。Riggs(1997)请被试听一段文章,当被试重复时,可以自由停顿下来,让他们在自在、轻松的状态下复述(使其具有掌控能力)。研究者发现,当被试对自己的掌控能力有相当信心时,其理解表现最好。

不同的听众对被试的表现也有影响。Adams(2002)请年轻和年老女性在听完一段故事后,复述给成人或小朋友听,结果发现:当听众是小朋友时,两组被试都会以简单且较多修饰内容的方式表达故事,而且老年组在此方面的成分多于年轻组;当听众是成人时,两组的复述都较为抽象,而且年轻组会忠于原文将细节表达出来。这并不是说,当听众是小孩时,老年组的理解能力优于年轻组(因为复述时增加的文章润饰与对话理解的相关度高于与认知能力的相关度),但是,这至少提醒我们,对话的社会情境会影响理解能力的表达。此外,Ratner(1987)观察到,许多研究中的年轻人均以在校大学生为被试,而年长者都是普通的民众,为此,他的研究补充了普通年轻人这一组被试。结果发现,大学生组被试的语言能力比普通老年组和普通年轻组都要高,而普通老年组和年轻组则没有年龄差异。因此,被试的不同背景会影响研究结果,而且年龄差异可能是由于以拥有较高记忆能力与智力的大学生作为被试的结果(因为他们在记忆、解释文本时使用了较好的技能或策略)。

二、材料呈现的多样性

这方面的研究结果差异很大,即使将文章简单化后进行测量,仍有不同的结果。例如:研究人员请写作专家将文章断句成容易理解的句子,发现这可以增加被试的理解能力;但是,如果以容易阅读的形式呈现句子,则发现被试的表现与材料变化之前没有差异。

Cohen(1981)发现,当呈现材料以声音方式比起视觉方式,老年组的表现较为不好,而年轻组在此两种方式之间则没有差异。这个现象与老年人听力退化程度较之视力退化程度严重有关。不过,有研究以大声念和小声念来呈现材料,其回忆的结果并没有差异。

呈现故事内容的速度不同是否有不同的效果,其研究差异也不一致。当被试可以不受时间限制,自由阅读实验材料时,通常不会发现年龄的差异。Mayer

(1987)请被试在一定时间内尽量多地阅读文章,速度越快,阅读的文章就越多。如果通过声音呈现,则可以将其声音速度转得较快。同样地,速度越快,听到的文章内容越多,被试也就不得不以越快的速度处理信息并理解信息。结果可以预期,年长者在快速呈现材料的情况下,表现比年轻人要差。不过,也有少数的研究没有发现年龄差异,例如:Petros(1983)改变故事呈现的速度与难度,没有发现年龄差异。还有研究发现,老年人在回忆听觉呈现的文本时表现不如年轻人,但是在图像再认情况下,是没有年龄差异的(Tun,1992)。

Stine(1989)发现,当文章以声音呈现,且内容较为混乱时,速度越快,年龄的差异就越大;但是当文章的内容合乎语法结构时,年龄的差异就消失了,这显示年长者对知觉声音的信息处理能力有限,可能是出于听力不好或工作记忆能力不佳所致,但是老年人仍然可以使用语义的协助,来帮助他们理解快速的声音意义。

对于材料呈现的速度,到目前为止还没有一致性的答案,还有一些议题尚待澄清,因为它与实验所操弄的情境有很大的关系。

Connelly(1991)给被试看一些文章,但是在文章中穿插一些无关的句子(该句子以不同的印刷体呈现)。实验者会告诉被试,可以忽略这些无关的句子。结果发现,年轻组和年长组阅读的速度都会变得较慢,同时,回答问题的正确率也较低,而年长者在后一项作业中的表现更差。年长者在阅读的过程中会产生错误的阅读起始点,并且会读出那些应该被忽略的无关句子,他们也容易将无关的句子拼在一起解释,结果会影响其对文章的理解能力。这意味着,也许年轻人比较容易忽略那些无关的句子(其心理过程就是“抑制”),而年龄的差异可能就在于两者所采取的阅读策略的不一样。

一般而言,文章的复杂度会使年龄的效果更为强烈。例如:Byrd(1985)请年长者阅读一篇文章,之后请他们回想内容,其表现不如年轻人;而如果请老年人整理刚才的文章,则年龄差异更大。这就是说,年长者如果同时进行记忆和加工,其能力是下降的。同样地,Hamm 等人(1992)也发现,如果在文章的开始给予一些线索,却在最后的结果中出现令人意外的故事结局,年长者在理解此类文章时利用线索进行推论的能力变得很不好,这也许是年长者工作记忆容量低的缘故,因为老年人无法一边记忆文章内容,一边处理不一致的线索,所以最后难以得出合理的结论。Cohen(1984)也发现,当故事的内容以片段的方式呈现,即使以简单再认的方法进行测量,年长者整合片段信息以推断合理结论的能力仍然是困难的。Smith(1989)以三种方式呈现文章:(1)标准型——文章有开始、描述及结论;(2)混乱型——句子与句子之间没有一致性意义;(3)穿插型——两个故事逐句相互交替叙述。测量结果发现,年轻组和年长组在标准型、混乱型中的表现一样,但是年轻组在穿插型中的表现与其在标准型中一样好,而年长组在穿插型中表现与其在混乱型中的表现一样糟糕。也就是说,年轻组可以同时处理两种文本,而年长者却做不到。

从以上的研究中似乎可以认为记忆能力会影响文章的理解,不过,有些研究结果却显示,文本回忆与某些记忆测量(如记忆广度)的相关性并不高。而其他语言因素可能会影响文章的理解。Kemper(1988)发现,会议的信息量与文本语法的复杂性有关。另一项研究指出,老年人记忆故事的要点与年轻人一样好,但是他们记忆细节明显不如年轻人,例如:老年人会记得刚才的文章是讲"一个女子进入商店买东西……",但是所买物品的颜色可能就无法记住。因此,正如前面所提到的,要记住故事的细节需要更多的心理资源,而老年人在这方面的能力是相对较弱的。

总之,对老年人语言能力的研究尚在进行和完善之中。首先要注意的是听力和视力的退化会影响其语言能力。此外,体力的衰退会影响老年人的生活方式——减少与外界的接触,如减少交谈的机会,减少参与社区活动,减少去图书馆等,这些活动的减少会影响老年人的智力与语言技巧,至少会减少其使用语言的机会或动机。在家中,阅读习惯也会改变,不再致力于阅读高深的文章,而是转向报纸、杂志等轻松读物。

在字的再认、语法过程和故事理解的研究中,均发现了年龄差异。然而,要注意实验研究中一些人为因素的影响,例如:测验材料、代际效应等。最大的批评是,很多测验材料是日常生活很少用的,一般人们不会把时间花在简短而逐字记忆的文章,或阅读一些模糊的字词,或判断字母是否形成一个有意义的单词,这些是我们在解释其结果时应该注意的事情。

第六章　老年人的人格

在人生发展的最后一个阶段,有些老年人重新审视自己的生活,完成未竟的事业,思考如何发挥余热,度过最后的岁月;有些老年人希望给家人或社会留下最后的遗产,把自己的经验传承下来;有些老年人则仅愿享受美好的回忆,并完成一些年轻时没有时间做的事情;还有些老年人开始全新的生活,像戴大丽那样,成为"钢管舞达人"。本章将介绍老年人面对晚年的各种变化,如何表现自己并与他人互动。其中,会探讨老年人的人格转变及其对老年人生活形态的影响,最重要的问题是老年人如何从生活中得到启发,保持健康的人格。

第一节　人格简介

人格(personality)是心理学最复杂的主题之一,通常与性格、品格通用。但是,在心理学中,人格这一概念并不含有价值要素,像我们平时所说的"这个人有人格"(意思是这个人品格高尚)等这类概念是不存在的。另外,"性格"这一概念与人格相似,都用来说明行为中形形色色的个人差异,有时候也会被人们当作同义词来用,不过,在严格意义的心理学中,人格的含义比性格(性格侧重于情绪、意志方面的个人差异,不包括智力等方面的差异)要广,性格蕴含于人格之中。

人格的具体定义有很多,普遍被认可的是:个体的特质与行为的特征,其模式或架构形成其独特的、与环境互动的方式。

从心理学上讲,人格并不存在好与坏之分,像特蕾莎修女和希特勒就是两种截然不同的人格。一般而言,人格只有风格上的差异。对于大部分人而言,人格都处于“灰色地带”，而且表现出有时迷人，有时令人害怕的行为特质，例如：某人在某一团体中扮演充满活力的主要灵魂角色，但在另一个团体中就变成喧嚷吵闹的“大嘴巴”，所以客观上不可能存在完美人格的特质。因此，对人格的最好评估方式是以“特质”区分，找出其与他人不同之处。

不过，对“特质”的测量具有相当的主观性。所以，许多的人格特质无法以简短的方式加以描述。本书限于篇幅，只能介绍一些主要人格理论和概念。

第二节 特质理论

在人格心理学领域中最主流的说法是特质论，特质是指个体持久的特性，并且可以根据此特性而产生行为的模式。例如：我们形容一个人很“神经质”，那么几乎可以预测此人观看恐怖电影的反应了。又如：一个人如果是外向的、好社交活动的，恐怕这个人不会喜欢极为沉默而安静的场合。

不少心理学家对人格特质进行分类，或探讨人格中有多少种特质存在。艾森克将人格特质区分为内外向特质（Extraversion-introversion）、神经特质（Neuroticism）和精神特质（Psychoticism）三类。见表 6-1。

表 6-1 艾森克的人格特质“三分法”

特质要素	具体行为表现
内外向特质	好社交、活泼、好动、武断、寻求刺激、快活、好支配人、感情激烈、好冒险，害羞、内敛
精神特质	好攻击、冷漠、自我中心、不关心人、好冲动、反社会、无同情心、顽固、有创造性，温柔、善感
神经特质	焦虑、抑郁、内疚、低自尊、紧张、不理性、害羞、喜怒无常、易动情，安静、从容

艾森克认为，人格的表现是由以上三个向度的特质形成的，并据此编制艾森克人格测量问卷（简称 EPQ）。内外向是指个体外向及自我肯定的程度，或者是对事件归因时的不同态度，而内向是指容易害羞、内敛等特质。艾森克指出，外向—内向是一个连续体，没有人是绝对的外向或内向，每个人都具有此两种特质，只是程度不同而已，有人可以随意地参与卡拉 OK 的唱歌表演，但有时候却对公共空间、与人共处的情境感到困扰。精神特质代表一种冷淡、反社会倾向的精神特点，如自我中心、冷漠、缺乏人情味和同情心、冲动、攻击性、不关心别人等

偏于负面的人格特征。不用说，这一维度得分高的人大多是那些应该接受审判或心理治疗的人；该特质的另一极端则表现为温柔、善感等特点。神经特质是指个体在情绪紧张程度及稳定性方面的差异。艾森克指出，神经质（情绪不稳定）的人倾向于做出情绪化的反应，他们喜怒无常、容易激动，并长时间处于这种状态中；反之，情绪稳定的人则反应缓慢而且轻微，并且很容易恢复平静。艾森克认为，在神经特质和精神特质得分较高的个体并不意味他们心智混乱，而是表示其处于压力之下时，他们的情绪会较不稳定。

依据艾森克的研究，人格的个体差异主要（大约 2/3）是基于生物学基础的不一样（1982）。其他专家，如 Cox-Fuenzalida、Gilliland、Swickert（2001）和 Doucet、Stelmack（2000）等都认为，虽然数据准确性可能没有那么高，但是不断有研究数据证明，外向者和内向者在许多生物学测量上存在差异。不过，这并不等于说环境因素不起作用。

艾森克的研究同时表明，内外向、神经和精神三种特质都会随着年龄的增加而改变，且因性别的不同，改变的状况也不一样。精神特质随着年龄的增加而下降，且男性的改变比女性多，在 16 岁左右，男女精神特质差异比较显著，男性得分是女性的 2 倍；但到了 70 岁，男女精神特质的差异则几乎不存在。内外向特质到了老年阶段，男性和女性都偏内向，男性在 10 岁左右均比女性外向，但是随着年龄的增长，其外向性逐渐下降，到了 60 岁左右，男性内向性比女性高（男性与女性的内外向特质得分在 40 岁左右交叉）。神经特质随着年龄的增长，男女得分均呈现下降态势，但是，女性较男性更明显。据此，我们可以预测老年人处事较为镇定、冷静，但艾森克指出这并不代表老年人的生活较为稳定、快乐，因为神经特质得分下降不见得是冷静导致的，有时候可能是冷漠或慵懒造成的。艾森克认为，人格的改变与老年人神经系统较不容易受到兴奋影响所致，但这种说法受到质疑，不少学者认为是老年人生活形态改变所致，例如：老年人对于社会需求的下降，使他们容易从人群中退缩，因此表现得较为内向。而男性往往以社会化程度来定义自己，故更容易凸显其自我肯定（自信心）特质的下降，于是内向性增高。

另一个有名的人格特质分类是由 Costa 与 McCrae 提出来的，包括神经质（Neuroticism）、外向性（Extraversion）、开放性（Openness）、亲和性（Agreeableness）和尽责性（Conscientiousness）这五大特质的人格模式。见表 6-2。

表 6-2 Costa 与 McCrae 的人格特质“五分法”

特质要素	具体行为表现
神经质	焦虑/平静，不安全/安全，自我同情/自我满足
外向性	好社交/好宁静，好热闹/好独处，爱开玩笑/严肃
开放性	感情丰富外露/感情不太敏感，富于想象力/务实，独立/顺从，偏爱变化/偏爱惯例
亲和性	热心/冷漠，信赖/怀疑，同理心/排斥他人，乐于助人/不合作
尽责性	有条理/凌乱，谨慎/草率，认真/粗心，自律/意志薄弱

神经质维度是反映个体在情绪的稳定性和个人调节情况方面的差异。那些经常感到忧伤、情绪大幅波动的人在神经质测量中会得高分。神经质维度测量得分高的个体更容易因为日常生活压力而体验到诸如愤怒、焦虑、抑郁等消极的情绪，他们对外界刺激的反应比一般人强烈，对情绪的调节、应对能力也比较差(不同的消极情绪有不同的原因，需要不同的应对方式)。因此，他们经常处于一种不良的情绪状态下。相反，神经质维度得分低的人较少烦恼，较少情绪化，比较平静、适应良好，不容易产生极端情绪。

外向性的一端是极端外向，另一端是极端内向。外向的人喜欢与人接触，还表现为热情、乐观、友好和果断，他们精力充沛，喜欢运动，喜欢刺激冒险。内向的人一般不会表现这些特质，但如果说他们不善交际和缺乏精力也不完全正确，心理学家说他们是“含蓄而非不友好，自主而非追随他人，稳健而非迟缓”，与外向者相比，他们比较安静、谨慎，不喜欢与外界过多接触。

开放性主要是指面对经验的开放性，主要表现在认知方面的个体差异，包括活跃的想象力、自发地接受新观念、发散性思维和认知上的好奇心等特质。开放性上得分高的人兴趣广泛，偏爱不依习俗的独立思考。相反，开放性维度得分低的人比较传统，偏爱常规，喜欢熟悉的事物胜过新事物。

亲和性是考察个体对其他人所持的态度(对合作和人际和谐是否看重)。亲和性得分高的人往往乐于助人、可信任，且善解人意、富有同情心；而得分低的人多表现为有敌意和多疑。亲和的人偏爱合作胜过竞争；而亲和性得分低的人喜欢为了个人利益和信念而争斗。研究表明，亲和的人比不亲和的人有较多愉快的社交互动，相互争吵较少。

尽责性是评估个体如何自控、自律的一个维度，它包括能力、条理性、责任感、追求成就、自律和审慎性等六方面特质。尽责性把可信赖的、讲究的个体和懒散的、马虎的个体进行比较。尽责的人做事有条理、有计划、有决心；不尽责的人马虎大意，完成任务时容易分心，办事不牢靠。毫不奇怪，不尽责的人在工作情境或个人成就上更容易滑向平庸。

研究显示,以上五大人格向度在不同年龄层是相当稳定的,这似乎与我们的直觉有很大的不一样,因为大部分人会认为人格有时候会戏剧性地改变。但是,有三项原则可以说明其稳定的含义:(1)某些单个维度的人格改变不代表整体人格;(2)有些极端的压力难免会造成人格的改变,如离婚;(3)相同的特质在不同的情境下会有不同的表现。

不过,Field、Millsap(1991)研究指出:外向性程度随着年龄的增加有下降的趋势。Mroczek(2003)运用纵向研究法也发现,外向性与神经质程度都有随增龄而下降的趋势,同时发现人格的改变与生活事件(如配偶死亡)有关。

Jerram、Coleman(1999)的研究指出,某些人格特质与健康有相关性,例如:那些开放性、亲和性,以及外向性得分较高,而神经质得分较低的老年人,其身体问题较少,生活形态也比较健康。神经质特质明显的老年人,其死亡率高于神经质特质不明显的老年人,尽责性得分高的老年人死亡率也比较低(Wilson,2004)。Lauver 和 Ohnaon(1997)则发现神经质与高血压成正相关。此外,外向性特质明显的老年人比较容易从脑卒中中恢复,并保持较乐观的情绪。不过,对于人格特质与健康关系的解释要注意是“鸡生蛋”,还是“蛋生鸡”的问题,因为也许是身体健康导致人格的改变,也可能是人格影响身体状况。

第三节　埃里克森的人格理论与老年人的人格发展

埃里克森的人格理论属于精神分析学派。与弗洛伊德把自我看作是本我冲动和超我命令之间的“调停人”这一观点不同,埃里克森认为,自我发挥着许多建设性的功能。他认为,自我是人格中一个相对强大而独立的部分,其目标是建立人的同一性,满足人掌控外部环境的需要。

根据埃里克森的观点,自我的基本功能是建立并保持同一感。这种同一感包括人对自己唯一性的认识,以及从过去到想象中的未来的连续感。人们常用的术语“同一性危机”就来自埃里克森。他用这一概念来说明人在缺乏明确的“我是谁”的感觉时所产生的混乱和失望。人们都可能在一段时期内觉得自己的价值观或生活方向不确定。同一性危机通常出现在青少年期,但不限于年轻人。许多中年人也会经历相似的探索期。

弗洛伊德认为,人格的主要部分在6岁左右,超我出现的时候就基本形成了。埃里克森则认为,人格发展将持续一生,而且在不同人生阶段都有其任务要完成,特别是解决那些所面临的冲突。例如:出生至1岁半的小孩,要面临信任照顾他的人或不信任的议题。埃里克森认为人生共有八大议题要面临,老年时期要面临的议题是“自我统整”(或“自我完善”)。“自我统整”是指心灵状态与情绪上的统合,是个人将过去的感受与状况加以整理,并对结果感到满意(见图6-1)。

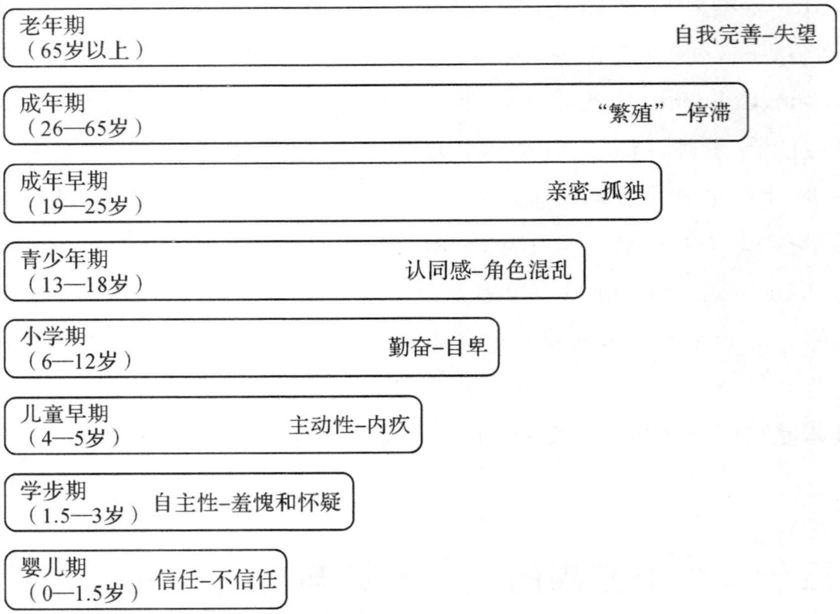

图6-1 埃里克森的8个发展阶段

埃里克森提出的人格发展阶段让人们想到一幅路径图。每个人从婴儿期到老年期一直走在这条路上,但是,在8个不同的时间里,每个人都会遇到“岔路”。这些“岔路”代表人格发展的转折点,它们也被称为“危机”。怎样解决每个危机,决定着每个人人格发展的方向,并影响到个体怎样解决后面的危机。解决每个危机都有两种方式:一种是适应性的,另一种是不适应的。

对于老年人而言,就是面对自己的一生,也就是前面7个发展阶段进行人生回顾与整理,并对生命的终结做深刻的反思。若老年人能接受自己人生中的不完美,肯定自己的一生与价值,将会获得很好的适应,并怀着一种完整感走完人生。如果没有达到这种自我统整,就是失望。失望的老年人会认为自己一生都是失败的,有许多遗憾和未解决的事情,年轻人拥有的选择和机会对自己而言都是明日黄花，这些老年人常常用厌恶和蔑视别人来表达他们的失望，尤其是当死亡临近的时候，他们会感到特别的焦虑和忧郁。生活中没有什么东西比一个老年人的失望更悲哀，也没有什么事情比一个老年人的自我完整感更令人满足。

有评论者认为，埃里克森的这种说法过于简单，似乎老年人只是在整合过去之后，面对死亡。但这并不是埃里克森的本意。他认为年长者也是处于人生发展阶段之中的，只是死亡造成了这一过程的中断。他认为，这一阶段应该发展起来的品质是“智慧”，这是一种“面临即将凋亡的生命抱持一种知生命和超然的态度”(Erikson，1985)。基于对80岁以上人群的过往生活的研究，他总结到，老年人的自我统整不仅仅来源于对过往生活的回忆，也能够从持续不断的新鲜刺激与挑战中获取，就如美国前总统吉米·卡特。这些新鲜刺激和挑战可以来自政治活动、健身计划、创造性工作(雕塑、绘画、写作等)，乃至与孙辈的关系当中。

再进一步分析，老年人在老年不同阶段的人格发展也有不同的侧重点，具体见表6-3。

表6-3 不同老年人阶段的人格发展

老年阶段(大约年龄)	心理危机	存在的主要问题(举例)	正面结果	人格品质	关注的重要关系
老年早期(60—65)	亲密感—孤独感	退休或准备退休带来的失落感(我的好朋友在哪里/我能不能去爱)	形成紧密关系，学会与他人分享	相互关怀、同甘共苦	朋友、配偶等
老年中期(65—75)	“生产”—停滞	自我专注，不顾他人的困难与痛苦(能否做到幼吾幼，以及人之幼)	关心与培养下一代，成功的晚年生活	关怀范围更广的他人	家庭、社区等(如“老年志愿者”)
老年晚期(75—死亡)	自我统整—失望	失望的人生(对于我自己的一生是否满意)	反省并接受一生，对一生感到满意	智慧	人类、我的同类等

根据埃里克森的理论，老年早期需要克服的心理危机是孤独感。60—65岁老年人往往是一些刚从职场退休或准备退休的老年人，由于角色变换，一般都会有某种失落感，此时正是他需要亲密朋友的时候。而且，这一阶段也是亲子关系面临重大转变的时候，子女学业有成、事业发展有望、自立成家等，亲子关系的进一步发展也是老年人需要考虑的当务之急。老年人如果不能将上述各种挑战加以克服，则必有适应上的困难，会越来越感受到被别人或家人冷落、遗弃的孤独感。古人说“冠盖满京华，斯人独憔悴”，正是描写了那种孤立的感受。

但是，老年人如果能以成熟的姿态，“已立立人”的自我认同感，妥善地处理各种事务，同时化解自身的心理矛盾，则不难适应新的生活情境，同时收获与他人(包括子女)建立的亲密友谊(或亲情),这种亲密的关系可以分享彼此的观点、乐趣、感受乃至痛苦,甚至彼此之间也可能达到相互依赖的程度。只有那些不懂得自我约束、自我激励的个体,才不大可能与别人建立正常的友谊。当然,友谊的建立是相辅相成的,重要的是,老年人自身需要积极应对面临的种种挑战,只有这样才可能赢得亲密的朋友,并顺利走向更高的人生阶段。

65—75 岁之间的老年人,进入埃里克森理论中的“生产(Generativity)—停滞(Stagnation)”阶段。“生产”的原意是指老年人对于建立下一代关系的兴趣、积极引导的信心及由此收获的祖孙之乐,之后也表达对家人子孙的关切之情(正如古语所云“幼吾幼,以及人之幼”),以及对更广范围的他人(包括年轻人、成年人和其他老年人)的关怀,显示这一时期老年人的宽广胸襟,这也有助于老年人收获成功的晚年生活。以社交关系来说:他(她)们有各自的朋友,彼此的社交网越来越固定,也越来越小,形成了心连心的挚友;在同一个社交圈内,成员之间具有很高的凝聚力(尤其是女性老年社交圈)。

这一时期的老年人大多已经在职场上退休或适应退休后的生活方式,有更多的时间和精力投入实际照顾子孙与他人的行列;更重要的是,这一时期往往是夫妻关系最接近的时期,因为以往为子女之养育方式、家庭矛盾处理方式所造成意见相左的冲突,或者彼此在工作方式、生活方式上的不同看法与做法,也大致不会变化,夫妻之间都知道再有什么意气之争,那才是真正的无聊。

相反,那些在这一阶段未能展现“生产”特质的老年人,将会越来越停滞、孤寂。他们的心灵是封闭的,眼光是狭窄的,所属的世界也越来越小,小到自己都觉得被世人所遗弃。他们老是以负面的思维来看人、看事,更敏感于他人对自己的态度,这不仅会使自己不快乐,也会让四周的人不快乐。总而言之,这一时期的老年人需要坚毅的性格和刚强的意志,才能开启下一阶段老年晚期的更高境界。

如果说老年中期代表的是人生的秋收季节,那么,75 岁以后恐怕是人生的寒冬了。根据埃里克森的观点,75 岁以后要解决的心理危机是“自我统整与失望”的时候。老年人若要达成自我统整,必须完成以往各阶段的发展任务,回应以往那么长岁月中的期望,当然也面临着生命终了之前所应该完成的挑战。假设个体不能完成自我统整的任务,那就是失望,甚至万念俱灰地等待亲人的离散与死神的召唤。因为在这个时候,就是想冀图有所改变,也可能为时已晚,只能感叹时不我予。

75 岁以后的老年人,应该是人生最成熟的年龄。那些富于自我统整能力的老年人，知道自己该走的路已经走过，该跑的路也都将到达尽头。因此，对己心安理得，不怨天、不怨命；对人则是以炉火纯青的修养，维持圆润的人际关系。如果老伴还健在的话，应该过着“鹤发童颜、相看两不厌的神仙日子”，过去的争吵反而成为长日长夜中笑谈的主题，而对于未来也大多抱着更多的期待。

许多研究指出，老年晚期是一个人一生中最睿智的时候。几十年的素养、几十年的精练，阅人无数，知己最深。经过岁月洗礼，棱角与豪气早已消磨殆尽。繁华已逝，来日不多，自视、自尊之心日切，因此风骨也就不凡。观美国自里根总统到克林顿总统时代，大法官年龄都在七八十岁之间。可见这些老年人自许之深，以及世人对他们的期望之高。

第四节　影响老年人人格的因素

俗话说“江山易改，本性难移”，那么人格是不变的吗，还是会随着人生的不同阶段而有改变？“是”或“否”的答案恐怕都不完整，因为这个问题比较复杂。由经验观察可知，不少老年人的某些特质（如神经质、外向性）有所改变，而有些特质（如尽责性）则比较稳定。心理学家们似乎更愿意从影响老年人人格的因素着手，分析这一问题。一般而言，影响老年人人格的因素包括以下几种：(1)身体、神经系统、感觉系统的衰老（生物学意义上的衰老）；(2)自己感到老了（心理学意义上的衰老）；(3)晚年的急性事件（如丧偶独居）和慢性事件；(4)脱离社会（如退休）；(5)社会、文化因素；(6)接近死亡。

一、身体、神经系统、感觉系统的衰老（生物学意义上的衰老）

在生物学的衰老中，最成问题的是大脑的衰老。通常认为，成年人的大脑重量会随着增龄（30 岁以后）而减轻，60 岁以后，这种变化相对明显起来。一般而言，大脑重量会减轻 10％左右。

随着大脑重量的减轻，脑软膜产生不规则肥厚、浑浊。中枢神经系统的反应也变得迟缓。以上变化的证据，打开脑沟就能看到，在前额切面上可以看到侧脑室和第三脑室的扩张。

老年人的大脑中，还有一种被称为老年斑和阿尔茨海默原纤维变化的特殊变化。另外，在神经细胞内部还正常地发生着淀粉样蛋白沉淀和脂褐质沉淀。

此外，新的研究报告还在不断呈现。

大脑里发生的这种变化，必然会影响人格的变化。

另一方面，由感觉器官衰老造成的视力衰退、听力衰退等也会使人格发生变化。Eisdorfer(1960)曾对老年感觉机能衰退者进行心理测验(Rorschach 测验)，据他研究，有听觉障碍的人容易畏缩，思想上也很顽固，但这些现象在视觉障碍者身上却不明显。此外，Eisdorfer 还设法求得原始的思维指数、对风靡的事物的评价及功能统一的评分，发觉在人格的统一程度方面听觉功能障碍者的得分最低。由此，人们容易联想到感觉器官衰老带给人格的某种影响。不过，对于处在正常老化过程中的老年人而言，缓慢的感知觉变化对其人格的影响可能是感受不到的。

二、自己感到老了(心理学意义上的衰老)

第一章曾提到，“老化”有不同视角，其中一个视角是从“本人主观上是否已经觉得老了”来加以理解。作为主观认识的“老化”大致从两方面加以判断：(1)从身体的症状来判断；(2)从精神、社会活动中来判断。

身体上的老化症状有：视力、听力的减退、牙齿脱落、皱纹增多、头发变白或脱落、行走不便、性功能衰退等局部性的变化；还有容易疲劳、疲劳后不易恢复、活动能力下降、性欲减退等整体性的变化。另一方面是精神、社会上的感受，诸如孩子已长大成人、第三代的出生、“老爷爷”(或“老奶奶”)的称呼、忘性大、缺乏耐心等，都会对老年人的心理主观认识产生影响。当然，是否意识到自己的老化，最终还要取决于老年人自身对上述变化的看法。另外，周围人怎样对待老年人，也会在很大程度上影响他(她)的主观感受，越是把他(她)当作老年人看，他(她)就越容易感到自己已经老了。

对于老年人的主观感受与人格的变化之间的关系，守屋国光(1977)指出，一旦老年人强烈地意识到“自己已经老了”以后，便会对一般日常生活失去积极性，对平素的生活再也不感到满足，丧失了对未来的憧憬与希望，但还是强烈地希望能活下去。

同时，还必须注意到，“自己感到老了”这一想法，除了会产生客观状态的变化之外，更重要的是会给老年人的适应性带来重大影响。

三、晚年的急性事件和慢性事件

心理学意义上的衰老感受不可避免地给老年人的人格塑造带来负面影响，

尤其是晚年发生的一些急性和慢性事件,如丧偶独居、经济状况恶化、社会支持系统下降等,可能会进一步加剧老年人的主观感受,并造成长期慢性的负面影响。

丧偶独居,对女性的影响比男性要明显。这可能是两性对生活期待的差异所致。有些证据显示,失落的程度要视另一半对独居者的意义而言,例如:如果另一半在生前生病很久,对于独居者的压力可能会小一点;还有的研究发现,年纪大的老年人如果丧偶,其压力比中年人丧偶来得小,因为他们面对死亡有更多心理准备。

对于大部分老年人而言,丧偶的影响是负面的。丧偶后的悲伤感受会影响健康,Williams(2004)的一项长期追踪研究指出,那是因为悲伤使人维持健康的行为能力下降,如果那些丧偶的老年人维持健康的能力很好,则悲伤情绪是不会影响健康的。有的研究指出,即使在丧偶 3 个月之后,不少老年人仍有相当多的负面情绪,还有 20%的老年人报告自己无法应付人际关系。在一年后的追踪研究中也发现,丧偶老年人的人际关系会改变很多,大部分是负向的,如果丧偶后其熟悉的人或社区关系也改变了,将会造成更多的问题,以至于影响其身体健康。

此外,男性在丧偶后的适应比女性要好,这可能是因为男女对自己的性别角色不同所引起的,女性对自己的定位往往是源于“丈夫”,而男性则不会(源于“妻子”)。因此,丧偶对女性的影响较大(Carey,1979)。此外,男性的经济状况比女性好并且较有机会另寻伴侣,也可能是“男性适应性好于女性”的原因之一。不过,这个问题也有不同的观点,Lee(2001)的研究指出,丧偶后,男性忧郁的情绪比女性严重,原因可能是男性较不喜欢居家生活的琐碎,以及感觉自己对于年轻一辈无法提供协助,等等。

目前看起来,有关丧偶的研究受到很多因素的影响,包括社会文化因素,例如在德国、日本和法国,社会关系网络对于丧偶后的适应有直接影响,而在美国就没有。

除了急性事件之外,晚年其他的琐事,如:从发现头发变白,到严重的心血管疾病,都可能会引起年长者对自我的再评估与自尊的改变。“经济问题”是许多老年人均会面临的问题,当经济状况不好时,会造成自我价值感的下降及忧郁情绪的上升,这个现象在许多国家(如美国、日本)都存在。在我国,经济是影响老年人生活满意度最主要的负向原因,同时也是造成老年人焦虑的心理压力源。不过,来自社会或家庭的支持系统可以减缓经济因素造成的冲击。研究显示,当老年人的社会支持系统下降，约一年后，其忧郁情绪的指标会提高，被试也会报告较多的困扰他们情绪的生活琐事。在这个问题上，具有较强自我统整能力的老年人较能因适应生活压力，显示其人格特质的优势。

以上事件一般都会对于老年人人格变化产生一定的作用。其他可能还有更多的影响因素，在此不一一详述。此外，老年人的婚姻、家庭等状况对其主观感受（包括生活满意度）的影响更大，这一点将在第八章详述。

四、脱离社会

一般认为，老化这一过程自然地使老年人的社会投入逐渐减少，自我关注逐渐增加。这一观点强调，生理机能的下降及对死亡临近的觉知会带来社会角色（如伴侣、父母、朋友等）的收缩，这一过程循序渐进且不可避免；同时，由于社会并没有为老年人提供新的有用角色，老年人脱离社会属于必然趋势。因此，也有人认为，老年期就是老年人接受这一事实的过程。有的老年人甚至是在期盼这一时期的到来。事实也是如此，脱离的过程，如同荣格所说的一样，通常伴随着内省，以及情绪安定，老年人的情绪性感受和反应都减少了。Eisdorfer、Lukin（1960）等人研究指出，由于老年人对别人的行为、情感的感受能力衰退，所以就喜欢深居简出了。

但是，不能对所有的老年人一概而论。尤其是年事不高的老年人，有的仍然希望能够从事一些活动。这些老年人有时会被迫脱离社会，这种现象最集中的是反映在退休问题上。退休不仅仅会造成经济方面的变化，而且还会带来失去工作后的空虚感，以及与家庭成员之间关系的变化，这些都会给老年人的人格造成极大的影响。即使不存在退休问题，在家里因为子女的长大、成家等原因，老年人也会逐渐丧失家长的权力，失去家长的作用，而被迫从社会关系中退出，并且由于年龄关系不得不减少外倾型活动。于是，老年人也就逐渐表现出对自己内心世界的关注。

五、社会、文化因素

在老年人受到尊敬的社会中，及不尊敬老年人的社会中，都会给老年人对自己所做评价，以及整个人格塑造带来不小的差异。一般地，社会对老年人的态度比较正向时，老年人对自己的评价比较正面；反之，评价会比较消极。

在我国古代，老年人被认为是文化的传授者，是智慧的宝库，他的经验对社会都是有用的，因此普遍受到人们的尊重，例如：在宗族制度盛行的封建时代，老年人在儒学的旗帜下，受到了广泛的尊敬。不过，随着宗族制度的崩溃，社会迈入近现代化行列，瞬息万变，令人眼花缭乱。在这种情况下，对老年人的尊敬已不再像往昔那样(尽管在一定程度上还是尊敬老年人的)。在这种社会中，老年人由于总感觉自己给别人带来了麻烦，而有一种罪恶感，因此容易丧失自尊心，变得意志消沉。

六、接近死亡

死亡，对人类来说，是一个带有根本性不安的问题。要认识和承认死亡都不是轻而易举的事情。Templer(1971)在讲到死亡的恐惧和人格的关联时指出，对死亡的恐惧显示出与抑郁有着很高的相关性。Eisdorfer(1960)研究指出，老年人比一般成年人更保重自己的身体，并且他认为，老年人疑病症的产生与死亡期的接近不无关系。人们生活中有时所看到的疑病症患者，其实只是对死亡恐惧的一种防御机能的反映(其实质是一种不适应现象)。

第五节　老年人的人格特点

一、老年期人格特征

说到老年人的人格特征，一般都会引用南非心理学家 Cavan(1949)的资料，他认为，由于年龄的增长而造成的行为、情绪变化有以下几方面。

(一)健康及经济上的不安

对天津市区老年人“最担心的问题”的统计表明：在 860 名被调查的老年人中，最担心自己健康的有 378 人，占 43.95%，居首位；最担心物价上涨、经济入不敷出的有 299 人，占 34.77%，居第二位；担心病后照顾问题的仅占 11.63%；担心被社会遗忘的是极少数，只有 10 人，占调查人数的 1.16%。对山东农村老年人调查显示：农村老年人因自己生病而犯愁的人最多，占 40.54%；其次是因晚年生病无人照顾，占 20.27%；再次是物价上涨，占 12.16%。

(二)由于生活上不完全适应而产生的焦虑感

当今社会的变革对所有年龄层的人都给予了一定的心理上的影响，其中受冲击最强烈、体验最深刻的是老年人。如由于社会的变革，在各个方面变化的速度越来越快，这就要求人们积极主动地去适应变化，保持适当的平衡。青年期、中年期的人敏感，基本上有所准备，能迅速接受这些变化，欢迎这种新的发展。但老年人，由于逐渐强化的固执的方法和态度，应付新情况的能力减弱，心理负担越来越重，容易产生焦虑感。

（三）兴趣范围缩小形成的孤独感

一般来说，老年人的兴趣范围随年龄增长而逐渐缩小，好奇心逐渐减弱，对各种事物的态度变得冷淡，不再有兴趣看小说、电影、电视，不再喜欢参加各类活动，特别是集体活动。对新鲜事物的探索欲望也逐渐下降、淡化，缺少激情，表现出心理上的"惰性"，容易形成孤独感。

（四）对身体舒适的兴趣增大

老年人对待疾病往往过虑、多疑。有些老年人整天担心自己生病，有一点不舒适就认为大难临头，忧心忡忡。这种消沉的心境持续下去会引起身体功能的严重失调。

（五）活动性减退

由于衰老，老年人眼睛老化了，听力不如从前了，动作也不如从前灵活，一旦疲劳，恢复得较慢。加上人际交往的范围缩小了，兴趣索然，活动性也随之减退。

（六）性冲动减退

性冲动是生理的本能，即使在老年期，也理应存在性冲动，但与增龄相关的性器官功能减退，使老年期的性冲动也逐渐减退。

（七）对新的情况学习和适应都有困难

由于对一切变化和新情况、新事物都感到不安，老年人会不自觉地坚持防卫态度，所以有的老年人就会顽固地坚持自己的观点和习惯，不赞成别人的意见和看法。

（八）一个人孤零零地感到寂寞

离、退休后，老年人和同事、朋友、社会隔离疏远了，参与意识淡化了，老年人自己退出社会；同时，社会也在疏远老年人，再也不像以前那样有紧密的联系了，老年人的性格由外向转为内向，深居简出，懒于交际。再加上家庭成员或亲戚、朋友的死别，子女长大后成家而离开，老年人愈发陷入深深的思念之中，容易感到寂寞。

（九）猜疑心、忌妒心加重

老年期特有的缺陷就是对待青年一代的妒忌和怨恨态度。事实上，对年轻人享受着人生的鼎盛时期及他们愉快的姿态，老年人能够不感到任何妒忌和憎恶是需要很大的勇气和宽阔的胸怀的。到了老年，多数人总觉得好像在等待着逐渐成长起来的年轻人把自己从有势力的位置上赶走，因而感到受年轻人的威胁。再加上年轻人能够享受的许多有价值的东西，老年人已经得不到了。这种状况往往是老年人妒忌和怨恨的根源。在急剧发展与变化的现代社会当中，老年期的妒忌和怨恨问题似乎是越来越深刻化。在古代的各种文化领域里，老年人凭借经验和智慧是受尊敬的，年轻人也需要老年人的忠告和帮助。可是现代社会，科技文化知识迅猛发展，而有些老年人却不愿继续学习。这样一来，这些老年人就跟不上有高度训练并有进取心的年轻一代了。因此就感到自己从此不能再与年轻一代相比，一种夕阳西下，“处处不如人”的惶恐心理油然而生。他们或者对同龄老年人及年轻一代在“智力”“体力”方面超过自己有所嫉妒；或者对同性别的老年人和年轻一代在“仪表美”方面的优越天赋有所嫉妒；或者对儿子与媳妇、女儿与女婿所流露的过分“亲昵”有所嫉妒；或者对其他家庭在政治、经济收入、生活条件、子女成才等方面的明显优势产生嫉妒。另外有些年轻人也认为老年人是无用之辈，这使得老年人格外容易失去自信。

（十）变得保守、固执

老年人在长期生活中已形成了一整套的生活方式和思想方式、行为方式，熟悉了之后，就成为生活中不可缺少的程序与内容，谁去破坏它、改变它，都会使老年人感到不愉快、不舒服，甚至烦恼不安，并常常就此引发出一系列的攻击行为与抗拒心理。它的生理基础是“动力定型”。动力定型是由固定程序的条件作用建立的条件反射系统，这样的系统一再重复，就越来越巩固、越来越自动化，从而在大脑皮质内形成了一定的动力定型。当动力定型巩固了，就产生了惰性，往往以一种习惯式的刻板性的反应应付外界刺激。当外界刺激不变的情况下，动力定型能迅速对刺激做出正确反应。但当外界刺激或情境发生了变化，就难于用新的刺激或情境去改变它。因此有好多老年人就显得观念固执、思想僵化，变得保守、固执。

（十一）喋喋不休，爱发牢骚

生活本身充满了矛盾。可老年人若是以老眼光看新问题，有些问题定然看不惯，因而生闷气、发牢骚；也有的老年人曾经辉煌过、现在辉煌不再，意识到自己的现实境遇不如从前好，感觉到自己的愿望实现受阻，十分容易产生失落感。当他们遇上一些不顺心的事，就像“九斤老太”那样，追溯往事，觉着现在的一切都不如过去，过去的“天气没有现在这般热，豆子也没有现在这般硬”，连刚生的孩子也没有过去重。嚷着“……活够了，……还是死的好”(见鲁迅:《风波》)，借此取得暂时的心理平衡。

(十二)总好回忆往事

在日常生活中，经常可以看到一些老年人，特别是离、退休者，他们爱追忆往事:或叱咤风云于一时，或独领风骚于一世，或著书立说于世间，或英名卓著于青史，笑看走过的漫长人生，炫耀既往业绩;或怀念过去的美好日子，感受与人相处那种自然纯朴的亲切，想念一起度过的快乐时光;或对一生的坎坷经历、心灵创伤耿耿于怀，经常滔滔不绝地诉说，沉湎于往事之中。这种现象，心理学家称为“回归心理”。这是由于随着年龄的增长，机体逐渐衰老，内分泌功能发生紊乱，致使他们的思维能力、理解能力、近时记忆能力降低，大脑释放的储存信息大大超过老年人日常生活中吸收和累积信息的水平，而大脑储存的往事却印象很深，遇到现实刺激则易触景生情，对不良情绪不能自我疏导，常表现为回忆或夸耀自己的过去，念叨不绝，以此获得心理上的平衡和安慰。

对于怀旧情绪，要正确看待，要学会控制自己。如果怀旧过了度，老在回忆中叹息伤感，势必增加寂寞、孤独、忧郁的情绪。情绪性质起了变化，正常就会变成不正常。轻者容易引起心理疲劳，重者还可导致神经系统机能紊乱，如情绪变得烦躁、易怒、焦虑、忧郁、自卑等，以致丧失生活的勇气与信心，从而加速人体的衰老过程。

此外，“回归心理”还会造成身体免疫力、代谢能力和抗病能力下降，临床医学统计资料表明，有严重“回归心理”的老年人，其死亡率和癌症、心脑血管病的发病率分别比正常老年人高 3—4 倍，同时也易导致阿尔茨海默症、抑郁症、消化性溃疡、哮喘病、糖尿病、动脉硬化等疾病的发生。那些晚年丧偶而身边又无子女照顾的老年人，过分怀旧的后果更严重，常常过早谢世。

(十三)不修边幅、邋遢

不少老年人到了一定年纪，不再喜欢打扮，甚至比较邋遢，即使子女帮助他(她)梳洗打扮，也表示拒绝。

(十四)总喜欢收集破烂

很多老年人不舍得扔掉旧东西，可能是因为勤俭节约的习惯，但是将不需要的东西收集起来，甚至捡破烂，并很快忘记所收集的东西，这就会给家人带来困惑。

关于老年人人格的一般特征，长嶋纪一(1977)用因果分析法进行研究，指出以下几点:(1)自我中心性。以任性、顽固的形式表现出来,根源在于顽固程度日趋严重。(2)猜疑性。以胡乱猜疑、嫉妒、乖僻的形式表现出来,原因在于感觉能力的衰退所造成的对外界认知的困难。(3)保守性。讨厌新奇的东西,偏爱旧日的习惯、想法,原因在于记忆力的减退和学习能力的减弱。(4)疑病。过分地关注自己的身体,原因在于对外界事物不关心。(5)牢骚。因为把握不住现状,总好回忆往日的生活。

此外,Galden 和 Hokanson(1959)采用心理测验进行研究。结果表明,老年期中,疑病、歇斯底里、抑郁、妄想症等倾向比较明显。Ames 等人(1973)的罗夏(Rorshach)测验表明,老年人对与自己无关的事情毫不关心,以自我为中心地思考问题,无法正确地掌握客观情况,无法控制自己的欲望,为细小的事情而感到不满,容易产生误解,行为与思维十分刻板,情绪感受性衰减,缺乏想象力等。这一切都可以说是对外界反应能力的减退和自我功能的衰退。

需要注意的是,以上描述的各种特征,并非完全是伴随正常衰老而产生。较为严重的症状可能与老年人的生理或精神疾病相联系。

二、生物学的变化和老年期人格特征

对于上述的老年人人格特征,我们需要进一步分析哪些是由生物学变化造成的,哪些是由非生物学因素造成的,这对于我们理解正常老年人的人格变化很重要。

大脑、神经末梢、身体机能,随着年龄的增长而衰老。这些衰老伴随着体内平衡机能的下降,造成了抵抗力和适应能力的衰减,容易并发各种疾病。由这种生物学的衰老所造成的人格变化,对处于正常衰老过程中的老年人来说,是没有多大意义的。倒应该是那些非生物学因素,即衰老的自我感觉、社会和文化因素、脱离社会带来的变化等,会给他们带来更大的影响。因此,能够顺利地适应非生物学各种因素的老年人,即具有统一人格和智慧的老年人,其基本人格是不会有多大变化的。

不管怎样,生物学的衰老、非生物学的因素,以及老年人人格的“自我”结构,这三者以各种形式错综复杂地交织在一起,影响着老年人的人格。

不过,基于生物学衰老的不可逆性,我们可以说,在任何老年人身上都可以看到一些共同的、由生物学衰老所造成的人格变化,那就是精神能量的减少,顽固程度的增大,以及由此而造成的适应能力的减弱。

三、精神能量

精神能量就是指人进行思维、行动时必需的意欲、活动力等。在老年期，由于年龄的增高，造成了精神能量的减少。

精神能量的减少，使兴趣范围变窄，对与自己没有直接关系的事物漠不关心。多数还会造成精神、肉体的活动力减弱，想象力贫乏，行动范围变窄，缺乏热情等。同时，由于缺乏情绪上的感受性，情绪反应也变得死气沉沉。这种精神能量的减少，与老年人人格的“自我”结构和防御机制复杂地结合在一起，形成形形色色的反应方式。

Neugarten(1977)综观老年期人格研究并指出，许多专家的研究结果都指向一个相同的特性，即内向性。精神能量的减少，与内向性有很大的关系。

第六节　适应与人格(类型)

有人说，人的一生就是一个适应的过程。如今的社会瞬息万变，要想适应社会，就必须有灵活性和弹性。对于老年人而言，由于生物学衰老带来的精神能量减少和顽固程度增大，极易使老年人陷入适应不良的境地。日常生活中，我们经常可以看到老年人表现出许多不适应的行为，如：过分地好斗、稍一遇到困难就会退避、喜欢闭门谢客、不愿与人接触、担心生病、牢骚满腹、情绪低落等。为了消除这种不适应状态，老年人必须调动各种精神机制，尤其是对人格的自我完善，只有保持统一人格的老年人，才能游刃有余地应对晚年的许多不如意，幸福安度晚年。

Reichard(1962)按照老年期的适应情况，将老年人的人格特征分为以下五种类型。

(一)成熟型(mature group)

这一类型的老年人有智慧，具有十分统一的人格。他们感觉到自己的一生是有成就的一生，对自己一生的成绩感到欣慰，即使在退休时候也是心安理得、毫无挂念。他们对自己本身及自己的过去和现在都能很好地接受，并能以强烈的关心和积极的态度对待现在。

这种老年人以科学的态度理解现实，以积极的态度面对现实，不患得患失，经得起欢乐与忧伤的考验。他们性格开朗、感情真挚、热爱生活、和蔼可亲、平易近人、富于幽默感，能积极参加力所能及的工作，保持良好的社会交往。这种人能妥善处理人际关系，善于调节和控制自己的情绪，“不以物喜，不以己悲”。对未来的挫折和丧失，甚至自己的死亡，都表示理解。

（二）安乐型（rocking-chair group）

这种老年人看上去十分悠闲自得，而且对自己目前的处境也十分理解，毫无抱怨。但老年人实际上把自己的生活完全寄托于别人身上。他们在精神上希望得到别人的安慰，在物质上也希望得到别人的帮助。因为感到有责任和有负担，所以不喜欢工作，胸无大志，满足于现状。

（三）装甲型（armoured group）

这是自我防御较强的一种类型。对自身的衰老和外来的各种不幸，都用强烈的防卫机制来对付，他们总是通过不停的活动来回避老年期的丧失与空虚或抑制自己对衰老的恐惧。当然，这实际上就是一种“障眼法”。属于这种类型的人性格谨慎；社会交往范围狭窄，常伴有孤独感、寂寞感；对于“闲暇”时间上的扩大，明显地缺乏正确的理解，所以对工作有过分的义务感。这类老年人还容易对年轻人产生妒忌感。

（四）愤怒型（angry group）

这种类型的老年人就是不承认自己衰老，“不服老”，怨恨自己未能达到人生的目标，对自己的一生感到懊恼，将失败的原因归罪于别人，并表现出敌意。这种类型的老年人不满现状，性格粗暴、跋扈，唯我独尊，是攻击型的。他们的内心充满了偏见，常常表现出恐惧、抑郁。他们对年华的流逝持强烈的反感，对人和对事都没有兴趣，自我闭塞。

（五）自责型（self-haters group）

与愤怒型相反，把隐藏在内心深处的攻击指向自己（而不是外面），把遭遇的不幸和失败归咎于自己，谴责自己，对一切事物持悲观、沮丧、失望甚至绝望的态度。这种人格类型的老年人，一般来说是被动性的，几乎不抱任何野心，根本没有再度体验人生的愿望。他们对别人也不表示任何关心，是孤独的。对他们来说，死亡并不是一种威胁，因为他们把死看成是自己对悲惨现实的一种解脱。

上述五种人格类型中，前三种以各自的形式适应衰老，后两种则不易适应，这实在是不幸。当然，没有一个老年人在现实生活中纯粹属于一种类型，绝大多数是两种及以上类型的混合，或者说大致属于哪一种类型。

回到埃里克森的“同一性危机”这一主题,老年期的课题就是要实现自我统整的人格,完成了这一课题,杰出的智慧也就齐全了!

第七节　老年人的主要人格障碍

老年人如果不能适应衰老带来的各种变化,其自我发展就会出现障碍,如顽固、自卑、焦虑、冷漠、幼稚化等,这些障碍虽然不属于心理疾患,但却可以影响老年人的日常生活,或者给别人造成困扰。为此,我们必须认真对待这些问题。

一、顽固

1915 年前后,顽固才被作为人格问题提出来。勒温等人认为:顽固是思维、行为或人格没有机动性、没有灵活性的一种表现;思维、行为受眼前具体情况和目前特殊要求的束缚,无法站在高处,掌握与其他情况、要求的关联;也不会转换视点。1967 年,Fisher 等人进一步指出,顽固的主要表现是缺乏灵活性(flexibility)、固执性(perseveration)大、适应性(adaptability)差。

对于老年期顽固的测定,有各种不同的方法,其中以戈特肖尔德测验为代表。不同的测试都表明,顽固程度随着年龄在增加,在老年期,受到标准框框的强烈影响,客观的判断变得日益困难了;同时,想象力贫乏了,对外界的兴趣淡薄了,情绪感受性和智能也下降了,而刻板的思维和行为增加了。

尽管顽固随着增龄而严重,但顽固并不一定是老年人的专利。老年人只要跟上时代的步伐,不断地完善自己的思维,增强思维的灵活性,摆脱顽固是可能的。只有脱离现实而一味顽固下去的老年人,才会变成不可理喻之人。

二、自卑

自卑主要是指自我评价偏低,感到自己处处不如别人,随之而产生的惭愧、羞怯、灰心和不能自助的复杂情感就是自卑感。自卑与谦虚完全不同,谦虚者说自己不行,是以更高的标准来要求自己,但自卑者是对自己的彻底否定。

自卑产生的原因十分复杂。首先,自卑与人的生理特征有关。老年人由于生理老化,无论在外观还是身体组织器官等方面都处于劣势,他们容易产生对自己不利的评价,不少老年人因此自惭形秽,总觉得形象不如他人,如果患有疾病或身体残疾，可能会觉得更加“低人一等”。其次，自卑与性格有关，瑞士心理学家荣格认为，内倾型性格的人（沉静、谨慎、多思、孤僻、反应慢、适应环境困难）容易诱发自卑。再次，自卑还与心理创伤有关，很多老年人在自己的风雨人生中频遭挫折，容易悲观失望，仿佛面临不可逾越的障碍，进而怀疑自己的能力、学识和经验，得出“我不如人”的结论。最后，老年人还容易产生消极的自我暗示。有些老年人由于对自己认识不充分、不到位，总觉得自己不行，这种看法（消极暗示）在其面临新情境时，只能增加紧张，产生心理压力，导致不良行为效果，而不良的行为效果又反过来成为一种消极的反馈作用，影响以后的行为。如此便进入恶性循环，自卑感日趋严重。

对此，专家提出如下建议：(1)正确评价自己。老年人要多了解别人是怎样评价自己的，然后将自我与他人做比较，有助于全面、公正地评价自我，做到既不沾沾自喜，也不顾影自怜。如果在比较中发现自己的弱点或缺陷，一方面不要背思想包袱，以老年人特有的经验和毅力克服弱点或缺陷；另一方面要扬长避短，因势利导。(2)正确对待挫折。生活中碰到挫折是难免的。从某种意义上来说，生活就是不断面对和战胜挫折的过程。只有正确对待挫折，才可能打破自卑与挫折之间的恶性循环。老年人一方面要认识到挫折的必然性，以平常心对待挫折，不要大惊小怪或耿耿于怀，更不能以一次挫折就去否定整个人生；另一方面，老年人面对挫折要准确分析原因，从中吸取教训，使挫折成为成功之母。(3)自卑的老年人大多伴随有认知歪曲，爱追求十全十美之事，这是不对的。为此，在实际生活中，老年人应该与自己原有的“完美”观念唱反调，客观地待人接物，这才是生活良策。

三、焦虑

焦虑的发生，通常没有特别的原因，有时这种感觉是对即将发生的某些事情（如健康、退休等）的担心，有时是对自己特别关心的人过分关心的结果，有时甚至根本没有明显的原因。一般地，它是个体因预感到自己有可能受到伤害而诱发出来的一种复合的负面情绪。它像恐惧那样含有担忧、害怕的倾向，但又不像担忧、害怕那样有实际情境在威胁自己，而只是预感到可能会受到伤害。对老年人而言，他所遭遇的利害冲突或各种失落、对自己身体健康的担心等，只要预感到对自己的威胁，就会产生焦虑。

《张氏心理学辞典》（张春兴，1989）将焦虑解释为：由紧张、不安、焦急、忧虑、担心、恐惧等感受交织而成的复杂状态。它包括特质性焦虑与情境性焦虑，前者为人格特质的一部分，具有持久性；后者指因情境而产生焦虑反应，是暂时的，例如有的老年人担心股票被套牢而焦虑。

至于引起老年人特质性焦虑的事件，往往与其无法避免的身心衰老和失落感有关。最常见的焦虑有以下三种：

(1)生命的失落感。担心一旦失去配偶、兄弟姐妹、亲朋好友、更加年迈的父母、年轻子孙及平时常相来往的昔日同窗和同事时，将无法自处。尤其不安的是如果有一天老伴比自己早逝，自己的晚境将如何凄惨！

(2)角色的失落感。当自己角色转换后，失去了以往的社会资源，人们将视自己为“废物”时，自己该如何自处？

(3)生活的失落感。忧虑、担心晚年生活中将出现的各种不利情境，如老病、收入减少、行动不便、人际关系、居所与身心如何调适等问题。

焦虑(一般是中度)可能会有正面效应，促使个体“虑而后得”，对所担心的事情未雨绸缪。因此，纵使所担心的事情发生了，也会因为早有若干准备而将伤害降到最低。

但是，经常为焦虑所苦的老年人，可能会出现以下症状：(1)无法放松自己，睡眠常常不好，注意力也较不集中；(2)容易产生没有理由的疲倦，胃口也不好；(3)时感头痛，甚至会突然发生眩晕；(4)流汗、燥热、口干；(5)容易紧张、发抖、抽筋、背痛；(6)常常没理由地有惊慌的感觉，夜晚多噩梦，更严重的会演变成一种疑病症。

对此，专家对老年人提出如下建议：(1)对即将到来的、可能会引起焦虑的事件不要总是念念不忘、耿耿于怀，也不要过分担心那些即将发生的事情会出现最坏的结局，应该抱着“既来之，则安之”的态度，尽力采取有效措施，把事情做得好一些(但不一定要最好)。(2)对已经承受的焦虑，例如寒冷、疲劳、麻木、便秘等引起的焦虑，不要有疑虑性的情绪扩大，而是面对现实，有针对性地解决问题。总之，老年人要学会在日常生活中克服、战胜内心紧张状态。此外，家庭、社区和社会也要联起手来，对老年人的日常生活起居给予照顾，对老年人的心理困扰进行疏导，帮助提高老年人的心理承受能力。

四、冷漠

冷漠是个体饱受挫折以后表现出来的防御方式，其基本特征是情绪低落，对一切都漠不关心，不感兴趣，工作没有积极性，人际关系冷淡，人生观消极，对周围的人和事都不屑一顾、无动于衷。

老年人晚年一般都会遭遇健康不佳、智力衰退，或者经济状况恶化、人际关系疏离等挫折，这些挫折中包含着正常需要无法满足时的需求挫折、行动不能成功时的行为挫折、目标不能实现时的目标挫折，以及个人失去所拥有东西时的丧失挫折，等等。当以上挫折让老年人感到无力、无望，并伴随着心理恐惧和生理痛苦时，很容易使其产生攻击与压抑之间的冲突，也就是对于挫折只能旁观、处于既不能攻击也不能压抑的状态中。久而久之，老年人就会变得心灰意冷、消极悲观。这类老年人一般智力和品德都很健全、成熟，他们并非整日里内心惴惴不安、紧张不宁，只是失去对生活的热情和社会的关心，过着自认为“超群”的与世无争的日子。

对此，有一些病理心理学家认为，“读书学习法”可以使这些老年人“枯木逢春”，重新激起生命的活力，重新振作起来；同时，读书学习有助于老年人克服意志消沉、寂寞空虚等不良的精神状态，使老年人看到希望，变得充实、有勇气和充满力量。

五、幼稚化

幼稚化是指老年人病态性的“返童现象”。这种“返童”不是正常的童心未泯，而是心理水平倒退到了儿童时代。老年心理学专家指出，65 岁以后，大约有 70％的老年人由于精神衰老而出现不同程度的“返童现象”，且这种情况女性多于男性。

“返童现象”其实就是老年人对挫折、对老年生活不适应的一种消极表现，是一种心理上的适应障碍。有些老年人由于个人欲求受到阻碍，心理上感到紧张不安，他们便会退回到童年时代的心态，用来保持个人安全感；如果自己面临的困境和疑虑得不到解决，便会采用少年儿童的惯用手法，例如哭闹、喊叫、撒娇、抗议、出走等去对付问题。

需要注意的是，老年人的“返童现象”一般不是故意装出来的，而是心理活动水平的一种退化。因此，不要责怪、嫌弃老年人，也不要大惊小怪或马虎对待，应该耐心细致地帮助他们解决心灵上的困扰，让他们回到现实中来。

此外，由《DSM-Ⅳ精神疾患诊断与统计》(第四修订版)(孔繁钟，1997)及《张氏心理学辞典》的解释，老年人人格障碍还可以细分为以下几种。

(一)妄想型(paranoid)

主要表现在于缺乏自信，也无法相信别人，常常怀疑他人对自己别有用心，处处防御别人，且幻想有一天如何报复他人。对任何事情非常敏感，也不反省自己，总觉得一切都是人家的错。做事能力可能还不错，可是对他人比较冷漠，人情味较少，人际关系也非常紧张。这一类型的男性比例高于女性。

(二)孤独型(audism)

主要表现是生活在自我中心的世界里，对别人毫不关心，不在于他人对自己的感受，几乎没有朋友，也没有什么社交生活，与家人的关系也是淡淡的，几乎没什么兴趣，害怕与人交往，更拒绝他人善意的寒暄与关怀。这种情况男性多于女性。

(三)精神分裂型(schizoid-type)

表现出非常奇怪的思想、知觉、言语与行为。思想比较复杂，言语很奇异，经常前言不接后语，行为让人费解，喜怒哀乐的情绪变化快速。家庭中可能有慢性精神分裂病患者。

(四)戏剧型(histrionic)

主要表现是情绪反应很强烈，一点小事就可能使其暴跳如雷，或大发脾气，或莫名的狂喜。在别人看来，他们有点夸张、矫揉造作。这种情况女性较多。

(五)自恋型(narcissi)

爱夸张，喜欢炫耀个人的才能、子女、财富等，以引起注意，常常期待人家的赞美，不能忍受他人异样的眼光。自己不尊重别人，自然得不到人家的尊重，但不懂反省，只是责备别人的不是，故意给人难堪，最大的问题就是不会替别人着想，也不懂得体会别人的难处。

(六)反社会型(antisocial)

行为上表现极度自我中心，凭一己之冲动，求欲望之满足，毫不考虑行为后果是否会伤害别人。没有羞耻心与罪恶感，遭遇挫折时总是归咎于别人与社会。缺乏团体意识，不重视团体利益，不遵守社会规范，也不认同传统道德与价值标准。

(七)回避型(avoidance)

有强烈的自卑倾向，过分敏感，刻意讨好别人，担心被人拒绝，害怕做错事情而遭到谴责或羞辱，因此凡事畏首畏尾，内心冲突不安。

(八)边际型(borderline)

情绪不稳定，对生活细节动不动就生气，遇事常冲动，缺乏理性思考，常做出损人不利已的事情。情绪上的问题比较严重，在病理上接近精神病的边缘。

(九)依赖型(dependent)

性格上缺乏独立性,遇事退缩、依赖,有人格不成熟的表现,甚至有些老年人一离开亲人或他人照顾,就痛苦不堪,无法独立生活。

(十)强迫型(compulsive)

个人生活习惯、态度观念,以及价值标准,表现出相当僵化的倾向,在待人接物上不能随机应变,纵使自知不合情理,仍坚持不变。

(十一)消极攻击型(passive-aggressive)

对别人常怀有敌意,有攻击倾向,且以消极抵抗、不合作、推托敷衍的方式进行攻击。默默发牢骚,内心充满了愤怒,又不敢直接主动地把反感表现出来。

第八节　老年人与宗教信仰

老化与宗教之间的关系已经超出了心理学探索的范畴,不过,研究发现:老年人从宗教信仰中得到更多的意义,并在日常生活中加以实践,而且这些老年人有较高的自尊和对生活的满意度。这或许是因为宗教提供了社会网络系统及灵性的支持,这种支持对老年人有相当大的帮助,例如:信仰的强度与忧郁指数成反比。同样地,老年人通过祈祷而感到对生活某种程度的控制,以及情绪上的鼓励或压力的减少,有的老年人则通过宗教理解生活中的不幸。整体而言,宗教信仰与幸福感成正比,它与促进健康的生活方式、提高乐观的态度有关,因而提升了生活满意度。从这个角度看,老年人的"宗教性"随增龄而愈加深刻。

但是,对"宗教性"的定义有比较多的争论。如果以出席或参加宗教仪式,而非对神的信奉程度,来界定"宗教性",那么,老年人会随着增龄而逐渐减少参与次数,这可能是由于交通、健康,以及收入日渐减少给老年人所带来的困惑。与此同时,老年人在家中祷告、阅读宗教书籍,以及静坐冥思的实践则相应增多,或许这是老年人对自己因故不能参与宗教活动的一种替代吧。

Glock 和 Stark(1965)将"宗教性"分为五个层面:宗教的参与、宗教的信仰、宗教的知识、宗教的经验,以及宗教对于个人与社会生活的影响。这并非以任何单一的层面或任何几种层面的组合,来界定"宗教性",只是对人们的宗教信仰实践做一区分。第 1、5 层面已述,下面来看看老年人在第 2、3、4 层面的情况。

对宗教的信仰方面，老年人较之年轻人更为传统，一般都有信仰。例如，Moberg(1971)指出，老年人比较相信上帝和灵魂不朽之说。有关宗教的知识，还没有较为一致的研究结果，不过，老年人显然较年轻人对某些宗教事务比较熟悉(年轻人则对其他事务比较灵通)。宗教的经验似乎随增龄而增加，许多老年人经历了人生的生、老、病、死(如配偶的离去)，他们会和朋友、亲人谈论这些东西，从而感受宗教的情绪、想法等。

总之，对老年人而言，宗教可能超越了现实生活所能给予他们的快乐和安宁，因而，对他们具有很重要的意义。

第七章　老年人的婚姻

俗话说“少年夫妻老来伴，恩爱夫妻多长寿”。老年人的婚姻满意度对其健康是有影响的，已婚者比未婚者更健康长寿(Kinsella，Velkof，2001)。老年夫妻的情感除了注重“信任”“疼爱”“心心相印”“爱慕之情”外，最普遍的是“相依为命，互相照顾”，以满足双方的情感需求与生活上的照顾，打消孤独感，同时增强生活的意义，保持晚年生活的幸福和谐。

第一节　老年期婚姻的一般特征

一般而言，老年人对婚姻的满意度及感受到的快乐比年轻人要高，与配偶的负面互动也随着年龄的增加而减少。Levenson 等人(1993)评估 40—50 岁的中年配偶及 60—70 岁的老年配偶，他们发现老年组对婚姻表现出较多的平稳情绪与愉悦感；同时，夫妻的不一致性也相对较少。这一研究结果令人欣喜，因为它表示老年人的婚姻生活并不会随增龄而乏味，也不会因为生活、经济的压力及其引起的情绪而造成婚姻问题。不过，该研究也指出，或许快乐的老年夫妇原本在年轻时就是快乐的，又或许老年人表现的幸福婚姻其实是夫妻之间过去争吵减少或停止后的结果。

还有的研究则指出，老年人对自己婚姻的满意性可能与其工作压力和亲职责任的相对减少、夫妻间情感调控力的成熟等原因有关。Carstensen 等人(1996)指出，老年夫妇不再需要抚养孩子，子女已经成为共同的快乐和自豪的源泉，而不是冲突的来源；同时，老年夫妇已经了解、适应了彼此的差异，对夫妻之间的情感掌控力更好。因此,即便夫妻之间产生冲突,也不容易走极端。

研究还发现,婚姻对老年男女两性的身心影响是有差异的。对男性而言,仅结婚这一点就会对其身心健康有积极作用;而对女性而言,她们从婚姻中收获的身心健康更容易受到婚姻质量的影响(Carstensen, Graff, Levenson, Gottman, 1996)。Chipperfield 等人(2001)追踪观察超过 7 年(含 7 年)以上婚姻生活的老年夫妇与经历婚变(如离婚或丧偶)的老年夫妇,评估他们对婚姻的满意度,结果发现:男性从婚姻生活中得到的好处大于女性;也就是说,如果婚姻生活保持不变,女性对婚姻的满意度是逐渐下降的,而男性则保持平稳的状态。该研究还指出:丧偶对男性和女性都会产生负面影响,但对男性的负面影响更大。产生这种差异的原因有很多,例如:配偶对另一半的依赖程度,有研究发现男性对于妻子有较多情绪方面的依赖,而妻子则较喜欢与好友、亲近的家庭成员分享自己的情感。

第二节　老年期的性生活问题

在老年期,性生活与婚姻状况有很大的关系,尤其对女性而言,因为婚姻是提供性生活机会的重要因素。但是,在我国,这似乎是受到抑制的事情。

在我国传统思想观念中,性往往被描写成淫秽的、神秘的事情,近乎道德沦丧,这种态度犹如一道高大的墙,阻碍了人们对性问题的科学研究,并因此形成种种错误的性观念。在对待老年人的性生活问题上更是如此。在大众媒体中,如果一提到老年人的性生活,就会给人一种丑陋的、不好的感觉。由于媒体对老年人性生活的负面宣传,有些调查显示,超过 50 岁的老年人会报告对性生活兴趣的下降。可以说,认为老年人应该没有性生活的刻板印象普遍地植根于一般人心中。

目前,对老年人性生活的认知误区有以下几种:(1)认为老年人已经精枯力竭,不能再过性生活,否则就是“老不正经”。其实,国外不同国家的调查都表明,对性有兴趣的老年男性约有 90%,老年女性约有 50%,数据基本一致。(2)认为性即生殖的观点。从这一观点出发,认为除了达到怀孕的目的以外,不可以有性生活,进而对不能怀孕的老年人的性生活予以直接否定。(3)认为老年人性生活会伤害他们的身体。其实不然,老年人如果能够保持每月 1—3 次的性活动,是有利于身体健康的。现代性医学证实,无论是生理能力还是心理要求,进入老年后都没有丧失,而老年人的性活动事实上也并没有停止。所以,不管是老年人自己,还是整个社会,都应当抛弃那些仍然流行的错误观点,关心老年性问题,在必要的时候给他们提供及时的帮助。

首先,要了解性活动的范畴。一般人们往往会狭隘地把性活动理解为性器官的结合,但这不完全正确。性活动并不只是性交。拥抱、接吻、抚摸、眉目传情、阅读(或观看)情爱小说和杂志(情爱电影)、观看异性容姿、与异性交谈等,都是地地道道的性活动。日本曾把卧床不起的住院老年人或特别护理院的老年人安排为男女同室,结果发现病人的身心状况明显改善:交谈增多、更爱整洁、智力测验成绩上升、不满和牢骚减少、食欲增加、渴望康复等。如果老年人相中心上人后,还会有“返老还童”之效,病情大大缓解(高凤桐,1981)。这告诉我们:要更全面地理解性的含义,并在老年人的性活动方面进行更多的尝试。

其次,帮助老年人克服由身体上的疾病所造成的对性生活的限制。严重的糖尿病患者、心脏病、脑脊髓疾病、明显的肥胖症等患者,在性活动上会受到限制,但如果一般可以活动,能进行小运动量的体育活动的话,就可以不受任何限制。在接受了前列腺手术后,也可以进行性活动。医生往往会过高地评价性活动给疾病带来的负面影响。但研究发现,如果医生在控制老年人疾病的同时,开动脑筋,对病人进行指导,以便保持他们的性生活,这对老年人的病情更有利。

再次,要澄清性功能变化和性反应老化的误解。一般认为,性激素枯竭和性组织器官的衰老是老年人性功能终结的渊源,但这不完全正确。新近科学研究发现:性激素确实是左右人的性活动的一个因素,但并不是现实中决定性活动的唯一因素。对人的性活动来说,其发达的大脑活动(精神刺激)更为重要。性激素的枯竭,会导致女性闭经、男性精液分泌量和精子产生量减少,但不会使性活动完全停止下来。而性组织器官确实也会衰老,会给性活动带来某种影响,这是应该注意的,但它并不构成性活动停止的因素。

性功能退化带来了老年人对性活动反应的老化,例如:女性阴道的润滑速度减慢,男性阴茎完全勃起和射精所需的时间比年轻人长,等等。对此,不少老年人误认为都是些病理现象,并因此而忌讳性活动。其实,女性在上年纪之后,仍然对有效性刺激具有充分反应,并可能到达性欲高潮;而男性则只要有适当的刺激,也是可以进行充分的性活动的(Masterset al. ,1966)。

最后,对性交不安、阳痿、性生活单调等问题,也应该由专家进行正确的指导,以帮助老年人晚年性生活的和谐。总之,多设身处地地为老年人考虑,这是至关重要的。

第三节　老年人的恋爱与结婚

老年人的生活要幸福美满，还需要有一个互相理解的伙伴。据日本"品茶之友"婚姻问题咨询机构的资料来看，老年人在没有适当恋爱对象进行接触、结婚的时候，希望早日了结残生的人，男女都达到 36%；而有适当恋爱对象进行接触、结婚后，这一比率几乎下降到零，而且很多老年人表示自己"返老还童了""皮肤光泽了""不再受病魔缠身了""生活有活力了"等。因此，老年人的恋爱与结婚不仅有必要，还是可行的，对身心健康是有益的。此外，老年人的恋爱与结婚对社会也有益处，与独居老年人相比，有婚姻关系的老年人不会再需要社区更多的帮助。

有关调查资料表明：我国 60 岁以上的老年人中，无配偶的达到 35%，其中愿意再婚的达到 37.6%。由于我国老年人有再婚意愿者日益增多，不少地方设立了老年婚姻介绍所。我们常常可以听到或看到一些孤独老年人找到了合意的老伴，重新过上了舒心的家庭生活的事例。

但是，老年人再婚难度大。有关调查材料显示，能够成功再婚的老年人只有 6.9%。这可能与老年期再婚所具有的独特性有关，老年期的再婚关系需要双方更多的信任和接纳，同时，很少需要对方深入分享个人感受。因此，有必要对老年人的再婚问题加以探讨。

第四节　老年人的再婚

一、老年人再婚的障碍

老年人再婚失败率非常高。据不完全统计，现在 10 个再婚的老年人中就有 6 个以上离婚。20 世纪 80 年代末起，老年人再婚潮中组成的家庭，后来大半以上已经解体；诉诸司法体系的老年人离婚案里，90%是再婚离婚。究其原因，现实生活中老年人恋爱和结婚常常会遇到种种的干涉和阻力，引起家庭纠纷，家庭关系紧张，甚至造成悲剧者，也屡有见闻。通常造成老年人再婚的障碍主要有以下几种。

(一)老年人自身的陈腐道德观念

虽然社会已经有了很大的进步，但两千多年的封建思想，使得社会对老年人再婚存有很大的偏见，特别是有的老年人与比自己年轻的中年妇女结婚，社会舆论的压力会很大，如果是高龄老年人再婚，则更是舆论哗然。面对这种情况，多数老年人往往自己给自己泼冷水，“都这么大年纪了，还谈什么恋爱，结什么婚”。他们认为，对“性”恬淡无欲才是高尚的，于是，自动放弃自由恋爱和结婚的权利。

(二)子女反对造成的障碍

一般情况下，作为子女都不懂得老年人的心理，更没有切身的体会，因此不能理解独身老年人的心境。他们把父母永远钉在了“父母”的位子上，而不是把父母看作同自己一样——是有血有肉、有七情六欲的人。他们根本没有为父母着想过，风烛残年的父母是单身孤零零地活着好呢，还是幸福地有意义地生活着好。上海市中老年关爱热线曾经对上海单身老年人再婚情况进行调查，结果显示:82.9%的单身老年人认为再婚的主要障碍是子女反对。

子女反对老年人再婚一般有几种理由，如:遗产会落入他人之手;会让人说是因为晚辈对长辈不孝，长辈方出此下策;会愧对已故的亲长;不愿照顾护理后母(继父)等。此外，因经济原因而反对的，也不是少数，有积蓄的老年人再婚，受到子女干涉、阻止的，比积蓄不多的老年人再婚更普遍;而无经济来源的老年人再婚，遭到子女的反对、干涉会少一些。

(三)居住及经济条件造成的障碍

在目前居住条件偏紧的情况下，增多的家庭人口，会影响现有的居住条件。此外，有些老年人缺乏足以维持独立生活的收入。因而，造成老年人再婚障碍。必须健全社会性保障制度，同时，使老年人认识到应把遗产投资到自己的老年生活中去。

(四)社会因素造成的障碍

一方面，社会舆论施予老年人再婚的压力较大，不但包括“从一而终”“贞节烈女”等封建残余的思想意识，也包括“老不正经”等社会偏见。另一方面，社会又缺乏为老年人恋爱、结婚服务的咨询机构和专家。即使有不少婚姻介绍所，也大多数是面向年轻人的。懂得老年人性生活问题的专家也不多，政府需要多加培养。

(五)老年人自身各种心理障碍

第一,“看破红尘”心态。这一般发生在多年夫妻或家庭感情不和睦的丧偶者身上。他们对再婚已无兴趣,甚至厌恶婚姻生活,希望一个人了此残生,就是子女帮其找老伴也不愿意。第二,情感关。丧偶的再婚老年人往往对原来配偶的音容、举止,以及多年的爱情生活,难以忘怀。这虽然可以理解,但也要正确对待,或许老年人应该把眼光放到未来,而不是过去,尤其是在与新配偶产生冲突时,就更应该抑制这种怀旧情感的流露,并以信任和接纳的姿态对待另一方。离婚后的再婚老年人可能在一段时间内对异性存有戒心或敌意,这也会影响再婚后的夫妻生活。第三,克服“对比效应”。丧偶老年人在再次恋爱时,总是自觉不自觉地拿眼前的对象与过去的老伴相比,而且总是觉得不如过去的老伴好,因而迟迟下不了决心。再婚后,当双方产生矛盾或感情受到伤害时,往往把现在老伴的缺点同前老伴的优点相比,以及把现在家庭中的不足与过去家庭中的美满相比,从而产生“新不如故”“今不如昔”的感觉,而不是去多看看现在老伴的长处,这对新建的家庭十分不利。而离婚老年人的再婚也需要妥善处理新旧配偶之间的不自觉比较。

另外,还有一些畏惧心理,如:怕婚后不和,引人讥笑,自己不安,找了麻烦;怕对原配不忠,旧情难忘;怕处理不好双方子女关系,引起家庭不和;怕生活习惯不同,难以相处;怕再次遭受丧偶的打击,增加自己的悲哀和烦恼;等等。

二、老年人再婚的效用

老年期是丧失期,将失掉金钱、健康、配偶等。正因为如此,也容易丧失生存意义。老年人若要生活得有意义,其根本的条件有:(1)经济有保障,(2)身心健康,(3)有能够从心底里相互理解的伙伴,(4)要有益于他人的工作及作用,(5)能得到适当的性满足等。而老年人的再婚在多数情况下,能使以上条件得到满足。因此,老年期的恋爱、结婚是提高生存意义的“特效药”。此外,老年人的再婚有利于减轻子女的精神和物质负担,有利于减轻国家对孤老者的负担,有利于减少和防止嫌弃、虐待、遗弃老年人行为的发生。

总之,老年期再婚的效用是比较大的。老年人是否再婚是他们自己的权利,家庭和社会只能给他们提供参考意见。无论是再婚还是独身,都应该得到家庭和社会的认可。

三、老年人再婚的两性差异

由于女性平均寿命较长，而且一般比配偶小几岁，女性丧偶多于男性，而男性再婚却多于女性。据我国学者调查，男性再婚者占 21.9%，而女性仅为 10.2%。

大多数离婚或丧偶的老年妇女，缺乏再婚愿望或信心，她们认为再婚是“迁就婚姻”“半路夫妻”，很难产生爱情；择偶标准很难确定，担心虽在形式上结合，在思想上却不尽一致，感情上也不够融洽；再婚是幸福还是带来痛苦，无法预测，没有必要去做人生尽头的最后一次感情“冒险”；担心能否得到社会舆论的同情，特别是能否得到子女的同情、支持和谅解。

在男性方面，希望能找个合意的对象比女性要强烈。

老年男女再婚的两性差异，可能来自老年男性在生活上的需要，和对性生活的兴趣上比女性强烈。

（一）老年人成功再婚的关键

老年人再婚的独特性使其面临的婚姻议题与年轻人有所区别，一般包括：(1)进入新的关系，心情须从第一次婚姻的结束中恢复。(2)对婚姻重新有承诺，并愿意面对新的复杂关系和心理上的矛盾。(3)思考和计划新的婚姻与家庭重整，增进新家的整合力及成员之间的良好互动。(4)承认自己对新伴侣及其子女可能有的恐惧。(5)成人自己需要有时间、有耐心去适应和处理多重角色。(6)情绪可能会到过去的冲击。(7)在新关系中保持开放的心灵，以避免虚假、幻想、封闭的关系。(8)处理财务、子女的问题。(9)帮助子女处理在两个家庭系统中的矛盾。(10)重新安排与亲人的关系，包括新伴侣及其子女。

从成功再婚的老年人身上，我们看到，其成功的关键是在婚前和婚后都做好充分的准备。否则，再婚只能自寻烦恼，婚姻也不会巩固。

1. 再婚前的注意点

第一，矫正再婚动机。传统观点认为老年人再婚不同于青年人择偶，不需要考虑对方的容貌，也不需要考虑是否与对方意投情合，老年人寻找伴侣只要能够相依相扶，共度晚年就可以了。大量的生活事实证明，老年人再婚依旧要有爱情作为牢靠的基础，老年人再婚同样需要正确的婚恋观。

有的老年人再婚的目的单纯是“伴伴老”。面对第二次婚姻，老年人们的心灵之门不太愿意全部敞开。当两人生活习惯出现不一致而产生摩擦时，总希望对方来适应自己。事实上，这些老年人再婚的出发点就不是全身心地去爱对方，而是抱着“伴伴老”的想法步入婚礼殿堂。这样,在婚后根本建立不起相互尊重的关系,没有充分的感情沟通,没有共同的语言,也不想逐渐适应新的生活。由于缺乏坚实的爱情基础,草草从事,这极容易导致再婚的解体,不少老年人再婚后并不幸福或速配速离,给老年生活再次造成伤害。研究表明,由于缺乏爱情这一基础而导致离异,再婚双方造成的伤害和痛苦,远远严重于年轻人的离异。这与老年人的心理状态、性格和生活习惯有关,老年再婚夫妇一旦发生争执,就很难再和解。因此老年人再婚,虽然不需要向年轻人那样缠绵悱恻,但必须要有爱情这一基础。

有的老年男性再婚的目的是找个“保姆”。过去老伴活着的时候,养成了生活的依赖性,自理能力差。老伴死了没人照顾自己,只想让别人照顾自己,自己却不想去关心照顾对方。这无异于感情上的欺骗。还有的老年人结婚是为金钱、房子,为了给自己的孩子解决一些实际困难(如解决户口进城或为了子女就业),等等。这都会使老年婚姻进入一个误区——互相利用,利用不成就分手。因此老年人再婚前必须矫正不良的再婚心理动机,只有从爱的需要出发,才能在再婚后得到真正的幸福。爱情是没有年龄界限的,爱情永远是婚姻的基础,无论青年、中年还是老年人的婚姻,爱情始终是第一位的。

第二,男女双方要充分了解、理解对方。老年人再婚时,由于有“这是最后一次机会啦!”的心理,往往有过分强调要求对方条件好的倾向。其实,这是很糟糕的!老年人“再婚”应比年轻人更讲究“门当户对”:两个人财产相当、子女相当、文化水平相当,走到一起完全是出于相互之间的充分了解和理解,这样的婚姻比较稳妥,也能得到儿女们的尊重。对老年人而言,再婚后感情上相濡以沫,生活上相互照顾、情趣相投,才能算是真正的幸福。

第三,结婚前要征求子女及亲友的同意。在子女不同意的情况下再婚,可能会引起财产继承的纠纷。有时,子女期望自己的老父(老母)有对已故配偶忠贞的责任,这种情况下的子女们会认为自己未帮助自己的老父(老母)尽到责任,而愧对逝去的亲人。总之,老年人再婚前尽量取得子女、亲友的同意,会获得更多的祝福,以及过上更加美满的老年婚姻生活。

即便老年人在子女们及亲友的祝福下再婚了,但面对新的父亲或母亲,有些子女心理上总有些抵触,因而把老父母当作陌生人而躲闪;有的子女考虑到自己父亲(母亲)的遗产问题而对新父亲(母亲)有戒心。对这些情况,老年人都要有充分的心理准备,前者可以通过家庭调解来解决,后者则通过律师和相关法律解决,这些都是十分必要的。

关于财产问题，目前较好的办法是婚前财产公证，以免双方子女在财产问题上发生矛盾。准备再婚的老年人可以签订具有法律效力的《婚前财产归属和婚后生活规则约定书》，明晰双方财产归属及婚后的权利义务。这种婚前约定公证不妨采纳“三不变”的原则：第一是“双方婚前财产所有权不变”，即再婚前财产属于谁，再婚后仍然属于谁。第二是“双方婚前财产继承权不变”，谁的婚前财产由谁的子女继承。第三是“双方亲子关系不变”，子女仍要赡养自己的父母，而可以不赡养父母再婚后的老伴。这个“三不变”原则可以令老年人免去后顾之忧，帮助老年人回避再婚的风险。

第四，要有改变自己生活模式的心理准备。不管是离异还是丧偶，老年人在再婚前都与自己的配偶共同生活了几十年，养成了一定的生活习惯，形成了一定的生活模式；也有少数老年人由于种种原因年轻时没有解决个人问题，一直过着孤云野鹤般的光棍生活，生活无拘无束，或者是没有规律。再婚后，两个来自不同家庭背景有着不同人生经历的人走到一起，如果没有与新伴侣建立新的生活模式的心理准备，仍然坚持自己的生活习惯，双方就不可能和谐，婚姻生活也不可能幸福，再婚也就失去了它的意义。只有在再婚或是寻找晚年伴侣前就已经做好了充分的心理准备，与新的伴侣开始新的生活时，才能在共同的生活中相互理解，互相照顾，建立新的生活模式，晚年生活才会和谐幸福。

第五，要做好夫妻一方难忘旧情的心理准备。老年人再婚组成新的家庭后，很多人都会感觉新的妻子或是丈夫不如自己的前夫或是前妻，特别是和原来老伴感情深厚的老年人更会如此，并且还会对新的伴侣有所流露，无意有意地伤害着新伴侣。再婚老年人有这种心理也是正常的，因为毕竟自己失去的是一个和自己生活了多年，在自己的生命中有着重要地位、有着深厚感情的人。而且怀旧也是人的一种正常心理。但是老年再婚夫妇双方都必须避免出现这种心理。不仅要认识到放弃旧情的必要性，并要做好放弃旧情的心理准备。再婚老年人应该明白：金无足赤，人无完人。每个人都有每个人的优点和不足，新旧也许真的不能相比较，但要面对现实，多在新伴侣身上用感情，因为这才是要和你一起走完后半生的人，是帮你完美你人生的人。

第六，老年人再婚，经济上要有保证。对于婚后如何生活若有某种程度的通盘计划，那么，婚姻的成功性大大增加。

2.老年人再婚后需要注意的问题

第一，适应对方心理特征，重视婚姻起始阶段“磨合期”。和青年人谈恋爱一样，两个老年人在婚前的了解阶段，会刻意隐藏自己性格和习惯中不好的一面，直到结婚后才会表现出全貌。两个年轻人磨合一段时间就习惯了,而老年人却很难做到。因为老年人有比较稳定的性格、兴趣和爱好。加上又各自在不同的环境中生活了几十年,难免都有一些不易改变的嗜好和习惯,如何做到彼此磨合,就成了老年人再婚后面临的问题。这就要求老年人婚前必须深入了解对方的心理特点,各自家庭情况,各自生活习惯、思想,双方要真挚坦率。要在真正建立起感情,深入了解情况后再结婚,不能草率行事。婚后要正确对待不同个性、性格和习惯,注意互相尊重、互相谅解。身体较好的一方要耐心安慰、体谅、理解和容忍对方,不要由着自己的性子做事,避免感情上的冲突,避免婚后又离婚。

据了解,有的法院在老年人离婚案中,再婚后离婚的占70%,所以一定要在充分了解彼此思想状况、生活习惯的基础上再结合,不要因为彼此习惯等不同无法磨合而给老年生活带来不愉快,影响生活质量。

第二,克服"回归心理"。老年人总喜欢沉湎于对过去的回忆之中,心理学称为"回归心理"。老年人再婚后往往会不自觉地把先后两个家庭加以比较,尤其在日常生活中双方遇到不顺心的事或发生矛盾时,就是再婚前有了放弃旧情的心理准备,也还会追忆过去爱情的甜美,然后对再婚产生后悔和怨恨情绪,这就在感情上拉开了再婚夫妻的心理距离,影响夫妇和睦相处。

要克服这种心理,关键在于双方都应认识到,过去的已经永远过去了,面对新的家庭,转移参照物,严于律己,宽以待人,努力消除矛盾,不断对自己进行心理调适,以使双方逐渐和谐。

但必须强调一点,虽然双方不应沉湎于对过去的回忆之中,但双方必须尊重配偶对已故老伴的感情。一般说来,再婚前若是因为离婚而造成家庭的破损,那么原来夫妻间的感情已经破裂,也就不存在对先前爱人的思念。但是,再婚前若是丧偶而造成家庭的破损,而原来夫妻间的感情又较深厚,那么丧偶后的感情波动就会延续一段时间。这种感情虽然随着家庭的重建能够减弱,但要完全排除既不现实,又不合情理。

因此,怎样对待这种感情,是截然排斥,还是听任流露,抑或是互相体谅与照顾?正确的做法是:首先,要尽快摆脱前妻或前夫的影子。这显然不是易事,但必须努力去做,如在征得对方的同意和理解之后,将旧人的物品搬走,以免引起睹物思人的尴尬;尽量不在对方面前提及与旧人相处的情景,或尽可能不去进行二者的比较;多了解一些对方旧人的情况,努力比对方旧人在各方面做得更好一点。其次,要注意不去触动各自心理上的敏感点。例如双方条件的优劣问题、对方子女的问题、彼此间的信任问题,特别是那些因受过严重刺激而竭力回避或厌恶的事情，即对方的心里疮疤、感情上不幸的烙印，并且时时注意培养新的感情。最后，互相体谅与照顾。谁都承认，爱情应该是专一的；但专一的爱情并不排斥已经逝去的爱情在心理上可能留下的余波，更不要求已经逝去的爱情丧失其原来的价值。有些丈夫或妻子看到再婚爱人有触景生情，思念已故爱人的情况，就认为在爱人的心目中，自己的地位还不及她(他)的先夫和先妻，由此对爱人心存不悦。这种做法并不妥当，结果往往适得其反。诚然，对另一方来说，对原先爱人的感情也要注意一个方式、方法的问题，因为毕竟你已组成了新的家庭，否则，也容易引起对方不必要的误解。

第三，妥善处理好与对方子女的关系。这是再婚后极为重要的问题。孩子总是自己的好，这是人之常情。她说她的小孙子好玩、可爱，他说他的小孙子好玩、可爱，这就需要用理智来控制和调节自己的感情，在婚前就应与新配偶及子女建立新的关系，了解对方子女的特点，以便有思想准备，预防婚后纠纷。克服“排他”心理，把双方子女都看成自己的孩子，尽到父母的职责，在衣食起居等一些生活小事上要一视同仁。

第四，妥善处理好家庭经济问题。老年人再婚后，能否使自己重组的家庭巩固和发展，最为重要的一点就是能否处理好家庭经济问题。

首先，家庭开支要公开。一般来说，再婚老年人双方都有经济收入，如果双方能做到不分家，不设自己的“小金库”，那么问题也就不大；如果一方瞒着自己的老伴把钱补贴给自己的子女，或是自己设个“小金库”的话，问题和矛盾也就出现了。对于再婚老年人来说，要想避免因经济问题产生纠纷，就要做到财务公开，即使是涉及双方子女的也是一样。

其次，家庭经济要民主。这就涉及子女的赡养费问题，如果再婚后子女生活在一起，子女交不交生活费要有个明确的态度，要交双方子女都要交，不能厚此薄彼；如果不和子女生活在一起，子女交多少赡养费也要明确；如果双方哪个子女需要父母的补贴，可以公开申明，取得双方的一致同意才可以。所以在经济问题上，再婚夫妇要及时商量，以避免不必要的纠纷，给自己的再婚生活带来不愉快，影响自己的心理健康。

再次，要制订合理的家庭经济计划。收入和支出的安排一定要根据家庭的实际经济情况来计划，做到精打细算，量入为出，统筹兼顾，合理安排，使其发挥最大的效用，使自己的晚年生活不至于一团糟。

最后，要灵活掌握家庭的开支。家庭的开支是已经计划好了的，但是生活中难免会有意外的事情发生，夫妻双方都有自己的生活空间，所以说如果是计划之外的开支，一定要提前说明，商量好了再做决定，否则可能会因此影响了夫妻之间的感情。

第五，注意不去触动各自心理上的敏感点。再婚夫妻由于各自生活的经历不同，都有着各自心理上的敏感点。如双方条件的优劣问题、彼此间的信任问题，特别是那些因受过严重刺激而竭力回避或厌恶的事情，即对方的心里疮疤、感情上不幸的烙印。再婚夫妻双方都不应（尤其在发生矛盾或争执时）去触动对方的心理上的这些敏感点。相反，要时时注意呵护、培养新的感情，使关系变得和谐起来。

第六，正确对待再婚后性生活中出现的问题。再婚夫妻要过性生活，就出现了一个性生活的调适问题。而且这个问题比初婚者更加特殊。其原因是有个前后对比，这一对比将比出无限遗憾和伤感。故再婚者的性生活很难达到和谐，毛病就出自人们的怀旧心理。

新婚也好，再婚也好，新婚第一夜是无比美好的。由于怀旧心理作祟，再婚是无法与初婚相比的，因为其中掺杂着一些说不出来的滋味。初婚夫妻心中充满无限的神秘与憧憬，而再婚者心中隐藏着痛苦的回忆，在这种联想中，首先是前者的音容笑貌、爱抚方式，再是关心自己的深度、做爱的技术与反应等。如果再婚者与前配偶因感情不和而分手，此时对新生活感到兴奋，同时还有一丝隐忧；如果一方结过婚，另一方没有结过婚，前者会有愧疚心理；如果老年再婚，会有为老不尊的感觉，“这么大年纪了，还给邻居们当作谈话的资料……”这些顾虑，不能不给再婚老年夫妻性生活带来不良的影响。

再婚者有一方曾有过性生活经验，一般不会发生问题，但由于再婚女性害怕丈夫发生误解，对自己的体会不敢说出，也不敢进行熟练的配合。这种心理障碍，也会给性和谐带来很大障碍。所以在新婚之夜做爱不成功者或不和谐者屡见不鲜。另外，再婚者过去的性生活留下的痕迹越深，危害就愈大。他们在有意无意中，常常喜欢将新配偶与旧配偶相比，比较生活中的一举一动，比谈情话的内容、比爱抚的方式与力度、比做爱的时间与方法、比性反应的程度和比自身的感受等，如果新配偶不如原配偶，就会苦恼万分，即使新的比旧的好，也会降低性乐趣的感受，因为这种有害无益的比较，分散了性感受的注意力。如果对方知道了你在暗中比较，后果会更糟。这种比较会给对方心理造成无法弥补的伤害，从而使婚姻产生裂痕。虽然这种比较是难以避免的，但必须清除，只有忘掉过去，才能在新生活中获得幸福、美满。

第五节　老年人的同居

老年同居的情形很普遍,也在快速增加。同居是指男女朋友住在一起,但双方未结婚,也称为“没有婚约的婚姻”。同居与正式结婚很不一样。同居没有正式的法律契约,其社会支持也弱。同居者对未来是不可知的,因为随时可能存在变化。由于没有正式法律承认,他们只肯定对方在眼前的重要性,同时也给予对方随时再选择的机会。对未来而言,各自保有继续同居或分开的自由。双方的承诺固然是基于感情和情绪,也可能是出于内心,但关系并不像婚姻夫妻那样,有法律的支持(如防治家暴、财产继承等)。

同居在一起的伴侣,或许能获得少数人的支持,至少是获得别人对他们的容忍,但是他们身边的人多半会认为这种关系是不值得赞许的。如果老年人确定要以同居代替婚姻,那么,有关金钱和法律的问题就得仔细考虑。除了家庭开支外,社会中很多制度都是为已婚者设计的,如遗产继承、医疗保险共享、保险受益者等,对同居者而言,这些通常都不能比照办理。双方一旦发生矛盾,受害方可能投诉无门,不利于老年人权益的保护,这种情况屡见不鲜。

年长者坚持同居的理由,一般是为了寻求一种与他人相处的生活方式,以解决存在的空虚感、孤独感,而希望有个枕边人可以安慰自己、照顾自己,并得到情感上的满足,同时,又不必陷入婚姻的约束之中。

目前我国还存在着与同居相似的两种形式:“试婚”和“搭伴养老”。“试婚”是老年人为了避免再婚带来的财产分配、父母抚养子女、子女赡养老年人、两家庭能否和睦相处等烦恼,而尝试的一种“非婚同居”形式,即双方提前制订出一纸协议,写清楚日后生活中需要注意的问题,至于将来是不是会办理结婚登记,视情况而定。据统计,这种情况约占再婚老年人总数的10%。“搭伴养老”则是两位相知、相爱的老年人平时都生活在自己家里,需要对方、思念对方或参加活动时居住在一起,既独立又互相依赖。据上海、杭州有关单位调查,超过八成的老年人都比较认同这种方式。不过,这两种方式都不是一种有保障的婚姻形式,它们容易让老年人缺乏安全感。

让老年人合法、合理地追求自己的晚年幸福,关键还是社会支持系统的完善,这对于推进和谐社会建设有着重要意义。首先,纾解难题要从普及法制教育、依法办事出发。政府相关部门、社会组织和社区工作者，要重视《婚姻法》《老年人权益保障法》的宣传，让有关婚姻自主、赡养义务、继承权等知识深入民心，并在可能条件下为老年人提供法律援助，支持老年人的意愿——由于婚姻是双方当事人之间的意思表示，如无特殊情况，即使是子女也不能干涉。老年人要认识到自身的需要和权利，勇于保障和实现它们；了解熟知相关的法律法规，在保护自己的前提下享受幸福。

其次是抓住赡养义务和财产继承两大关键，如进行婚前财产公证等。最高人民法院在《关于适用〈中华人民共和国婚姻法〉若干问题的解释》中明确规定，夫妻一方所有的财产，不因婚姻关系的延续而转化为夫妻共同财产。通过婚前财产公证，对个人财产的处分权有了明确界定，对遗产的分割和继承也有了依据，可以保护各关系人的利益，这样就容易获得谅解和支持。

最后，要大力推进社会化养老的进程。经济利益冲突是子女反对老年人再婚的主要原因，只有有效地化解这一因素，老年人才可能拥有独立自主的婚姻权利。

第六节　老年人的离婚

老年阶段的离婚称为“黄昏散”。老年离婚案件数量快速上升，无法白头偕老的现象正在增加。据北京、上海等地的抽样调查，60 岁以上老年人的离婚率正逐年攀升。

有些到法院办理离婚手续的老年人表示，夫妻感情其实早就出现了裂痕，只不过因为当时经济条件艰苦，还需要夫妻共同奋斗，加上顾虑到孩子，才一直隐忍，没有离婚，等孩子成家后，夫妻间的矛盾就凸显出来了。一般而言，“黄昏散”的原因有：

第一，老年人退休后，重心从工作转移到生活上，双方无法协调，产生较多摩擦。

第二，虽然双方结婚多年，因性格不合，经常吵架，之前因子女较小，担心离婚对子女成长不利。因此，一直忍耐，待子女成家立业后便分手。

第三，因生活习惯、家庭经济因素或思想状况等引发冲突。

第四，有的老年人频繁地在外参加活动和交际，引起老伴不满。

第五,外遇、欠债、婚姻暴力等原因要求离婚。

在“黄昏散”现象中,离婚群体呈现“三高一远”特点,即高学历、退休金相对较高、名下的资产额(存款、房产、证券等)较高,子女居住地较远(在国外或国内其他城市)。此外,“黄昏散”多由女方提出,许多女性渴望自我实现,以前为了子女放弃了自我,现在想进一步了解自己;同时,女性比男性更希望独立生活,不愿意继续照顾老伴。

第七节　老年期婚姻关系的调适

对一个老年人来说,拥有美满的婚姻,朝夕有老伴相随,该是人生最幸福的事!如何充实老年夫妻爱情的内涵,将夫妻关系持续升华,则是确保晚年婚姻生活美满的前提。老年夫妻婚姻关系调适有以下几个重点。

一、维系感情

在维系、增进夫妻感情上,并没有成规可循,每对夫妻的情况也不一样,故没有某一种普遍的方法适合任何一对夫妻。家庭的快乐和婚姻的美满都需要夫妻双方共同的努力。进入老年的夫妻更应该珍惜黄昏中的对方,谁知道明年此时、后年此刻,两个人还能否共看晨曦、共沐晚风?给他(她)盛一次晚饭,泡一杯热茶;为配偶披上一件外衣;陪他(她)出国游玩一次……这些点点滴滴也许都会让老伴的心田深处涌上丝丝温馨或说不出的喜悦,让老伴感受到生命中时时处处的乐趣!“桃花源”不必远求,因为它就存在于心中!大家都是凡人,本来就是一无所有来到这个世界,几十年的同甘共苦,养育了孩子,经营了这个家,又陪自己走过了这么长的一段人生路,有什么理由不好好珍视对方呢!

二、重视对方存在的价值

对夫妻双方来说,如果能多多留意并互相感谢对方为家庭所做出的贡献,让配偶觉得自己存在的价值,那么,双方都容易感到自己生命与存在的意义。老夫老妻在相处中,最常见的问题是意气用事,将小芥蒂酿成感情破裂的危机。其实,夫妻相处多年,彼此应该早已洞察对方绝非十全十美,未来也不见得会比目前更好,何不放下包袱,衷心接纳对方的不足!再说,几十年的同行,一定也会发现对方在某些方面的确不错，何不肯定他(她)！尊重与接纳，正面讲是“爱的最高实践”，退一步讲是“把问题降到最低程度”。有时候，少坚持一点自己的看法，多容忍配偶，反而使对方感受多一些爱意，既丰富了彼此的迟暮生活内涵，又扩大了两个人的所属空间，何乐而不为！

三、兴趣、嗜好的交流

老年夫妻因为多年生活在一个屋檐下，或许都缺少了新鲜感。可是还得要尽量适应对方，不要以为小善而不肯做，可能做不到百分百，但总应该尽心尽力。假如双方多关心一点对方所做的事，多了解、多学习，必要时积极参与，这将让对方感到更高的成就感，也会让对方觉得生命中不能没有他(他)。如果对方实在对你所从事的活动不感兴趣，也不要勉强，何不各自从事自己的兴趣和活动，权当是为自己保留一些生活的空间，也让对方拥有自己的一片天地。

四、避免紧张的生活

老年人要避免生活过于紧张。不要让自己的老伴在体力和精神上过分透支，将有助于双方寿命的延长。情绪紧张会导致心动过快、血压升高、消化不良、头痛、便秘等症状，情况严重的更可能患高血压、胃溃疡等疾病。为此，夫妻双方要照顾彼此，获得生活质量的改进。

五、加强沟通

老年夫妻虽然已经熟知彼此，但是经常沟通，表达心中的情意，仍然是有必要的。许多人一向含蓄，不愿流露内心深处的真实感情，尤其是觉得已经是老夫老妻了！其实，越是年华日增，子女离巢，而故旧好友多有不同际遇，心灵的寂寞也只有仰赖夫妻之间的沟通才能消解。

总之，老年人应以快乐的心情、豁达的人生观，与配偶共勉，好让老化的脚步慢下来。婚姻美满的老年夫妻是让人非常羡慕的，尤其是银婚、金婚之后，身边还有一个他(她)，比起“千年我独行，长夜非与共”的人，该有多少理由感谢身边的另一半！

第八章　老年人与家庭

家庭在我们人类的心理生活中，乃至在所有的生活领域，都起着异常重要的作用。家庭为我们提供了体验爱与亲昵的最好机会。家庭是宁静和安逸的环境，至少它能为我们提供一种无忧无虑的时光。尤其在我们的现代生活中，外在世界往往紧张并充满了压力。因此，我们更加需要一个温暖的家庭，提供时间和空间来放松我们的身体，进行自身的复原和休整，消除我们所面临的压力、混乱和紧张，安抚与滋育我们的心灵，充实与净化我们的情感。

尤其是老年人，家庭成了他们主要的生活场所。因此，家庭的结构，家庭成员之间的关系，老年人在家庭中的地位、作用和处境，与老年人的身心健康有着密切的关系。

第一节　当代的老年人与家庭

家庭是社会的基本单位。家庭的作用，有“养育孩子”和“稳定家庭成员的精神”这两大类。也就是说，在家庭中，各个成员的人格成长得到促进，并进行信息、知识的交换和调整对社会的行动，以期能适应社会；同时，通过相互之间的悉心呵护、照料，使家庭成员获得情绪上的稳定。

当孩子长大成人，相继从家庭飞走之后，就只留下了年老的双亲。在接下来的岁月中，双亲将承受不断袭来的各种丧失。例如：比双亲更加年老的上一辈老年人的离世，自身老化带来的不适应，退休，亲朋好友的病故，配偶的早逝，等等。这一情况对老年人来说是很艰难的，老年人很容易陷入孤独之中。

在传统社会中，人们习惯于两三代乃至四代同堂居住，这与欧美70%以上的老年人与儿女们分开居住的情形形成鲜明的对照。与儿女同住的老年人，就可以避免孤独！对老年人来说，含饴弄孙，享受天伦之乐，那是莫大的乐趣。在我国，当今多数老年人还是愿意与子女住在一起，希望热热闹闹地度过晚年，尤其是身体衰弱、疾病缠身的老年人，希望有子女照料。据上海社会学所潘穆对上海徐汇区140名老年人的调查，83%的老年人不愿意同子女分开住。

可是，社会的发展使得"核心家庭"逐渐成为当代中国最主要的家庭类型。所谓核心家庭，即为夫妇及其子女组成的家庭。经济的工业化使大多数年轻人背井离乡，向更有发展前途的大中型城市集中，而大中型城市中高涨的地价和飞速的通货膨胀却使得年轻人无力承受与双亲同住一地的费用。此外，对家庭人际关系(如婆媳)复杂性的担忧，两代人在思想性格、兴趣爱好、价值观念等方面存在的差异，青年人要求独立的心理，等等原因，正危及传统养老方式的解体。

如前所述，老年人已经丧失了很多有价值的东西，如今，连最亲近的孩子也无法天天见面，这意味着老年人的生活空间将越来越狭窄，活动天地也在不断缩小。另一方面，时间对老年人本来就已经是"有限"的。所以，在日常生活中，老年人很容易孤独，也容易想到死亡。若要使老年人忘却时间、空间的局限，摆脱孤独的侵袭，只有忘我工作，或是每天能随心所欲地过日子。

那些闭门独居而又缺乏社会交往的老年人，心理问题最多。美国医学家詹姆豪斯等对老年人进行了长达14年的调查研究后得出结论："孤独的隐居者得病的机会为正常人的1.6倍，死亡的可能性是爱交际者的2倍。"对7000名美国居民做了长达9年的调查研究发现，在排除其他因素的情况下，那些孤独的老年人死亡率和癌症发病率比正常人高出2倍。由此可见，老年人所处的家庭类型与老年人的心理状况和身心健康有着密切关系。

第二节　家庭对老年人的影响

家庭生活有相当多的好处，它是一个长期的、重要的支持系统，尤其对老年人而言，例如：可以节约家庭经济开支，家庭成员之间可以相互照顾，遭遇困难时相互协助、分担。不过，当出现急性危机时，家庭有时候可能会成为另一个压力的来源，因为老年人面临困难时，会期待家庭成员能给予支持及安慰，而且可能会超过家庭成员实际所能给予的帮助。于是，当危机出现时，家庭的和谐气氛就会被打破，因为家庭成员通常会感到压力，令他们无法适应当下的情境，进而出现较大的情绪波动，乃至关系紧张，有时会造成一部分家庭崩溃。

McCubbin 等人(1982)提出了家庭危机处理的模式，称为“双重 ABCX 模式”(double ABCX model)，A 代表引发危机的事件，B 代表家庭可以得到的资源，C 代表家庭成员所知觉到的危机事件，而 X 代表知觉到的压力，变量 A、B、C 将决定整体及老年人(或其他家庭成员)所经历到的压力。另外一个相似的理论是：事件—压力源—评估—缓冲因素—结果，“事件”是指危机，“压力源”是指事件造成的负面效果，“评估”是指家庭成员所能控制该事件的感受程度，“缓冲因素”是指可以得到的协助及照顾的技巧，“结果”是指整个过程后家庭成员所感受的压力及对家庭情境所造成的改变。

研究发现，“照顾”和“适应”是家庭成员两大最主要的压力，而照顾的责任往往是老年人的配偶及其子女。可以推断，照顾者大部分处于中年或老年阶段，他们的身心健康对家庭的幸福和谐起着关键作用，因而也备受瞩目。

如前所述，现在的老年人比过去的老年人越来越少机会(因为不再与子女同住在一起等原因)可以从自己家人那里得到支持。然而，这并不表示老年人的处境越来越不好。首先，社会养老体系及退休赡养制度正在不断完善，使得老年人越来越能够自给自足。其次，不少有条件的老年人会选择靠近儿女 30 分钟左右路程的居住地定居，这样一方面可以独立生活，保有自己生活的隐私权利；另一方面可以适度参与家庭活动，得到家人照顾或给予子女帮助，还可以避免两代人因代沟带来的文化差异。

此外，也有家庭是没有生养小孩的，他们缺乏下一代之间的沟通和交流。此时，老年人有较高的心理压力，这是不可避免的。不过，这也视情况而定，例如：男性如果没有配偶，其孤独、忧郁指数较高；而男性有配偶的话，则没有此类现象。

第三节　老年人的家庭关系

所谓家庭关系，是指家庭成员之间的相互关系。家庭关系是一种特殊的社会关系，主要是由婚姻关系和血缘关系构成的。和睦的家庭关系是社会稳定和进步的必要条件，是社会安定团结的重要因素。

和睦、温馨的家庭环境是人体的“最好补品”，而沉闷寡欢的家庭气氛则是损害健康的“毒药”。社会调查显示，长寿者多生活在充满爱的家庭中，短命者的家庭中多存在不幸的根源。这是因为人在精神好时，体内能分泌酶、乙酰胆碱等有益激素，它可以把血液循环和神经兴奋调节到最佳状态。相反，老小争吵、夫妻反目、邻里不和，会使血液中三种紧张刺激素——促肾上腺素、去甲肾上腺素和皮质醇水平迅速上升，导致人抵抗疾病的能力下降，人更易患诸如流感、癌症等疾病。人的一生约 2/3 的时间是在家庭中度过的，家庭对人们的健康至关重要。人们可以从家庭和睦中得到健康，也可能从紧张的家庭气氛中失去健康。

老年人的家庭关系有老年夫妻关系、父母与子女关系、婆媳关系、岳婿关系、祖孙关系等。老年人在家庭中处理好老年夫妻关系和父母与子女的关系（包括婆媳关系）是至关重要的。

一、夫妻关系

有学者调查了 50 位 90 岁以上的老年人，夫妻共同生活 20 年以上者占 68%，共同生活 50 年以上者占 41%，共同生活 60 年以上者占 26%。这说明稳定和谐的夫妻生活是长寿的重要因素之一。

国外有调查报告指出，老年人的一个共同的心理特点是：人越老就越需要老伴。这和我国俗话说的“少年夫妻老来伴”“一日夫妻百日恩，百日夫妻似海深”的含义是一致的。天津市对 85 位离、退休老年人与伴侣的感情问题进行了问卷调查，与老伴感情深厚的 52 人，占 61.6%；感情一般的 14 人，占 16.5%；感情不好的 2 人，占 2.4%；还有 17 人未填问卷，占 20%。可见我国老年夫妻感情好的占大多数，感情不好的只是少数。夫妻感情显然是影响老年人精神生活的一个重要方面。

美国曾有人对老年夫妻做过调查，了解他们对夫妻关系感到最欣慰满意和最烦恼的是什么，他们的回答是：在欣慰满意方面——伴侣感，相互表达真实感情，经济上安全感，互敬互爱，有共同兴趣等；在烦恼方面——不同的价值观念和人生哲学，缺乏共同兴趣，相互不能表达真实感情，爱情关系不满意，常吵架，缺乏伴侣感等。看来，伴侣感、相互表达真实感情、感情上相互依恋、生活上相互照顾，这些是老年伴侣恩爱的具体表现。夫妻恩爱是老年人心情愉快的一个重要条件，伴侣感是老年夫妻关系的核心内容。当然，也有一些夫妻经常发生争吵，但是谁也离不开谁。长期共同生活、相依为命的关系，把他们紧紧地联系在一起。

英国研究者在7个欧洲国家进行的一项调查显示，婚姻能使人精神振奋，饮食改善，寿命延长，让过早死亡的可能性减少15%。而且，婚姻持续的时间越长，积累的好处就越多——唯一的前提条件是这段感情必须是充满爱意、相互支持的。综合回顾这些调查的加迪夫大学学者约翰·加拉赫说，许多已婚者往往意识不到其中的好处。他说："在身体健康方面，男性从婚姻中受益比女性多，而在精神健康方面女性受益更多。"但他警告说，紧张的婚姻关系对精神健康有害，与婚姻紧张相比单身反而更好。

夫妻交流的方式很多，其实真正的交流不仅仅是语言，在家庭里更多的是非语言的，如表情、姿态、态度、温暖的微笑、关注，还有生活上的体贴，其实这些都是无声的语言，不能说没有交流。

如果说新婚是人生的第一个磨合期，退休后的日子则是第二个磨合期。老两口只有共同努力才能度过这段晚霞般灿烂的美好时光。

可是有这样的一种情况，有的老年人退休后，男的把女的当保姆使唤，女的抱怨男的一点家务都不干，两人时常吵吵闹闹，甚至到要离婚的地步。这种情况往往是与男性退休后的心理失衡有关。对于男性而言，退休后的地位、权力及经济收入都发生了变化，容易陷入失落的情绪中，甚至把自己封闭起来。在这种状态下，很难和老伴和谐相处。因此，男性要主动调整自己的心态。再反思一下，退休前大部分家务都落在老伴身上；退休后，应该是补偿老伴的最好时机。过去工作忙，现在应多体谅老伴的辛劳，多帮助她分担一些家务事，特别是节假日或有朋友来访时，更不能袖手旁观，让老伴一个人忙。同时，还要努力从各方面关心和体贴老伴，千万不能因为自己情绪不好而把老伴呼来喝去地当作保姆使唤。对女性来说，需了解男性退休后还有一段适应期和过渡期，不能指望他们一退下来就帮自己承担家务，而是应该多鼓励、体谅他们。

老年夫妻关系不好是极少数。虽是极少数，也仍值得重视。人到老年，朝夕相处的不是别人，正是配偶。如果夫妻不和，经常争吵，对老年人的心情和健康影响很大。《国际心理生理学》杂志的研究文章指出，如果和配偶争执半个小时，起码要花上一天的时间来恢复身体的反应能力；对于那些经常争吵的夫妻来说，复原的时间还要加倍。俄亥俄州立大学研究人员发现：夫妻双方争吵时，其身体各类割伤、抓痕、水疱等物理性伤口的愈合速度，要明显慢于两人和睦时的速度。这一反应是免疫细胞因子突然增多所致，如果该细胞因子长期偏高，就会导致关节炎、糖尿病、心脏病和癌症。生气之后的一周，只要想到这件事，血压还会升高。所以不管是怒火万丈也好，或是感到小小的挫折也好，最好尽快忘掉它。

(一)老年夫妻出现冲突的原因

1.因为子女的事情而发生冲突

对于子女的教育问题,生活中的饮食起居问题,子女的工作安排,恋爱婚姻,穿着打扮等问题,由于老年夫妻间价值观、知识水平和经历等方面的不同,可能会出现不同的意见、想法,如果夫妻双方互不相让,可能就会成为冲突的原因。

2.老年夫妻间兴趣、爱好不同

老两口都离、退休了,可是由于缺乏共同的兴趣爱好,而缺少共同的语言及一致的消遣方式,可能就会成为冲突的原因。

3.老年人性格的变化

老年人因生理、心理、社会等方面的原因可能出现性格、脾气的变化。当老年夫妻的一方因某种原因而出现性格变化时,另一方如果不能仔细观察和认真分析,并及时给予关心照顾,就很容易导致夫妻之间产生矛盾。

4.因为生理需求的差异而导致冲突

不同性别的老年人的性欲望、性能力退化的早晚、程度不同。一般而言,在年龄相仿的情况下,男性老年人比女性老年人性欲更强烈一些,男性觉得自己的要求并不过分,而女性却觉得“老不正经”。性生理和性观念的差别给老年夫妻生活带来阴影,导致夫妻关系不和谐。

5.对如何用钱看法不同

例如:一方勤俭惯了,觉得钱财来之不易,应节俭使用;而另一方觉得钱财是身外之物,生不带来,死不带去,人老了应想开点儿,享享福,不可再过分财迷。

周恩来和邓颖超同志根据亲身体验总结出处理好夫妻关系的“八互”原则:互敬、互爱、互信、互帮、互慰、互勉、互让和互谅。老年夫妇如果按照这些原则相处,就可避免争执。要体谅对方,不要指责;要照顾对方,不要只顾自己;要善于忍让,不要争强好斗;要善于控制自己的情绪,不要随便发脾气。

(二)如何保持良好的夫妻关系

1.相互尊重

老年夫妻不论原来职位高低、能力大小、健康状况好坏,在家庭生活中都是平等的,互相尊重的。家中的事情要共同商量,若有分歧,要耐心说明解释,切忌置对方意见于不顾而自行其是,在子女和外人面前,要注意尊重对方。在这方面,达尔文夫妇为后人做出了很好的表率。达尔文为了保证自己的科学研究不受干扰,曾订了个规矩:除了他本人和早晨进来打扫卫生的仆人外,他的书斋任何人不得入内。他的妻子埃玛十分尊重丈夫,和孩子们一起遵守达尔文的这项要求。

2. 相互宽容

宽容是老年夫妻巩固和发展夫妻感情的重要心理基础。“海纳百川，有容乃大。”这句话说明了相互宽容、忍让的重要意义。老年夫妻的“容”，既指容人之长，并虚心向对方学习；也指容人之短，并予以必要的宽容和谦让。家庭生活方方面面具体而又琐碎，老年夫妻朝夕相处，难免有时意见相左。遇到这种情况，一定要以夫妻情谊为重，多谅解，千万不要埋怨指责，更不应算老账，揭伤疤。

老两口之间没有根本的利害冲突，分出谁胜谁负也没有意义，双方都不应斤斤计较，应当在冲突中主动妥协退让，说一声“对不起”“这事怪我”有什么丢人的呢，难道家庭的和睦气氛不是更重要吗？事实上，一旦有一方表现出大度宽容，另一方也不会纠缠不休。这样，老两口之间的矛盾就会烟消云散。

3. 相互体贴

老年人随着年龄的增长，生理和心理机能逐渐衰退，自理能力也随之减弱，这就需要在生活上有人照应，而老伴的照顾则是最周到、最贴心的。老年夫妻间要共同承担家庭义务，关怀彼此的衣食住行，平时要尽可能多一些时间与老伴在一起，尤其是只有老年夫妻单独生活的家庭更应当如此。老伴身体不适时，另一方不仅要用关怀的语言去询问病情，鼓舞对方战胜疾病的信心，尽量减轻对方的心理压力，还要及时携其就医、悉心护理，使病体早日康复；若一方遇到诸如丢失钱物、失手损坏物品等不愉快的事，切忌生硬地责怪，而应尽力安抚，以减轻其心理负担；若一方碰到烦心事，总想找人诉说一番，一吐为快，这种宣泄的对象当然是自己的老伴最为理想。因此，任何一方不应责备对方心胸狭窄或嫌其唠叨烦人，而应主动接受对方的宣泄，并进行劝慰、疏导，排解其内心的痛苦。总之，老夫老妻间既应是生活中的依靠，也应是精神上的支柱。

4. 相互信任

相互信任是夫妻感情的重要心理基础，多疑猜忌是破坏夫妻感情的无形杀手。老年夫妻的爱情虽然经历了长时间的考验与磨砺，但仍需通过相互信任来加以巩固和发展。夫妻双方应当襟怀坦荡，有了疑虑要及时交换意见，认真消除误会与隔阂。

5. 相互恩爱

老年夫妻互相恩爱是巩固和发展爱情的重要心理条件。随着岁月的推移，不少老年夫妻爱更浓，情更笃，真正做到了“霜叶红于二月花”。但是老年夫妻在年复一年的日常生活中容易趋向过分求实而缺乏浪漫，满足现状而保持平淡，正所谓“老来情比少时淡”。因此，双方要不断创造魅力，以持续吸引对方，相互满足情爱和性爱的需要。日常生活中多赞美、多欣赏对方，使对方感到你对他的关注，并为你而保持自己异性的魅力。健康和谐的性生活，更是夫妻恩爱的重要一环。

二、亲子关系

大多数的父母都无怨无悔，一生一世地爱着自己的子女。不管子女的年龄多大，成就如何，父母都无时无刻牵挂他们。若能与父母保持某种联系，是老年人莫大的安慰。老年人与子女的亲子关系，对其晚年的心理健康和生活满意度至关重要。

由于社会急剧变化，希望子女晨昏问安的时代早已随风而去，代沟日益普遍，表现为两代人之间的心理距离及行为表现、生活态度、道德观念、价值观念等方面的差异。这种代际的差异主要是因为两代人所经历的社会环境不同(社会变迁引起)。在我国，由于不断的政治和社会运动，尤其是“文革”造成的文化断层，传统的敬老、孝道已渐行渐远。

更有“啃老族”，他们虽然已经长大成人，却好吃懒做，纯粹依附于老年人，仍未“精神断奶”，许多人或不愿吃苦受累、赋闲在家，或收入微薄、不够挥霍，便依靠父母买单。在这种“啃老”人群中，有些已经成立家庭，甚至为人父、为人母，但仍然不遗余力地啃父母，甚至父母患病也不积极治疗，连父母去世后的遗产也要“啃”。从这个角度看，真的有些“养老防儿”的感觉。

不过，也有两代关系和谐、亲密的。武汉市调查了1000名老年人，两代关系和睦的占82.5%；上海市调查了681名老年人，子女对老年人很好或较好的占94.4%；成都市调查了200名老年人，与子女媳婿关系好或一般的占90.7%。从这些调查中还可看到，子女对父母态度好的家庭气氛就融洽，对父母态度一般的家庭气氛也就一般。自觉晚境不佳的老年人中，两代关系不好的居多。

今日的家庭多为“核心家庭”，要子女放下日常的工作或家务，经常陪伴、照料父母，有实际的困难，身为老年人，应该多体谅；但为人子女者，更应该力求在可能的情况下保持与父母的联系。

鉴于社会敬老和子女尽孝道的现状不尽如人意，我们一方面需要从情、理两方面大力弘扬传统的敬老美德；另一方面，希望子女要学习与年长父母的相处之道，不管是一起生活也好或是随时看望、电话问候也好，请多了解父母所经历的冲击与挑战。在心理上该有准备，照顾老年人与抚养婴儿大不相同，因为可以预见的是老年人的身体状况会随着日子越来越走下坡路,而不是越来越强壮。照顾老年人的日子,可能三年五载,也可能十年以上,甚至要全家大小一起动员,完全打乱了家中一向平静而有规律的生活方式。有的父母还不服老,除非到了实在无法自理的时候,才不得不承认需要子女的帮助。为此,身为子女,要察言观色,揣摩父母的心思。

老年人都希望维持他们旧有的生活方式,因为比较容易有安全感和归属感,所以有时候要说服他们改变平日的生活形态,例如:接他们到自己家里小住,委婉地告诉他们说要寻求更多外来的帮助,或者说服他们考虑住进养老院,都会非常困难,因为他们多半相信旧的比较好。也因为这样,倘若可行,请尽量尊重父母的选择。尊重父母原本的生活方式非常重要,即便是某种卫生习惯与言行态度的确不是很好,但在可以接受的情况下,仍应该给予相当程度的尊重。

当然,亲子之情的加强,是需要双方共同来经营的。下面从“老年人面对子女”和“子女面对老年人”两方面提出具体建议。

(一)老年人面对子女

作为老年人,首先思想上要认识到以下两点。

1. 老年人的期望值不要太高

哲学家罗素说过:“老年人对孩子不要过分依恋,这样才能度过美好的晚年。”有些老年人常埋怨自己的儿女大了不听话,是由于结婚受媳妇或女婿的影响所致。其实,年轻一代永远不可能完全按照父母的意愿生活。父母如果把所有的生活希望都寄托在子女身上,就极易感到不如意,感到空虚和失落,找不到自己的生活了。过分依恋子女是父母缺乏生活自信和精神衰老的表现。因此老年人应多依靠自己的力量把生活安排得丰富些,遇到自己难以克服的困难时,再取得子女的支持,这会使得家庭变得更为融合。

2. 父母对子女的爱与子女对父母的爱是有区别的

父母对子女的爱是无私奉献,倾注了自己全部的情感和心血。子女对父母的爱同样出于亲情,但却有着责任和义务的成分。哲学家黑格尔说过:“总的来说,子女爱父母不如父母爱子女那样强烈,因为子女走向独立,变得强壮,于是就走到父母的前面去了,与此同时,父母却总是在子女身上看到自己活动的实际对象。”人们常说,孩子小时父母在他们心中是第一位的,长大成立了小家庭,父母就降到第二位;有了孩子,父母可能就降到了第三位。这虽不是绝对的,但却带有普遍性,一代一代人都是这么过来的。老年人若理解了这一点,心理可能会更平衡些。当然,社会应大力提倡尊老爱幼,年轻一代也会老。因此,年轻一代应当更多地理解老年人，关心老年人。

另外，在行动上要遵循以下六点：(1)在心态上，承认孩子已经长大，自有该发展的空间与该开拓的天地。作为父母，应该避免让自己过多的关怀造成他们沉重的压力。不少父母还摆脱不了“恨铁不成钢”的心理，希望子女在社会上可以一鸣惊人、一步登天。因此，抱着求好心理，事事过问，造成子女不必要的困扰，甚至加深了彼此的鸿沟。(2)在精神上，老年人应该多给子女肯定与鼓励。创业并不容易，子女在事业的开拓与人际关系的经营方面，不可能尽如人意。父母应该肯定他们的所作所为，给予适度的鼓舞，扮演最佳的支持者角色。不要数落或批评子女的不是，因为如此很可能会造成子女更大的困惑。(3)在待人接物上，继续力求做子女的表率。如果父母上有高堂，就应该孝敬长寿高龄老年人，力求以身作则，为子女树立榜样。纵使父母已经作古，有机会的时候，至少在他们的忌日，也可与子女谈谈先人遗事，表达孝意，感谢祖荫。有些父母责怪子女没有孝心，却忘了自己也未好好孝顺父母。(4)在钱财上，拿捏好给与求之间的分寸。纵使至亲，父母与子女在钱财问题上还是要注意适当性。多少人间恨事，皆因钱财而起。养儿防老的时代已渐渐远去，对子女的钱财不要抱着予取予求的态度，一味希望子女以钱财表孝心。如果自己还过得去，不必顾虑子女脸色。(5)尽量尊重子女管教孙辈的方式，少做不必要的干涉，更要避免因为心疼孙辈之被管教，而当面数落子女之不是，免得造成子女内心不快及孙辈毫无忌惮、不服父母之管教。如果认为管教方式确有亟待改进之处，不妨事后委婉开导，分析利害，并提供具体建议。(6)身为婆婆(岳父)，要尊重、接纳自己的儿媳(女婿)，免得因为婆媳(岳婿)不和，苦了做儿子(女儿)的。婆媳关系、岳婿关系处理的好坏，直接影响家庭的和睦。人们常说“婆媳和，全家乐”，可见婆媳关系的重要性。造成“婆媳”“岳婿”间冲突的原因很多，如价值观念不同、生活习惯不同、为人处世态度不同、经济问题或家庭琐事等。还有一个原因是比较微妙的，这就是婆媳(岳婿)并没有血缘关系，却要以血缘关系相认，在感情上多不是直接联系而是通过中介(儿子或女儿)联系起来的。父母对儿媳或女婿应该有对子女一样的感情。但事实上，媳、婿不是自己从小抚养大的，要做到这一点，是比较困难的。如上所说，子女婚后也不像小时那样依恋父母，父母在子女心里的地位已降到第二位、第三位。这些情感因素往往是造成婆媳、岳婿不和的主要原因。因此老年人为了继续爱自己的子女就必须爱媳、婿。这样调节情感，加上彼此忍让，互相体谅，就可改进婆媳和岳婿的关系。

(二)子女面对老年人

孝，是中华传统之美德，以忠孝传家更是千古名训。可时至今日，孝道式微。

俗话说“家家有本难念的经”，这本“经”的内容就包括了人子与父母相处的诸多问题。

1. 子女要认真面对家中老年人的身心需求

老年人有受奉养、获得子女关爱、受到子女尊重等需求。尤其是当父母年迈时，伴随着生理机能的衰退，会感受到极大的失落感，此时很容易产生心理危机和压力。身为人子，在与父母相处时，便要细细体察父母正在面临的各种冲击，用心陪伴父母迎接老年期，这或许多少可以改善老化带来的生活品质下降问题。

在这一阶段，很多老年人还常常沉湎于往事的回忆中，因为那一段消逝的岁月中，他曾经拥有很多，如今却只有失落。身为人子，应该理解年迈父母对往事的回味正好是目前生活中的乐趣，千万不要因为已经听过千万遍同样的叙述而感到不耐烦，甚至形之于色，那会很伤老年人的心。

2. 学会与老年人之间的沟通

两代人之间必定有思想、观念、价值观等方面的差距，如何好好沟通，缩短这些差距，是子女必须完成的使命。多为父母着想，设身处地地考虑父母的感受，而不坚持自己的看法，是缩短差距的先决条件。子女的看法或许不错，可是站在父母的立场，也许他们的看法也没什么不对，那为什么不好好听取父母的意见呢？

事实上，老年人与子女沟通不畅，主要还是以下原因：(1)对人、对事、对物的看法，以及人生观有明显差别。(2)处理经济问题和财务管理的方法不一样。(3)对孙辈的教育方式不同。(4)生活习惯、待人接物的方式有区别。如果有宗教信仰的差别，那问题就更多了。不过，以上这些问题不是不能解决的。一方面父母可以给予子女更大的发展空间，不要摆过去那种“父权”架势，要耐心地听取不同意见，注意吸取子女的合理意见，以促进两代人的互相理解；或者抱着“儿孙自有儿孙福”的心态，不过分干预，许多隔阂自然也会化解。最重要的是，身为人子，心中应该对父母怀有敬意。孔子说：“今之孝者，是为能养，至于犬马，皆能有养。不敬，何以别乎？”也就是说，如果子女对父母没有敬爱之心，就不能算是孝。许多年迈的父母，感伤地诉说子女媳婿相处之难，最难过的是看他们的脸色。过去孔子回答子夏“问孝”的是“色难”二字，如今却是父母要学会如何和颜悦色地来讨好子女了。

总之，身为人子，应该学会以虔诚的心、喜悦的情与父母相处，只要用心，很容易让老年人晚年生活的幸福指数得到提升。譬如说，多给他们一些时间，多陪他们走走，塞一些零用钱给妈妈，听听他们的故事，尝尝他们的饭菜，等等。

(三)祖孙关系

在家庭中成长的孩子,总是从祖辈和父辈身上,或是其他人际关系中,学到各种知识,逐渐形成自己的人格。如果祖辈和父辈在"管教""对待孙子的方法"上出现分歧的话,不仅会发展成为"亲子之间"的冲突,还会在第三代的人格形成方面出现偏离。这是个必须注意的问题。

事实上,对爷爷奶奶(或外公外婆)来说,第三代的诞生实在是令人高兴的事情。对容易感到孤独的老年人来说,天真无邪的孙儿可是无价之宝。爷爷(或外公)和孙儿可以一起"预备起步"。因为对老年人来说,很多东西都已经失去了,可是孙儿却给他们的人生带来了"新的开始"。子女若能请父母来共度周末或假日(或是带孙儿到爷爷或外公家),让他们与孙儿一起玩游戏、谈谈事情,让祖孙三代之间彼此有相互交集分享乐趣的机会,老年人就能感到快乐。

对孙辈来讲,老年人也是无价之宝。老年人会把自己人生经历中的智慧和儿辈没有经历过的往事,告诉孙辈,并且生动地描绘他们父母小时候的事情。孙儿听到这些故事,该是多么兴奋!一般而言,孙儿眼中的爷爷(或外公)有以下几种:(1)最好的玩伴——他们会陪自己散步、游戏、放风筝、看热闹等。(2)最好的避风港——孙儿受责备、遭遇挫折的时候,祖父母往往成为他们的避风港。(3)圣诞老公公:祖父母会带来圣诞礼物,过年还会送大礼包,有时候生日也会有礼物。(4)信仰的栽培者——带孩子上教堂、参加庙会的大多是祖父母。(5)最好的催眠者——祖父母总有说不完的故事,送他们进入梦乡。(6)有求必应者——向父母要不到的东西,祖父母会毫不吝啬地给予。(7)最好的关照者——出于祖孙之情,祖父母会以极大的爱心及耐心伴随其成长。

祖孙之间的关系,由于年龄差距巨大,互助情形、社会经济水平又不同;同时,又因个体人格特质与子女管教方式等影响,而难以归纳出具体的模式。一般而言,大致有以下几种类型:(1)一本正经型——祖父母对孙儿保持一段距离,他们爱孙儿辈,但是绝不扮演管教、督导的角色。他们经常探视子女及孙儿,也送一些礼物,却很少介入到第三代的教育。(2)乐于为伍型——祖父母喜欢和孙儿打成一片,并视之为重要的休闲娱乐活动之一。(3)遥遥关心型——或许是因为居住地相隔太远,祖父母只在重要节日或儿孙的生日时候出现,或送一些礼物来。(4)严加管教型——祖父母非常关心第三代的成长与教育,甚至越俎代庖,亲自督导。(5)咨询顾问型——祖父母在子女管教孙子女的时候,扮演了智囊团的工作。

年轻父母若把幼小的子女交给祖父母(或外公外婆)管教,对孩子的身心成长有何利弊得失？老年人是在享受弄孙之乐，还是在“劳碌”？关键的问题是：老年人对孙儿究竟能起什么作用。这些问题都值得深思。

从教育理论看，祖父母对孩子性格上的影响，往往不同于父母对子女的影响。由于祖父母疼爱小孩较多，管小孩较少，甚至什么都替孙儿做，无形之中影响孩子独立自主能力的发展。此外，祖辈照顾小孩，经常遇到的问题是意外伤害，因为小孩总是非常活泼，稍不注意就会摔跤、跌倒。

从儿童身心发展角度看，幼儿出生的头两三年是和父母建立依附关系最关键的时期，如果是被祖父母代养，对父母的依附关系就会缺乏，当孩子回来之后，可能会不适应与父母亲的相处。尤其是孩子给祖父母带久了，难免和自己父母的关系会越来越疏远。为此，父母自身应该采取行动，如多安排时间与子女相处。

以上问题不仅需要老年人考虑清楚，也是年轻的父母应该思考的，避免在祖孙关系的处理中陷入困境。

第四节　老年人在家庭中的地位与作用

一、老年人在家庭中的地位

关于老年人在家庭中的地位，有不同的看法。一种观点认为：老年人在家庭中的地位，和其在家庭中的处境有着密切的联系。老年人在家庭中的地位，一般是指在家庭中所拥有的经济支配权和事务决定权。而老年人在家庭中的处境是指子女对待老年人的态度。对这个问题，上海社会学所的潘穆、陈烽做过调查研究。他们的调查结果是：经济因素与老年人的家庭地位呈较强的正相关。老年人的经济状况越好，其他成员对他（或她）的依赖越大，他（或她）的家庭地位就越高；老年人的经济状况差，退休金不够用时，在物价不断上涨的威胁下，就会人心惶惶，有一种对前景的不安全感。靠儿女赡养的老年人则有寄人篱下、看儿女脸色屈辱生活之感，这些都会挫伤老年人感情和自尊心。因此老年人对其他家庭成员的依赖越大，家庭地位则越低。由此，得出这样的结论：决定老年人家庭地位的主要是老年人的经济状况。此外，在老年人与子女之间，劳务因素也起一定的作用。

另外一种观点认为:老年人在家庭中的处境不完全取决于老年人在家庭中地位的高低。直接影响老年人在家庭中处境的因素主要是子女的道德状况。根据人们的调查和分析,要使老年人处境好,晚年生活愉快,重要的是加强社会主义的道德观念,搞好社会主义的精神文明建设。总之,家庭关系是否和睦,和老年人的精神状态、经常心情、对子女的教育方法都有密切的关系。老年人对子女的教育即所谓"家教好",成员之间方能和谐相处。有些家庭物质生活水平高,但由于家教不好家庭关系很紧张;相反,有些家庭物质生活水平较低,但由于家教好,家庭气氛和谐。由此可见,加强家庭的精神文明建设是关系老年人晚年生活美满,健康长寿的重要环节。

二、老年人在家庭中的作用

要使老年人晚年生活安排有序,心情愉快,让他(她)在家庭生活中发挥一定的作用,或许是很重要的一个方面,因为这会让老年人觉得自己的价值仍然存在。应该说,老年人在社会与家庭中的作用是多方面的,特别是离、退休后,老年人在家庭中的作用更为突出。

1.承担家务劳动

据北京、上海、武汉等地的调查,有62%的老年人在家从事家务劳动。据北京一地区对家务时间进行的专题调查:有70%的男性退休职工和100%的女性退休职工承担买菜、做饭等家务,有85.3%的退休职工照看过或正在照看孙辈。由此可见,老年人承担家务是普遍现象。

家务劳动是社会劳动的组成部分,离、退休老年人回到家里,从事家务劳动,是间接为社会做出贡献。但一般人认为家务劳动琐碎、繁重而且又不被人重视。因此,有些老年人是被动地分担子女的负担,如买菜、做饭、看孩子,心理上烦躁不安、不耐烦、不甘心。另一些老年人则不然,把买菜、做饭、看孩子作为乐趣,有兴趣、有劲头,心安理得地为子女服务,同时认为这也是为社会服务。

从事家务劳动有两性差异。一般女性老年人从事家务劳动既熟悉也习惯。有不少男性老年人,受传统习惯的影响,过去长期不管家务,一到退休让他管家务,他就手足无措。还有一个调查:在老年夫妇之间,女性老年人承担全部或大部分家务劳动的占78%。由此看来,老年人承担家务劳动两性差异也是很明显的。另外,老年人不喜欢哪些家务劳动,或者哪些家务劳动适合老年人?这些问题也有待于进一步研究,以便老年人能更好地安排自己的生活。

一般地,家务劳动对老年人的健康与长寿有着重要的意义。德国一位精神病专家对100多名老年人进行调查发现，依赖性强的人易患心肌梗死、脑卒中及癌症，其患病的可能性比能够自主生活、神经健康的人要高2—3倍。另外，老年人从事家务劳动还对家庭经济和子女的发展有重要的意义。有老年人负担经常性的并不轻松的家务劳动，可以为中、青年子女减轻负担，有充沛的精力专心工作，从而提高工作效率；有较多的业余时间进行学习，以提高科学知识和业务水平；更为重要的是可以更好地照料和教育孙辈。这些对今后的家庭收入的增加有很大的关系。

2. 对后辈的经济支援

在三代户的家庭中，老年人承担家务在我国各界老年人中是普遍存在的事实，而给予后辈经济支援只有一部分老年人才能做到。如离休干部，不少离休干部月收入高出子女一倍多。在这样的家庭里不是子女赡养老年人，而是老年人补贴子女。

3. 对后辈的期望、教育与事业上的支持

父母对子女的期望、教育与事业上的支持，是决定子女前途很重要的一个因素。父母对子女的期望高、教育好，子女大多就事业心强、成就大。父母对后辈的期望与教育，并不是到老年才有的，而是孩子一出生就有的；只是到老年期对子女的期望与教育有不同的特点。如果说父母过去对子女的期望主要表现在学习方面，到了老年，子女已长大成人，参加了工作，甚至已独立生活，父母殷切期望的是他们在工作中责任心强，能取得成就，与领导和同事能搞好关系，并希望他们得到提拔与重用。因此，往往是千叮万嘱，关心备至。然而，老年人的这种心意往往不被晚辈所理解。有一些老年父母对子女的内心期望并不表现出来，而是藏在内心，但子女也能心领神会。

从期望理论来看，父母的期望不宜过高，否则会带来相反的效果。我们要善于运用美国心理学家弗鲁姆的期望理论，即激发力量＝效价×期望。这就是说，激发子女和孙辈的内部潜力，以提高他们工作与学习的积极性。除此以外，老年人多年建立起来的社会关系和积累的宝贵经验，也可以给予子女事业上一定的支持。

总之，家有老年人是一件很美好的事情，如今可能出现许多现实的困境，但用心经营，例如：年长者多体恤子女的无奈，而子女尽可能在言语、行为、应对进退之间多尽一点孝心，伦常亲情依然是人间最纯真的爱。

第五节 "空巢"之家

"空巢家庭"原是社会学者在研究"家庭生命周期"模式中提出的一个概念，一般指无子女或虽有子女，但子女长大成人后离开老年人另立门户，剩下老年人独自居住的纯老年人家庭或失独的家庭。最新数据显示，我国空巢老年人口数量不断上升，2012 年为 0.99 亿人，2013 年将突破 1 亿人大关。加上子女风险事件的发生等因素，目前至少有 100 万个失独家庭，且正以每年约 7.6 万个的数量持续增加。

"空巢"实际上是老年人的一种居住方式。很多老年人为避免代际冲突，在身体能够自理的条件下，不跟子女同住的习惯已经形成。老年人自愿选择"空巢"这样的居住模式，是对中国传统文化中养儿防老、四世同堂等传统家庭养老方式的冲击与颠覆。

目前我国随着"少子化"的到来，家庭规模缩小，三口之家、单亲家庭、无子女家庭、流动子女的增加，空巢家庭有不断增多和年轻化的趋势。大连社会养老服务中心的社区指导师于 2008 年下半年对近 4000 名老年人直接入户调查，数据显示，一些老年人的子女多忙于工作，对父母无暇顾及，老年人从工作岗位上退休下来，会产生失落感，心中忧郁不能抒发，憋在心里容易引发疾病。调查显示，有 70%左右的老年人内心抑郁，退休老年人特别是许多空巢老年人都患有不同程度的抑郁症。而西部地区，农村青壮年劳动力大量外出务工是农村产生"空巢老年人"这一日益庞大的特殊群体的主要原因。甘肃省老龄委调查显示，"空巢老年人"普遍缺乏照料，因为自身及地方经济条件限制，大多只能选择居家自养；"空巢老年人"的家庭大多生活困难，年人均收入在 600 元以下的占 45%；"空巢老年人"健康状况也比较差，在被调查的老年人中，70%以上疾病缠身；"空巢老年人"居住条件大多也比较差，74%的老年人居住平房，且住房陈旧条件差；但与此同时，近半数"空巢老年人"还要承受"啃老"负担，承担家庭农业生产。调查还显示 50 岁以上中年人大多也步入"空巢"行列。

婚姻状况在老年人晚年生活中扮演着重要角色。山东工商学院在青岛、烟台、威海等城市和乡镇的调查显示，在有配偶的老年人中，79.6%的人在生活里是不感到孤独的。对比有配偶老年人和丧偶老年人的数据，有配偶老年人感到孤独的只占 5.9%，而丧偶老年人中的这一比例却达到 27.9%。“也就是说，单身独居的老年人是一个很容易感到孤独的群体”。

子女的孝顺状况是除婚姻状况之外，影响老年人晚年生活、有效消除老年人孤独感的第二大因素。据有关调查显示，“空巢家庭”中 35.1%的老年人因缺乏子女的关怀而感到孤独，他们需要子女们的“精神赡养”。

一般来说，只要是健康的人，面对空巢情况都会进行自我调适，如果不适的感觉延续下去，三四个月，甚至更长，就是病态的反应了——“老年期空巢综合征”。“老年期空巢综合征”是老年人在子女成家立业独立生活之后，由于适应不良出现的一种综合征，在中国精神疾病分类中属于“适应障碍”的一种，是老年人常见的一种心理危机。

第八节　丧偶之恸

人生愁恨自难免，在那么多令人伤绝的刺激中，最难以忍受的莫过于亲人的丧失，尤其是配偶的丧失。试想一下，从一对陌生人，到被丘比特之箭所射中，又获得了月下老人的祝福，经过了新婚宴尔，走到了桑榆暮年，四五十年间(或许更长的时间)福祸相依、休戚与共，人生的甜酸苦辣共同尝尽。当这一对令人尊敬与羡慕的老夫老妻，终其天年之时，总有先后，丧偶之恸谁能体会？

无妻曰鳏、无夫曰寡，就算是神仙伴侣，也躲不过鳏寡丧偶之日。由于女性倾向于嫁给比自己大几岁的男性，同时男性平均寿命又比女性短。因此，在丧偶人数中，寡妇比鳏夫要多，这不足为奇。

丧偶之中，寡妇之所以远多于鳏夫的原因，还有以下几项：

第一，通常人们认为女人总是体弱多病，但是她们尽管小病不断，却也能带病延年。男人看起来很硬朗，却往往不知道如何善待自己，小病往往不去求诊，甚至有时候讳疾忌医，非到大病来临，才去匆匆治疗，这会错过诊断与医治的最好时机。女性(尤其是家庭妇女)到了中年以后，生活会相对比较清闲，邻里朋友之间，谈到家务事与身体状况，稍有微恙，马上求治者居多。因此，除非大病突然来袭，一般情况下比男性有更多的机会处理身体之不适。

第二，在家庭事务中，男人一般主外，较之女性主内工作，其危险性较大，死亡机会也较多，尤其是从事基层劳务工作，如采矿、捕鱼、石化行业等。此外，森林狩猎、兵役战争均由男人来承担,若不幸丧命之后,自然留下其妻寡居。

第三,头婚男女,一方去世之后,男性较女性有更多的再婚机会。再婚之时,夫妻年龄之差,一般更大于头婚。

根据 Sweet 和 Bumpass(1994)对美国老年人丧偶情况的调查,65—69 岁老年人中寡妇占女性总人口 34%,而鳏夫仅占男性总人口的 7%;75—79 岁老年人中,寡妇占比 60%,鳏夫占比 18%。85 岁以上老年人中,寡妇占比 82%,鳏夫占比 43%(Bettelheim,2001)。假如一位女性选择了比她大 4 岁的男性为丈夫,且她的丈夫于 74 岁去世,那时她 70 岁,以女性平均寿命 78 岁计算,她便要寡居 8 年。

此外,根据联合国(2002)资料,全球发达国家的男女平均寿命,从 20 世纪 70 年代—20 世纪 90 年代末期在不断延长中,尤其是女性(参见表 8-1)。

表 8-1　20 世纪 70 年代—20 世纪 90 年代末期全球发达国家男女之平均寿命

	20 世纪 70 年代			20 世纪 90 年代末期		
	男	女	差别(以年计算)	男	女	差别(以年计算)
法国	68.5	77.1	8.6	74.6	82.4	7.6
意大利	69.0	74.9	5.9	74.6	81.0	6.4
瑞典	70.3	76.2	5.9	77.1	81.9	5.7
英国	70.0	76.2	6.2	75.0	79.8	4.8
美国	69.3	77.1	7.8	73.8	79.5	5.7
日本	73.0	78.3	5.3	77.1	84	6.9

资料来源:联合国人口统计(2002 年)。

由表 8-1 可见,(1)发达国家民众的平均寿命都在延长之中;(2)女性平均寿命延长得更多,其中以日本居冠;(3)由于女性平均寿命延长较男性为多,意味着晚年生活中,寡妇必然多于鳏夫。我国的基本情况大同小异。

因此,可以预见的是:未来独居老年人的比率势必呈上升趋势;而且,由于子女数量的减少,高龄独居妇女的安养照料问题将会越来越突出。

在我国,随着年龄的增长,老年人群体的丧偶率也呈大幅上升的趋势。据中国老龄科研中心 1992 年的一次调查,60—64 岁的老年人丧偶率城市为 16%,农村为 20%;80 岁以上的高龄老年人丧偶率,城市为 63%,农村为 76%。

不论是什么原因造成丧偶寡居,也不提夫妻结合之日有多长,另一半的离世对未亡的那一半而言,都是极大的打击。许多心理学家都指出,丧偶是一个人一生中所面临的最严重的心理创伤。美国心理学家荷尔姆斯曾根据人的挫折体验程度,以百分制对人遭受的创伤进行排列,结果是丧偶分值最高(100 分),远超过坐监狱(63 分)。说明失去配偶是人生中最为悲痛的事件,给人造成强烈的挫折感。

老年人中绝大多数都是相濡以沫共同生活了几十年的老夫妻,共同的生活习惯、生活经历,把他们紧紧联系在一起,并且很巩固,特别是有病相扶持,无事话沧桑,这些都不是儿、女、媳、婿所能代替的。在儿女生活自立后,老伴之间的"相依为命、互相照顾"就更加重要。因此,老年丧偶,会对未亡人的生活带来很大的冲击。

对于许多女性来说,失去了丈夫,不但是失掉了枕边人、最好的伴侣,也同时失去了精神支柱、社会地位和经济来源,所留下的只是无比的哀伤、忧愁,充满"此生何属、此生何寄"的不安全感。对于鳏夫来说,尤其是年迈的鳏夫,失了老妻,往往也失去了生之意义。不少资料表明,许多安葬老伴的丈夫(或妻子),往往不能从悲伤中走出来,在几月或几年之内跟着离开人世。英国有位学者对 4500 名 55 岁的寡妇进行了调查,结果证明:丧偶后 6 个月内,死去 213 人,占同龄死亡率的 40%。据统计,居丧老年人的死亡率,是一般老年人死亡率的 7 倍。医学专家对 2500 名老年丧偶者的研究证明,丧偶半年之内是老年人的高死亡危险期,这期间的免疫功能竟然只有其他时间的 1/10。

"白日期偕老,幽泉忽悼亡。"丧偶之恸,老年人尤甚!除非有极为强烈的宗教热忱,又拥有子女无限的爱心与亲朋好友的支援力量,其心中之悲恸自是天下最为苦涩的。苏东坡有一首悼亡诗,就写道:"不思量,自难忘。千里孤坟,无处话凄凉。纵使相逢不相识,尘满面,鬓如霜。"数百年之后,今人读之,犹不胜唏嘘。

从丧偶者伤痛的正常反应过程来看,一般会经历以下四个阶段(Parkes, 1972):

第一阶段——震惊与完全失落。这一阶段的人欲哭无泪,神情麻木,脑海中一片空白,其时间虽短,但却犹如永恒。

第二阶段——痛苦与绝望。丧偶者忘形地紧握死者之手,或是一直绕着遗体发脾气,责备他(她)为何如此残忍撒手西归,更埋怨自己在他(她)生前的诸般不是;不时还会迁怒于医生医术之不精、护士照顾之不周,乃至医院设备之不济,这一阶段的人情绪波动极为汹涌。

第三阶段——极度忧伤之后。经过了痛苦与绝望之后,慢慢地接受了自己一直不敢承认的残酷事实,他(她)终究走了。此时,老年人的孤独感油然而生,同时，也会逐渐地擦干眼泪，学习如何收拾痛苦的呻吟，勇敢地走向未来。

第四阶段——重建自我。穿过“死别”的幽谷，丧偶老年人带着哀愁，逐渐从痛苦中“撤退”，走向可安歇的日常生活，并重新组织新的生活方式。这时候，大约是死者死亡后大半年到一年时间之间。当然，有的人可能一直不能摆脱那痛苦之捆绑，甚至终身陷于极度哀伤的深渊而不能自拔。无法恢复自我、重组自我。即便进入以往正常岁月的生活模式，很多老年人心中的那份悔恨、焦虑、不安与沮丧，还是会在夜深人静、灯下徘徊的时候，时时才下眉头，却上心头！

当然，上述各阶段并不一定完全适合所有的丧偶者；同时，丧偶者之心路也不见得依序地由某一阶段进入另一个阶段，以上说法只是描绘了大多数丧偶者的一般性心态，供世人参考而已。

更进一步讲，未亡人对于死者的悼念与悲伤度，还取决于个体的健康状况、家中经济情况，以及子女的接纳程度等因素。如果自己身体本就欠佳，甚至还依赖另一半的照料，那么，如今他(她)的离去，其造成的心理冲击(如焦虑、思念等)可想而知。再如家中经济状况过去主要依赖死者支撑，那么，他(她)去世后，经济上的不安全感也实在难免。不过，如果子女孝顺，对父(母)经常照顾体贴、承欢宽颜，多少会减抵丧偶之恸带来的悲伤。

常见的消极心态有以下几种类型：

(1)过度悲伤型。丧偶老年人失去亲人后，悲伤是正常的心理反应。但过度悲伤、长期悲伤，将悲伤作为一种稳定的心态持续一两个月，甚至更长的时间而不能自拔者，就成为一种不健康的病态心理了。

有对老夫妻感情甚笃，不幸的是，丈夫在一次外出时意外身亡。妻子毫无思想准备，听说后悲伤得晕了过去，醒后哭得死去活来。丈夫的丧事办完了，妻子却迟迟不肯撤掉家中的灵堂，坚持要在灵堂中独自陪伴丈夫。由于妻子长期沉浸在悲伤中不能解脱，身体很快就垮下来了，不久也离开了人世。

中医的“七情”学说认为，“悲伤肺”。老年人的机体功能本来就处于退行之中，过度悲伤可使老年人肺气郁闷，上焦不通，不但会降低老年人适应生活的能力，还会使人体的代谢功能减低，免疫功能削弱，促使迅速衰老、疾病丛生，严重的会导致死亡。

(2)怀念恋旧型。老年是人生旅途的后半程，老年人大都爱留恋、回忆过去，这是从心理上对自身能力、自身价值的肯定。老年夫妻共同回忆过去的美好岁月，是老年爱情生活的调味剂。老年人丧偶会使未亡人强烈地感到死亡在不可抗拒地逼近。一些缺乏健康生死观的老年人感到无助、焦虑，缺乏生存的美好希望。当人感受不到未来的时候，留恋追忆过去就会成为精神生活的重要内容。

有一位工程师，平时百般依赖妻子照料日常生活，岂料妻子竟先他而去。50余载的夫妻感情，相濡以沫的生活经历，不仅使他在精神上承受不住这致命的打击，变得感情脆弱，常常流泪。他的心理迅速退化，回忆过去成了他主要的生活内容。他的现实生活变得一团糟。有人提醒他该换衣服了，他会说："老伴走了，我不知道换什么衣服。"有人劝他："自己不会做饭，到外面买点吃。"他会说："没有了老伴，吃什么都不香了。"由于成天追忆去世的老伴，精神恍惚、行动迟缓，最终诱发了阿尔茨海默症。

当人看不到未来的希望时，死亡就会迅速逼近。因此，对过去的追忆和怀恋绝对不应成为自己勇敢生活的障碍。

(3)后悔自责型。时常可以听到一些丧偶之人自责地讲"都怨我，当时如果我能及时注意，他(她)就不会走得这么快了"之类的话，把亲人的死归结为自己的责任。不过也有的人只是说说而已，这种表达哀思的方式可以理解，也不过分。但是，如果真的敏感地把那种自责与亲人的去世等同起来，使悲伤之情长期萦绕心头就成为问题了。

有对老夫妻平时丈夫脾气不好且任性，为此，妻子总是生气。妻子去世后，丈夫严守民间习俗，除妻子的生日、祭日之外，各种祭神祭鬼的节令老先生都要为妻子上供烧纸，他一边烧纸一边念叨："老婆子，你不该走的，我常让你生气，都怨我对你不好，没能好好补偿你就走了。你活着的时候，咱们没这样好好聊，现在我跟你说话呢，你听见了吗……"

因为过去夫妻间的磕碰，丈夫(妻子)死后，妻子(丈夫)在悲伤之余产生了强烈的自责、罪恶感。他因为无法补偿过去，就用这种持续的悲伤不断地责备自己，以求得到良心上的安慰。这位老先生同样处于不健康心态之中。

(4)自我封闭型。老年人丧偶后，他们交往的范围会随着亲人的失去而缩小许多。这时，老年人不要让悲伤禁锢自己，要努力保持自己原有的交往范围，重振自己的生活。但是，有些老年人随着自己身体的衰弱和亲人、朋友的先后辞世，孤独感不断加重，适应更为困难。自己被"老年意识"所左右，把自己封闭起来，性情越来越古怪。有的老年人会更加固执、任性、猜疑、保守，办事以自我为中心，拒绝别人的好心帮助，表现出明显的心理不健康。

一般来说，寡妇较鳏夫更容易从痛苦深渊中摆脱出来，其理由是：家中事务一般由女性主持，失去丈夫后，比较容易获得左邻右舍和亲朋好友的同情与支持；相对地，失去了老伴的夫婿，在适应上困难较多，悼念凄楚之情更甚，不少丈夫对家务事情一向很少过问,如今骤失支柱,其情其苦自然不堪。

丧偶之恸,需要时间来冲淡、克服,我们一方面由衷地希望当事者觉醒人生本就是要历经诸多苦难之过程,与其沉湎在失偶的阴影中,“自苦苦人”,何不慢慢地学习过没有他(她)的日子,天上地下的那个人,若有知的话,也必会感到宽慰。要尽早从悲痛中走出来,可考虑下列方式:

(1)首先应认识到人的生、老、病、死是不可抗拒的自然规律。

(2)寻觅友情或宗教的安慰。

(3)投身工作,发展过去的兴趣。

(4)多方参与社会活动或社会服务。

(5)如果经济条件尚可,不妨考虑外出旅行,以排遣心中烦忧。

最后,还是要殷切地期待子女、亲友给予更多的鼓舞与接纳,让未亡人尽早走出悲伤,重建生活。

第九章　老年人的退休与闲暇活动

退休，是晚年生活所发生的主要变化之一。对此，有的老年人觉得退休是人生中最灰暗的时候；有的老年人则觉得退休是真正属于自己人生的开始。它究竟是什么，恐怕没有具体的答案，只能说它会给老年人在经济状况、人际关系、身体与心理健康、闲暇生活等方面带来长期、慢性的影响。但是，如果老年人一直摆脱不了退休的负面影响（如失落、孤独、空虚、悲观等不良情绪的困扰），就会导致食欲减退、睡眠不好、免疫机能下降、老年性疾患加重，尤其是老年人最常见的心脑血管疾病。为此，本章将详细阐述老年人可能采取的有效措施，以适应离、退休引起的各种变化。

第一节　工作与退休

退休是一个相对新的概念，它产生于工业化之后。过去，只有有条件的人（经济宽裕者）才有“退休”一说，其他人则必须工作，直至身体状况很差了，或是找不到工作，而被迫离开劳动力市场。随着各国社会保障体系的完善，多数工业化国家已经建立了退休制度，为许多老年人提供了失去劳动能力之后的经济保障。这已是较为普遍的社会现象。

就工作本身而言，很少有人会从中享受到乐趣，虽然人们喜欢其中形成的社会关系，喜欢有用的感觉，以及随之而来的金钱报酬。但是，如果免除人们已做了几十年的工作，那么，其中的滋味是较为复杂的，一般人们会接受制度性的退休，同时也会在乎退休所导致的损失。如果某些人把工作视为其生活的全部意义，那么，退休会带给他生命的“空洞感”，其冲击力可能是难以承受的。

第二节　退休带来的多方面影响

一、对经济状况的影响

退休引起的经济状况变化是大多数老年人不得不面对的问题。一般来说，社会保险提供的福利及政府其他制度是当今老年人“老有所养”的主要支撑。与工作时相比，退休后的收入多多少少有所减少。当然，某些退休老年人，还能从别处增加一些收入，并且保持适当的，或者是良好的生活水准。

对于老年人来讲，若想拥有经济上满意的退休生活，或许应该认真地考虑以下五个问题：

(1)退休后的主要经济来源？(投资/工作/子女赡养费/退休金/储蓄/其他)

(2)你准备好自己的养老金了吗？

(3)你有把握退休后钱够用吗？

(4)你认为退休后的生活费应该是多少？

(5)你认为理想的退休年龄是多少？

对上述问题的思考无非就是理清退休后的财务状况，以便对自己的退休生活做出更好的规划。否则，老年人(一般是失去劳动能力的)容易在现实的经济问题前陷入困顿，继而产生无力、无助乃至无望感。

二、对人际关系的影响

退休后，老年人在工作中形成的社会关系逐渐解体，这无疑是退休者遭受的损失之一。有的甚至在未退休之前，已经处于半退休状态。如果是一位老师，校长不再委以重任；如果是一位行政人员，其他人已经在竞争他的岗位。如果是退休之后回到原单位，也可能是令人失望的，因为单位里已经形成新的人事关系或工作话题，退休者难以融入进去。这不可避免地会给老年人带来“失落感”。

三、对心理状态的影响

对大多数退休者而言，退休带来的心理影响可能比经济状况和人际关系更为严重。一般地，当人们面临退休时，心情往往是低落与自我贬抑的，也许夹杂着因不必工作而窃喜的体验。但是，长期而言，退休本身的确会带来一些心理问题、并让老年人感受到自己不再有价值。例如：一项调查美国退休人员（不一定是老年人）的报告指出，退休人员觉得自己是被强迫退休且感到相当的不幸福。我国专家吴振云的研究表明，退休后约有 1/3 的老年人出现孤独、寂寞、失落等负面情绪（吴振云，2003）。张敏莉的研究也发现，有些老年人退休后因失落感严重、性情孤僻或没有适合的精神寄托，而出现各种心理障碍，甚至人格扭曲，严重损坏身心健康（张敏莉，2003）。

当然，可能还有其他因素间接造成退休对生活满意度的影响。例如：传统的性别角色。当丈夫继续工作，而妻子退休，这对婚姻生活的满意度是提升的；相反，当妻子工作而丈夫退休时，婚姻生活的满意度则是下降的。又如：如果是从有压力的工作岗位上退休，其生活满意度一般也会提高。再者：白领阶层的退休者较之蓝领阶层的退休者，对于生活的满意度较高，这可能是出于其较好的健康与经济环境。此外，是否出于自愿性的退休，对于退休者的身心有重要的影响，Gallo（2000）的长期追踪研究发现，出于非自愿性的退休对于身心健康有负面影响，但是，退休后如果能再就业，不论其间隔的时间长短，均对身心产生正面影响；而自愿性退休的首要原因是享受高昂的退休赡养费，其次则是生病或不喜欢工作。

要指出的是，以上资料主要适用于工薪阶层，并不包括自我经营者、企业高层主管、兼职者、低收入人群等。

第三节　退休后的心理调适

"退休"，就是"退"而"休"吗，还是如曹操豪情感叹的"老骥伏枥，志在千里；烈士暮年，壮心不已"呢？这就得看一个人一念之间的"自我观"。笔者更倾向于后者。退休不应该是生命、事业的休止符，而应该是另一番生命、事业乐章的序曲。

一、制订退休后的生涯规划

心理专家指出，退休是一件必须准备和因应的事情，因为退休生活其实是人生上半生的延续。很多生活习惯、饮食习惯、运动、性格、交友等方面总不可能都从退休那一刻改变吧。因此,与其说要为退休做准备,倒不如说“退休”就是我们人生的一部分。如果我们以80岁寿龄为界,今日60岁退休的老年人,至少还有7300天的日子要过。那么,我们总不能毫无目标地度过这么长的日子吧!如果事先没有妥善的规划,又没有好好地心理调适,岂不辜负了上天赐予的这么多美好年月!

既然有这么长的路要走,总希望日子过得健康又快乐,生活过得充实又有意义。那么,未来的征途,就要看老年人怎样向前了。我们要大声疾呼的是:人都会老。最重要的是,不要把退休当成一个渴望已久的休息,或是脱离工作劳苦的机会;相反,要将它视为自我更新、自我精进的契机。

以前,忙着工作,忙着为他人作嫁,很少有真正属于自己的日子,如今无“职”一身轻,为什么不好好规划一下那些完全属于自己的“美好岁月”呢!老年人们可以思考以下几个问题:

是否还有许多该做的事,还没有做好?

是否还有许多想读的书,还没有去读?

是否还有许多想玩的地方,还没有去玩?

是否还有许多没整理的旧资料、书信、衣服、旧稿件,还没有整理?

是否还有一些亲朋好友,许久未曾问候?

是否很多感兴趣的事物,还未曾涉猎?

是否很多以前喜欢的活动,许久没有参加?

是否以前所欠下的情债,到现在还没有去补偿?

是否还有一些很喜欢的活动场所,到现在还没有去过?

是否还有一些想要学习的事物,等着你去学习?

是否……

如果这些答案都是肯定的,也都是一向“固所愿,不敢奢求”的,甚至是因感叹“人在江湖,身不由己”而放弃的。何不趁着今天大好时光,采取行动,把想做的事情立马一件件地做了。

千万不要说“我还行吗?”或者认为那都是尘封已久的往事,怎可“偷闲学少年”,其实,万事都在“一念之间”。莫彷徨,向前跑,老年人亦能意气飞扬!相反,如果心里老觉得年华不再,总是“念天地之悠悠,独怅然而泪下”,那真是“老”而“朽”了。

总之,只要老年人保持一颗年轻的心,“夕阳无限好”的历程是绝对有可能的！

二、从容应对退休后的心理变化过程

不管怎么说，退休毕竟是老年人需要经历的一次重要转折，其间，面临着社会身份或角色的改变，这多少会引起老年人微妙的心理变化，并需要做出调整。为此，有必要分析一下退休老年人的心理变化过程。

根据许淑莲(1987)的研究，老年人适应退休生活的过程，一般都要经过四个时期，即期待期、退休期、适应期、稳定期。

(一)期待期

在临近离退休但尚未离退休之前，具有不同工作目的、动机及职业的老年人，对即将到来的离、退休的态度和心情往往是各不相同的。那些工作的主要目的是谋生而且原来所从事的工作繁杂、负担过重、极其单调、因社会偏见而不受人尊重甚至受到歧视的人，如果离、退休条件较好，他们期望早日离、退休；由于种种原因而自愿离、退休的人，一般以期待心情对待离、退休；而那些由于种种原因不愿离、退休或者说被迫离、退休的人，他们的心情和态度则往往与此相反。国内的调查表明，有1/3的老年人不愿意退休；健康的退休老年人中，有50%希望继续原来的工作或者宁可调个工作单位也不愿离、退休。他们希望继续工作的主要目的或是祖国的振兴、单位的兴旺，或是酷爱专业，希望利用余生完成多年求索但仍未竟的事业；有的人希望继续工作，是担心退休后地位下降或经济收入减少；有的人希望继续工作则是为能和人保持正常的交往，担心退休后生活过于单调、孤独……

了解研究临近离、退休前不同老年人的心理活动状态，对于老年人自觉进行心理调节，及时做好离、退休的心理准备，适应离、退休的角色转换是大有裨益的。

(二)退休期

这里的退休期是指刚离开工作多年的单位或岗位的很短暂的一两天时间。老年人在这个时期的心理活动及其表现十分复杂，个别差异也较大。愿意退休的人，心情舒畅；不愿退休而又不得不退休的人，心情比较沉闷或易发牢骚，易动肝火。据对北京市离、退休干部和退休工人的对比调查，工人退休前后的心理感受变化不大。他们退休后摆脱了沉重的体力劳动，有更充实的时间料理家务、消遣娱乐和结交朋友，并且有足够的退休金和医疗保险，所以内心比较满足，情绪较为稳定，社会适应良好。但离、退休干部的情况就大不相同了，这些老干部在离、退休之前，有较高的社会地位和广泛的社会关系，其生活的重心是机关和事业，离退休以后，生活的重心一下子变成了家庭琐事，广泛的社会联系骤然减少，这使他们感到很不习惯、很不适应。

但不管哪种类型的老年人，即便是愿意退休、对退休做好充分思想准备的人，一旦到了真要立刻离开多年工作的岗位，交出办公室抽屉或仓库的钥匙，离开工作几十年的车间或机器，告别朝夕相处的战友或伙伴，留恋、惜别、痛楚、感慨等各种心情，就会错综复杂，相互交织，难以言状。

(三)适应期

离、退休，对任何一个老年人来说，无论是生活内容还是生活节律都发生了重大的变化，即从有明确的工作任务、指标，有既定的工作时间和节奏分明的作息制度，有众多人际交往的群体生产或工作环境，转到不工作或一般无严格作息时间、脱离原来交往群体的狭小的生活环境。观察和研究表明，很多老年人在刚离、退休的一段时间内，面对如此重大的变化，往往感到怅然若失或茫然而无所措手，感到烦躁不安，产生厌倦、抑郁、焦虑等消极情绪，有的甚至还会发生一时性的情绪问题和身体上的失调。这就是所谓的“退休综合征”。这是退休老年人最难忍受的困难时期。

研究表明，凡能正确认识或对待离、退休的老年人，一般能比较顺利、比较迅速地适应离退休生活。国外研究材料指出，对退休有一定的思想准备、同时又订有切实可行的退休生活计划的老年人，能比较顺利地实现由工作向退休的转变；身体健康、经济条件较好、教育水平较高的人，一般对退休后的生活考虑得较多，计划设想得比较细致周全，因而适应退休生活也比较快、比较顺利。

只要离、退休的老年人正视和认真对待这一时期，以积极的态度和振奋的精神培养多方面的兴趣，如练习书法、钓鱼、养花、打太极拳等。坚持参加老年人的社会活动，重新建立人际关系。以新的丰富多彩的内容充实退休生活，一般经过一年左右的时间便能逐渐习惯或适应下来，转向稳定而有新的生活秩序的时期。

(四)稳定期

经过一年左右时间的适应期，离、退休老年人一般都能清醒地认识到离、退休就像一个人的出生、毕业、婚恋一样，是任何一个人都必须经历的时期(终身从事社会性职业岗位工作的毕竟是极少数)，因而在思想认识和情感上都能比较冷静而客观地对待离、退休。与此同时，他们逐渐建立了新的生活秩序，形成了一套与离退休生活相适应的生活模式，他们明确什么是自己所应期望的，什么是自己所不应当苛求的；什么是自己应做的、能为的，什么是不应做的、力不从心而不可为的……总之,不管原来对离、退休愿意与否,满意与否,经过退休期、适应期、总能达到习惯和适应,转而开始过平静而稳定的离、退休生活。

从准备期到稳定期,一般需要1—3年或许更长时间的心理调整过程(杨峰、万东君,2006)。在这四个阶段中,适应期是最重要的时期,其长短能比较客观地反映退休者对退休事件的适应能力。在适应期内,如果老年人能逐渐客观地面对职务与地位的丧失、经济收入减低、社会联系减少等事实,并适应赋闲在家的生活方式,那么他就会获得愉快的退休生活。相反,如果老年人无法获得心灵的安宁,那么,他往往会一直感到空虚与无聊,并继而引起忧郁、精神不振等,身体与心智开始走下坡路。

三、选择积极的生活形态

一个人早先的生活形态当然会影响其晚年退休后的生活形态,但是,今日大多数老年人可能并没有注意到:现代社会里可选择的生活形态远远多于过去。

许多老年人退下来以后,以积极的姿态投入新的生活,建立了新的生活秩序。这些老年人是属于“退而不休”的“非典型退休”人群。目前“非典型退休”人群主要有以下几种类型。

(一)“技术型”老年人:继续发挥余热

“轻松地放出尚余的热,无忧地走完尚余的路。”老年人只要有一技之长,通常比较容易找工作。“技术型”老年人丰富的阅历和技能水平是企业最为看重的。《老年日报》2008年10月9日报道,日前在哈尔滨市离退休人才交流大会上共有招聘单位52家,招聘人数665人,而当日参加交流大会的离退休人才有近1200人,最后,意向性签约389人次。他们多数不在乎能挣多少钱,只是为了一份精神寄托。我国现有离退休专业技术人员600多万人,其中70%左右有技术职称、有意愿继续发挥作用。

(二)“战斗型”老年人:下海当老板

在告别了沉重的生活负担,拥有养老保障之后,足以让不少退休族有胆量尝试自己真正喜欢的事。因此,最有创业激情的往往是部分刚退休的“白领”,他们开办自己的公司,事业蒸蒸日上。

(三)“兴趣型”老年人:追求人生乐趣

健康的兴趣爱好和积极的交往可使人从中找到许多乐趣,排除孤独,忘却种种烦恼,从而起到调节情绪、愉悦身心、保持心理平衡的作用。2003年,北京退休讲师钱女士组织小区和公园里的伙伴成立了“俏老太合唱团”。随着加入的人越来越多,她开始组织团友们一起帮助残疾儿童和患白血病的孩子。

(四)“奉献型”老年人:公益当先

适当多参与一些力所能及的公益活动,多献一份爱心,不但让自己觉得对社会还有用(消除了“人老无用”感),看到了人生的价值,还能从内心感到欣慰和满足。山西省潞城市成家川乡黄池村80岁老年人陈秦则,从2003年开始上山义务剪树。每天上午他拿着一把剪刀早早地赶到山上,挨着松树一棵一棵地用心修剪。有的树由于树身太高,够不着,他就搬凳子、搭梯子。一年又一年,陈秦则每天在山上都有干不完的活。3年1000多天时间,行程3000千米,用坏7把刀具,前后在3座大山上修剪了5万多棵松树。他计划用两年多时间,把剩下的3万棵松树修剪完,希望以后在山上设一个避暑山庄,把黄池村建成一个旅游新景点。

从心理学角度看,“非典型退休”老年人的多彩生活能帮助他减轻“失落感”,保持良好的社会交往,并感到自己对社会的价值。心理学家海维格斯特说得好:为了使老年人快乐,除了满足生理上与经济上的需要外,还要满足心理上的需要。也就是说,“老有所为”才能“老有所慰”。这一观点对如何使老年人生活得有意义很有启示。

第四节　老年人的闲暇活动

一、闲暇活动对老年人生活的意义

闲暇活动是指在闲暇时间里所进行的一些活动。老年人在离退休之后,由其个人支配的时间大量增加,这有利于老年人合理利用闲暇时间与参与闲暇活动。闲暇活动的参与对提高老年人晚年的生活质量具有重要意义。

首先,老年人通过有益身心的闲暇活动,调整生活内涵,祛除心中烦恼,提高对生活的满意度。老年人在退休之前,案牍劳形,忙于全家的衣食生计,家庭主妇更是被永远做不完的家务所捆绑,如果是职业妇女,双重生涯更令其忙得不可开交。如今,工作、家务负担都有所减轻,日子可以完全属于自己。因此,不论是家庭主妇或主夫,正是休闲的时候,重新拾起或开启新的人生,描绘自己璀璨的晚霞。郭晋武(1995)研究发现,老年人散步、看电视等闲暇活动与其生活满意度之间有显著正相关;种花养草、做饭等闲暇活动则与抑郁症状呈显著负相关。王莉莉(2011)的研究也发现,老年人的闲暇活动与其精神状态是紧密相关的,经常参加一些闲暇活动有利于帮助老年人保持积极健康的心态。

其次,闲暇活动的意义还在于让老年人走出蜗居的斗室,走出自己所封闭的小天地,进入有志一同的伙伴天地,(通过与自己兴趣有关的活动)增进与外界的接触。人都需要朋友,共享所见、所闻、所思、所感,尤其是老年人,更需要谈天的对象、走动的场所,闲话家常,品评人物。例如下棋,下棋时固然只有两位老友,围观的却不少,是否做到围观不语的意境并不是很重要,关键在于当时的参与感。其他如登山、旅行或参加老年大学(老年人活动中心、老年人俱乐部、社区组织等),既有益身心,又可以多交友,"独乐乐不如众乐乐",老年人何不透过社交性的休闲活动享受与众同乐的滋味!

最后,闲暇活动还有一种更新的含义,即一种精神或心理的治疗。多少年来,精神医学家和教育学家都一致同意,年老、精神忧郁、与他人格格不入,甚至一向落落寡合的长者,发展他们某一方面的兴趣,如绘画、书法、园艺、烘焙、饲养小动物,或者旅行、爬山、郊外踏青等活动,能让他们乐在其中,不知不觉地摆脱一些自我的封锁,从兴趣的提升与成就感的满足中,克服孤立、自卑、妄想与厌世的负面情绪。不过,在这样的一种过程中,随时要给予正面的激励与增强作用,是非常重要的。免得老年人们半途而废,甚至觉得一事无成,反而造成更多的挫折感,乃至更加自我退缩。要注意的是,任何老年人的闲暇活动,都要配合体力和感官的衰退情形。

我国老年人在闲暇活动的参与项目上,大都是一些自发的、较少受场地和条件限制的活动,如看电视、散步等。赵凌云(2000)在对湖州市 352 名老年人的调查时发现,"看电视""听广播"成为 90%的老年人生活中必不可少的内容;"散步""闲聊"这些随意性强的活动比例分别是 44.3%和 38.4%;"体育锻炼""读书看报""打麻将(打牌)"均在 20%—30%之间;"花草虫鱼""琴棋书画""公益活动"的比例均在 10%以下。

二、老年人选择休闲活动的考量因素

陈英仁(2005)与郑政宗、赖昆宏(2007)提出,老年人从事休闲活动,或许应该考虑以下几种因素。

(一)健康状况

老年人固然需要活动筋骨,但任何活动还是要考量体力和感觉器官的状况,视力不良者，阅读就不方便，看电视也多少受到影响；听力不佳，自然会影响音乐欣赏及社交活动。所以，老年人一般会比较喜欢静态的活动及不需要大量体力的休闲方式。

（二）经济能力

收入减少难免会影响老年人所参与的休闲活动种类，诸如减少商业性的娱乐活动（电影、音乐会、戏剧表演等），限制其参加旅游与俱乐部等联谊性活动的机会。经济水准较高的年长者，休闲活动会比较多元化。

（三）教育水准

一般地，教育水准越高，休闲的兴趣会比较广泛，对益智性的活动也投入较多；教育程度不高的老年人，则比较多地投入到一些娱乐性或需要体力的一些休闲活动。

（四）性别

女性较之男性，兴趣更为广泛；同时，因为女性休闲活动本身倾向于静态，从事需要体力的活动较少，这种特征在老年亦是如此。因此，一旦到了老年，女性的活动范围远远宽于男性。而许多男性人老体衰，昔日只对动态活动才肯投入，现在动不了，若对静态的活动提不起兴趣，自然就不知所措，难以排遣时日了。

三、发展新的兴趣，合理安排闲暇活动

老年人的兴趣与爱好虽然可以随意、自由的发展，不应该有什么清规戒律，但也要合理安排。唯有如此，才会对老年人的身心更有益。那么，如何培养自己的兴趣与合理安排闲暇活动呢？

（一）兴趣要广泛

在兴趣的范围上，人与人之间的差异是很大的，有人兴趣范围很广，对许多事物和活动都兴致勃勃，乐于探求；有人则兴趣范围狭窄，常常对周围一些活动和事物漠然置之。老年人兴趣要广泛，应多种多样，单一的兴趣是不好的。如有的老年人爱搓麻将，常常长时间地玩，甚至废寝忘食、通宵达旦，这样会招致各种疾病的发生，患上“麻将综合征”。

（二）有中心兴趣

对诸多的兴趣不能同等对待，“一视同仁”。应对其中的某一活动特别发生兴趣，以它为中心，其余兴趣直接或间接都与它有关，使兴趣既博又专。如喜欢作画的老年人以作画为自己的中心兴趣，同时又爱好摄影，经常摄一些风景、人

物特写为自己作画备素材；又爱好旅游，在山山水水中，不仅陶冶自己的精神，还提供作画的素材；又爱好垂钓，在垂钓中领略了垂钓的情境，鱼儿的千姿百态，为作画提供了素材，日积月累，他在作画方面就会有一定的成就，以致大有成就。

（三）兴趣要有针对性

人的兴趣是可以培养的，也是可以选择的。老年人可根据自己身心方面的特点，有针对性地选择有益的兴趣与爱好。如患高血压、高血脂的老年人，专注于烹调与营养搭配，使自己的饮食做到如何既科学又美味，从而达到辅助治疗的目的；性情孤僻的老年人，多从事一些集体性的游戏有益身心；而钓鱼的活动对性情浮躁的老年人的心理健康有利……

老年人培养兴趣与爱好要顺应个人的性格特征，因人制宜，顺个性而为，随爱好而取。好动的，练习拳、球、剑、泳；好静的，学琴、棋、书、画；好闹的，去说、拉、弹、唱；好雅的，养花、鸟、鱼、虫……这样情托高雅，寄寓兴趣，展现爱好，随心所欲，不仅能放飞爱好、提高才艺，而且可愉悦身心，陶冶情操，有利健康。

但是，老年人的爱好也要张弛有度。比如有的老年朋友爱垂钓，就风雨无阻地持着钓竿成天蹲在河池边；有的老年朋友喜玩麻将，就在麻将桌上哗哗啦啦搓个天昏地暗；有的老年朋友喜对弈，便一天到晚楚河汉界、深思竭谋、鏖战拼杀；有的老年朋友喜诗文书画，便足不出户立于书桌前泼墨不止；有的老年朋友喜欢思索世事，便独人孤处、时时刻刻眉紧面肃；有的老年朋友迷看电视，便卧在电视机前沙发上半天懒得动弹一下……各自为自己的专一爱好，到了目不斜视的地步。这样也不好，于健康也不利，什么事情都要讲究个度。

总之，老年人退休之后，应该根据自己的特点设定新的人生目标，树立"老有所为"的观念，主动给自己找点事做，利用晚年的大好时光，做一些在岗时想做而无时间做的事；或者学习一些自己不懂的知识，人一生中，熟识的东西很少，不熟识的东西很多；或者培养一两种兴趣爱好，诸如琴棋书画、写作摄影、健身娱乐等等。当人有了爱好，就有了美好的欲望和追求，就能专心致志于自己喜欢的事情，生活丰富，心理平衡，情绪稳定；当人有了爱好，就能循着自己美好的理想前进，排除一切不必要的烦恼；当人有了爱好，自己创出业绩或得到收获时，就会有成就感，同时会觉得生活充满了意义；当人有了爱好，注意力就会集中在设定的人生目标之上，晚年生活才能过得既充实又有意义，人的寿命就会在滋润的生活中得以延长。

第十章 老年人的情绪及其压力

情绪是个体对客观现实态度的主观体验,它建立在个体需要是否得到满足的基础之上,反映了客观现实与个体需要之间的关系。如果个体不能很好地驾驭自己的这种主观体验,就会“为情所困”。范进疯了,是乐的;周瑜倒了,是气的;林黛玉死了,是愁的……因此,把握自己的情绪,对人的生活意义重大。

当老年人面对各种丧失产生积极或消极的社会情绪(如自我控制、幸福感)时,就会对他们的身心造成不同的影响。消极情绪不仅会让老年人产生不良的生活感受,还会引起身体系统的机能失调,如心脏病、胃溃疡、哮喘、高血压等疾病的发作;积极情绪则比“十副良药更能解除生理上的疲惫和痛楚”(马克思)。所谓“笑一笑,十年少;愁一愁,白了头”,便是此理!

第一节 基本认识

情绪(emotion)是由外在刺激或内在身体状况所引起的心理变化状态,如在工作中无端遭到攻击的人会产生愤怒;肚子饿的人会出现不满和烦躁,也会因为得到食物而高兴。情绪状态包括喜、怒、哀、惧、忧、愤、爱、憎、欲等,它们的产生都是以个体的意识为前提,随客观情境而表现出各种不同状态。在日常生活中,情绪与情感(或称为感情)常常被混淆,其实,情感是指平静或不平静、轻松或不轻松等比较稳定的一种心理状态,而情绪则是愤怒或欢喜等比较强烈的感觉或具体的体验。

由于身心是一体的,所以,当强烈情绪出现的时候(即心理有所变化),身体上跟着也有所变化，主要表现为自主神经交感作用。自主神经系统由交感和副交感两部分组成，当交感神经活动时，会出现下列几种反应：(1)心跳加速；(2)消化系统几近停止，使血液转向四肢肌肉，以备应激之用(如打斗或逃跑)；(3)肾上腺素刺激肝脏，释放血糖，以增进体力；(4)呼吸加速、加深，增加氧气的供应，以便于四肢活动时燃烧血糖；(5)瞳孔放大，增加视觉敏捷度；(6)唾液腺停止，但汗腺活动增加；(7)皮下肌肉收缩，使汗毛竖立而生"鸡皮疙瘩"。情绪平稳后，则改由副交感神经支配，使身体恢复正常。

如果一个人的情绪经常性地剧烈变化，会对人的生理产生不良影响，进而可能罹患"心身症"——因不健康的心理反应所导致的身体疾病或肉体症状。心身症对高血压、气喘、偏头痛、胃溃疡、十二指肠溃疡、溃疡性结肠炎、腰酸、背痛、皮肤病、关节痛等疾病的发生或消长产生直接或间接的影响。

心身症的治疗，套用一句俗话"心病还须心药医"，也就是说，心理的治疗比身体症状的处理来得更重要。心身症患者一般都有强烈的依赖心理，故常常出现在老年人身上，尤其是老年妇女，因为情绪不稳或经常焦虑不安，心身症的症状也就更为明显，如何减轻其不安情绪，使其心情轻松，应该是治疗心身症的首要选择。

情商高的人不容易罹患心身症，反而激励自己越挫越勇，克制自己、调适情绪、避免因过度沮丧而影响思考能力；也知道设身处地地为他人着想，以及对未来永远抱有希望(庄安琪译，1999)。

与情商有关的主要是个体的自知与知人的能力。自知的重点是"管理情绪"。情商高的人兼具以下五方面能力(张美惠译，1996)。(1)认识自己的情绪：认识自己的感觉、情绪、情感、动机、性格、欲望和基本的价值取向等，以此作为自己行动的依据。(2)妥善管理自己的情绪：对自己的快乐、愤怒、恐惧、爱、惊讶、厌恶、悲伤、焦虑等体验有所认识。当自己情绪不好的时候，采取一定方法调整情绪，例如：查明使人烦恼的问题及其原因；尝试建设性的措施走出不良情绪的困扰等。(3)自我激励：对于自己所设定的目标，经常自我鞭策、自我鼓励，始终保持高度的热情、专注和自治。(4)认识他人的情绪：指对他人的各种情绪感同身受，也就是能设身处地地了解他人的情绪、性情、动机、欲望等，并做出适度的反应(同理心)。在人际交往中，人的真实性情绪和情感往往是从他的语言及其语调、语气，以及表情、手势、姿势等身体语言透露出来的，如果个体能从这些关键线索中捕捉信息，并以同理心相对，是其成功人际关系的基础。(5)人际关系的管理：指管理他人情绪的能力。这方面的强者不仅"识人"，而且"知人"，他善于从别人的表情判断对方的内心感受，也善于体察对方的动机或想法。

当人老去时，将会面对许多难题，如：身体的老化、亲朋好友的离世等，可以说老年人常常处于逆境之中，这难免会使其情绪不佳，且影响日常生活。如果要走出情绪的低谷，除了老年人要提高自己的情商以外，旁人（尤其是家人）更要以宽容之心待之。总之，“七情六欲”是人生来就具有的心理反应，只有因循自然，积极引导或及时疏导，才能去“心病”、治“身疾”。

第二节　老年人的情绪

老年人的情绪由于其成长历程、文化背景、生活环境、人格特质、人际关系等不同，每个人的情绪状态自然也有所差别。但是，作为老年期这一阶段性的心理状态，有其相似之处。

（一）老年人的情绪特征

彭驾骍、彭怀真指出，老年人的情绪特征有以下几点。

1. 情绪反应常两极化

人到了老年，情绪的自我约束力较差，遇到某种强烈的刺激，可能会雀跃万分、异常兴奋，也可能意味索然、沮丧万分。待人态度一会儿热情，不多久又可能冷若冰霜。处事亦然，一会儿认真积极，旋即意兴阑珊，反怪人家多事。“喜怒无常”是老年人情绪的第一写照。

2. 情绪中充满空虚感与孤独感

人到老年，对似水流年与岁月更迭特别敏感；对别人对自己的反应，也尤其注意。各种各样的原因会使老年人感到生活无趣、人生乏味，一切似乎都是虚无的。连孔夫子都感叹“逝者如斯，不舍昼夜”。一代霸主曹操也在垂暮之年感慨“对酒当歌，人生几何”，更何况芸芸众生。

3. 情绪反应的强度明显减低

老年人在有些情绪的反应强度上，较之往昔明显降低。以愤怒为例，老年人较少有暴跳如雷、声色俱厉的现象，即使有时候很生气，时间也很短暂。再以爱来说，老年人其实迫切需要他人的关爱，却大都羞于启齿，也很少强烈地表示对他人的爱意，而孤独感与厌烦却在上升之中。此外，由于行动的动力减缓，老年人对声色之娱、口腹之乐都相当冷漠；随着增龄而递加的行动不便，使老年人对外面活动也不大感兴趣。

4. 情绪反应常依直觉而欠思考

有刺激就有反应，在刺激与反应之间如果有理智的思考，就会表现出适当的态度与言行。对于同一刺激的反应，不同的人有很大的差别。有的人很聪明，善解人意，会给人留下好印象；有的人三言两语就将尴尬的局面化于无形之中；有的人则因为反应不当，将小事"变成"大事。不少老年人在各种社交场合中，会较少考虑他人的感受，或喜欢逞口舌之快，或卖弄口才，或不假形色，让人家退避三舍，不敢领教。这恐怕也是老年人讨人嫌的原因之一。

5. 情绪容易受环境或他人的影响

情绪是个体因应情境而产生的心理反应，个体(心理)特征和情境因素都会对情绪的高低、起落产生影响。由于老年人自我约束力较差，且很少事后检讨，其情绪受环境和他人的影响就比较突出。例如：身体有一点不舒服，或者天气不好，就可能发脾气；他人不经意间表示些意见，或者礼貌不够周到，老年人都会生气好几天。

(二)老年人的消极情绪

另一方面，在老年人的心灵深处，各种不可逆的丧失多多少少会给他们带来无法排遣的、程度不等的伤感或心结，这些消极情绪自然也会影响老年人日常生活，乃至身体健康。老年人的消极情绪主要表现如下。

1. 疏离感

疏离感是指在集体生活和社会生活中，个体自己感到被其他的人、事所排斥(包括他人、社会、在社会生活中发生的事件，以及自己引起的事件，甚至自己等)，或者感到与其他的人和事之间的距离感、不和谐感，认知到自己怎么也不能融入其中去的感情。这种情感会使个体产生无意义感、无能力感、社会孤立感、自我分离感等消极情绪。

老年人由于年龄的老化、环境的变异，或多或少感受到被社会孤立，尤其是子女的"远离"(在现代社会中，子女成婚后大都离长辈而去，平时难得一聚，而快速的生活节奏和激烈的生存竞争，又使子女们都忙于生计，没有空闲，也没有时间注意自己的父母)，这些都会使老年人产生一种无力感，甚至对生命的意义有某种程度的疑惑。老年人家的疏离感表现在以下四方面：

(1)无意义感。老年人面对自己的子孙与故旧，可能会觉得很陌生。那种心连心的感觉，似乎已经随风飘散。当老年人看着子孙各奔前程，埋头各自的事业而忽略自己，不禁会觉得自己个人的生活失去了意义与价值。

(2)无能力感。代际的观念差异,使老年人自觉对子孙的事情无从插手,也无权过问,更是担心自己的意见可能会换来孩子一脸的不耐烦或隔阂的加深。同时,对自己的未来也没什么把握,深感世事无常,为此产生无能感。

(3)社会孤立感。子孙在外忙于工作、求学,周围的老年人也各自东西,加上现代都市生活带来的人情冷漠,老年人除了学会如何适应之外,只能孤独地等待子孙有空时聊尽孝心。那种死寂般的锥心之痛,会让他们觉得自己是被社会遗弃的一群人,进而产生社会孤立感。

(4)自我分离感。面对年华的逝去,能够真正视一切为过眼云烟、浑然解脱的老年人实在不多,尤其是那些退休人员,他们喜欢缅怀过往岁月,甚至深觉壮志未酬,对退休后的落寞是心不甘、情不愿,却又无可奈何?老年人在现代社会中,只能追逐较低的生活需求。这种境遇怎么能促使老年人主动地融入周围社会呢!另一方面,如果有的老年人还要仰仗儿媳、女婿,甚至是子、女的脸色而“苟延残喘”,更是让老年人“情何以堪”,昔日的尊严如今何在,生活又有什么趣味,难免有百般无奈与自我价值荡然无存的痛苦,这种刺骨的痛苦如何让老年人与其生活环境和谐呢!如此一来,老年人会逐渐把自己从各种外界环境中分离出来。

2.失落感

失落感是指心理上感到有所失且遭受冷落的感觉。老年人的失落感通常包括以下三种:

(1)角色的失落。有些老年人离、退休后,好似大雁离群,没着没落,茫茫然不知所措,人在家,而心在办公室,尤其是那些担任过领导工作的老同志,他们离、退休后,一些常围着自己转的人逐渐地疏远了,因此倍感人情冷淡、世态炎凉,往往有一种“大失所望”的失落感。从心理学的角度来看,出现这种情绪并不奇怪,有它的客观原因,即社会角色的改变。

其实,谁都有老的时候,一般都会有角色改变的体验。关键就在于角色转换之后,老年人该如何看待自己?如果因为以往的社会资源失去了,老年人因此视自己为“废物”,那他就难以与己自处。

(2)生活的失落。一般而言,老年人晚年的生活境遇都会有所改变,如身体健康状况的下降、收入的减少、行动的不便、社交网络的缩小、居所的变动等等,老年人如果对这些问题不能释怀,便会陷入负面情绪之中,关键是适当调整自己的态度,以“理”化“情”,以“积极的心态”对待“消极的事态”,方能圆满人生晚年的岁月。

(3)生命的失落。随着岁月的流逝,不少老年人会担心失去兄弟姐妹、亲朋好友、更年迈的父母、年轻子孙,以及昔日同窗、同事,每每碰到这种伤心事,很多老年人都会感慨万分,尤其是害怕有一天老伴比自己早逝时,自己将如何自处?而自己的晚境又将如何凄惨!

3. 自卑感

老年人自卑感产生的原因比较复杂。从主观上讲,主要是老年人往往认为自己有经验、才能,却无从得到发挥,特别是有些老年人对社会有较大的贡献,享有崇高的荣誉,一旦退下来,就觉得不再受到重视,如果意识到自己原有的知识、技能已不适应现代社会,更是自觉无用。有的老年人由于身体疾病而基本上失去自理能力,因此自觉无能。而有的老年人总觉得自己的形象不如人、家庭条件不如人、子女不如人等,为此低人三分。伴随这些消极情绪而来的,便是多疑多虑、遇事敏感,怀疑别人对自己有(不好的)看法,自卑感也就油然而生。自卑心理容易引发抑郁症这类心理疾病,给老年人的身心健康带来严重威胁。

以上各种消极的情绪反应,慢慢地都可能会造成老年人的心理与人际交往问题。因此,我们要认真对待,并细心呵护老年人的情绪。另一方面,老年人自身作为情绪的掌控者,应多理解与应用《老子》第 27 章所言:“我有三宝,持而保之。一曰慈,二曰俭,三曰不敢为天下先。慈故能勇;俭故能广;不敢为天下先,故能成器长。今舍慈且勇;舍俭且广;舍后且先;死矣!夫慈以战则胜,以守则固,天将救之,以慈卫之。”慈,如同爱,有爱心就有勇气;节俭就能精神好,容易保护“财富”;多礼让则容易得到支持、帮助。如果一个人舍弃了“慈”“俭”与“礼让”,生活就容易陷入险境。“三宝”中的“慈”,对老年人尤为重要。“慈”与“爱”不同,“爱”比较强烈,不免给人一种压力,难免有用自己的方法去衡量他人的嫌疑;“慈”则只是一份针对人的存在而有的真实的感受,没有批判,也没有要求,其内涵更加柔和,更加适用于老年人的处事之道。如此处事,老年人才能更好地掌控自己的情绪,才能不为外界种种“消极的”情境所左右,也才能安详、平静地度过晚年的岁月。

第三节　情绪压力及其辅导

压力可以是我们对任何情绪的反应。它是个体生理或心理上感受到威胁时的一种极端紧张的状态，这种紧张状态会使人在情绪上产生不愉快，甚至是痛苦的感受。

适度的压力具有警示作用，因为个体感受到的压力令身体释放出某些激素，包括一种肾上腺素的激素，它可以快速地提供氧气与能量，使个体能妥善地处理压力，进而消除压力来源。这可谓是"良性的压力"。

但是，如果这种激素一再增加（一般是由压力过大引起的），会使身体无法恢复正常状态，久而久之就会造成胃溃疡、高血压或食欲不振的现象。老年人由于身体机能的退化，其恢复正常状态的速度会更慢。如果一个人长期承受压力，还会引起偏头疼、忧郁症、成年型糖尿病及消化性疾病；同时也会减弱其免疫系统功能，使人的抵抗力下降。这类情况的持续发展，有可能使人"耗竭"。

压力的来源通常是你无法控制的痛苦情境。根据曾文星、徐静（1985）的看法，构成的心理压力状态可分为（以老年人为例）以下状态：第一种状态让你必须选择一个反应方式，而所选择的任何方式都不能解决问题，从而使老年人感到无能为力，不知如何是好。第二种状态让老年人凭过去的经验，都无法决定怎样才是解决问题的最好方法，从而产生不知所措的压力。第三种状态让老年人夹在互相矛盾且冲突的两种欲望或冲动之间（即"鱼和熊掌不可兼得"），从而使老年人因左右为难而痛苦。第四种状态让老年人被迫做过度的努力。第五种是长期处于一种挫折状态，这种挫折程度虽然不大，但屡次令个体面对，不免会使老年人沮丧不已。

对于心理压力所产生的心理反应，大致上有四种：(1)逃避性防卫；(2)自欺性防卫；(3)转移性防卫；(4)建设性防卫（详见下文的"心理防卫机制"）。就个体而言，老年人处理心理压力的能力存在很大的差异性，一般会根据压力源的大小及其不同的个人经验而采取不同的反应方式。例如：面对离退休后的境遇（或其他相同性质的问题）时，有些老年人很容易形成"挫折感"，并表现出不适应的行为；而有些老年人则能沉着应对并冷静解决。

美国的 Holms 和 Rahe 等人，试图用定性和定量的方法来衡量社会心理因素对人体健康的影响。他们详细调查了 5000 多人的病历，把对大多数人的健康有破坏作用的紧张生活事件，按照分值编成"紧张事件的再适应量表"。见表 10-1。

表 10-1　紧张事件的再适应量表(部分)

配偶过世	100
离婚	73
夫妻分居	65
亲人过世	63
自己受伤或生病	53
婚姻问题	50
退休	45
家中成员健康的转变	44
亲密朋友的死亡	37
夫妻不和	35
工作责任的改变	29
子、女离开家庭	29
配偶开始或停止工作	26
居住的改变	20
睡眠习惯的改变	16
饮食习惯的改变	15

注:分数是以 100(配偶过世)为最高,其他事件的严重性是与 100 相比的程度。
资料主要来源:彭怀真、彭驾骍:《老年人心理学》,扬智文化事业股份有限公司 2013 年版。

Holms 等人认为,任何类型的紧张生活事件都影响身心健康,其中伴有心理丧失感的紧张刺激对健康影响最大,如配偶死亡、离婚等。同时,研究者认为,遭受的紧张生活事件越大,生病的可能性就越大。如果把一个人各项事件的压力分数都加起来,总分在 150 分以下,表示个体受到的心理压力比较轻;总分在 150—300 分之间,表示个体已经受到压力的一定影响,关键是看他如何看待和应付;总分在 300 分以上,表示个体正在承受那些累积压力所产生的有害影响,他生病的概率几乎达到 100%。

我国学者程学超、王洪美(1986)也进行类似研究,其结果与 Holms 等相似。某医院对前来就诊的病人不加选择地进行调查,发现 65.5%的病人的病与社会逆境有关;35%的病人在很大程度上是由心理挫折引起的。另外,在对 250 名癌症患者做调查时发现,有 156 人在患病前受过重大精神打击,都有不同程度的心理创伤史。

老年人在晚年生活中难免遭遇挫折,当老年人承受较大的心理压力时,会出现各种反应,大致如下。

(1)生理:出现血压上升、心跳加速、食欲不振等症状。

(2)心理:出现焦虑、疲劳、忧郁、紧张、冷漠、挫折、情感压抑、注意力不集中等症状。

(3)行为:包括抽烟量增多、饮食习惯改变、酗酒、使用药物、发生意外等。

(4)认知:包括健忘、对批评过度敏感、无法下决定等。

老年人若感受到较大的心理压力时,对长辈的建议是:(1)找几位朋友谈谈心,或者出去寻找娱乐;(2)多多走出自己狭小的生活圈,多接触大自然;(3)出去散散步,看看街景,或者到商场逛一逛;(4)学一些放松的技巧,如打坐、瑜伽、伸展运动等。

空余时间不如种种花草,因为种花、拔草或许是缓解压力的一种好方法。种花的好处有:(1)不用花很多的钱财;(2)满足某种破坏性欲望(尤其是在"拔草之时"),又可帮助植物生长的多样性;(3)不一定需要同伴相随,且白天或晚上、晴天或雨天都可以进行;(4)有自我安慰之功效,让人感觉到"用心浇灌,会有回报";(5)可以让眼睛得到修养;(6)整理花草之时,或许会发现一些被掩盖的植物,给人以"意外之喜"。也有专家建议老年人养狗或猫等小动物来做伴,以疏解压力。

更为根本的做法是老年人要有意识地增强自己的心理耐受力,以及健康的身体。前者可以通过学习、训练而获得,一般须让老年人在平时经受"适量"(这是指有、但不多也不少且有一定连续性)的挫折经验。如此一来,老年人经历的"磨难"多了,应对挫折的方法也熟练了,信心自然也就有了,最终导致老年人提高了日常生活中紧张事件的适应能力。后者其实是为前者打基础的,因为生理上的能量可以转化为精神上的能量;也就是说,个体若要妥善地解决外界的压力,在很大程度上还要依赖身体的健康状态,即"健全的精神寓于健康的体魄"。

编者以为,老年人在晚年一般都会面临着不少新的情境或问题,遭遇压力是意料之中的事情,但为了与周围环境或社会保持和谐的关系,老年人自身的心理与行为仍然需要做出不断的调整,以适应新的情况。唯其如此,才能"适者生存",最终以"行如风、站如松、坐如钟、卧如弓、营养丰、运动充、精神膨、情绪松、烟酒空、大便通"的姿态傲视垂暮之年。

第四节　离退休综合征及其心理调养

一、离退休综合征

所谓离退休综合征，是指老年人由于离退休后不能适应新的社会角色、生活环境和生活方式的变化而出现的焦虑、抑郁、悲哀、恐惧等消极情绪，或因此产生偏离常态行为的一种适应性心理障碍，这种心理障碍往往还会引发其他生理疾病、影响身体健康。

离退休是人生的一个重要转折，是老年期开始的一个标志。离退休障碍是一种心理方面的适应障碍，它表现为老年人生活习惯的不适应、人际关系的不适应、认知和情感的不适应等，这些适应障碍究其实质，就在于离退休导致了老年人社会角色的转变，他们从职业角色过渡为闲暇角色，从主体角色退化为配角，从交往范围广、活动频率高的动态型角色转变为交往圈子狭窄、活动趋于减少的相对静态型角色，对于部分曾是领导干部的老年人来说，还从权威型的社会角色变成了“无足轻重”的小人物，如果老年人不能很好地适应这些角色的转变，也就是说新旧角色间出现了矛盾和冲突，那么，老年人的离退休综合征就由此产生。

据统计，四分之一的离退休人员会出现不同程度的离退休综合征。因此，要预防和治疗离退休综合征，老年人就应该努力适应离退休所带来的各种变化，即实现离退休社会角色的转换。

二、离退休综合征的表现与特征

老年人的离退休综合征是一种复杂的心理异常反应，主要表现如下。

（一）抑郁

老年期亦被老年人称作丧失期，因为老年人认为自己在退休后，丧失了工作，丧失了权力和地位，丧失了金钱，丧失了人际关系，说话不管用了，求人办事也难了，无奈地发出“老而无用”的感慨，有些老年人甚至怨天尤人，牢骚满腹。若再加上丧失了健康，身体衰弱多病，行动多有不便，更少参加社会交流。遇上同年龄的至亲好友陆续去世，特别是丧偶的老年人，活动范围变得狭窄起来，生活的天地在缩小，再加上老来少朋寡友、孑然一身，更是凄凉至极。这种孤独无援的境地,很容易使老年人产生被遗弃感,从而开始对自身价值及自己生命的存在表示怀疑,甚至是绝望。于是忧伤、郁闷、沮丧,精神消沉、萎靡不振,有强烈的失落感、孤独感、衰老无用感,对未来生活感到悲观和淡漠,自信心下降,不愿主动与人交往,行为退缩,兴趣减退,懒于做事,心情抑郁。

(二)焦虑

所谓焦虑感,是指个体在面临现实存在的或预计会出现的对自身会产生某种威胁的客观事物时所引起的一种心理体验。老年期是角色转变最频繁的时期,有些老年人或因不适应新角色或因没有及时退出旧角色而引起角色冲突,手足无措,产生焦虑感;有些老年人或因退休后收入减少,经济窘迫或因担心自尊心受到损害而产生焦虑感。从积极方面看,焦虑感起到增强老年人改变现状紧迫性的作用;在更多的情况下,焦虑对老年人来说并非是积极和有益的,患者感到惶惶不安、心烦意乱,做事缺乏耐心、急躁冲动,易被激惹而发怒,难以长时间静坐,总忍不住要做些小动作。严重者还会产生恐惧感,加重老年人的心理压力,并伴有躯体症状,引发老年人离退休综合征,老年人的身心健康受到严重的影响。

(三)空虚

每天早出晚归忙忙碌碌不会有空虚感,有事业、有追求、有精神寄托也不会有空虚感。老年人离退休以后,可自由支配的空闲时间多了,如果没有新的内容来充实,缺乏自己感兴趣的活动,就会感到百无聊赖,时辰难熬。空虚感是一种消极情绪,它会加速老年人的衰老感,如果维持的时间过长,则会引起老年人失眠、心神不宁、对周围事物丧失兴趣,对人生感到悲观失望,有时甚至会想到自杀,严重影响老年人的身心健康。

(四)躯体不适

患者常常出现头痛、晕眩、失眠、胸闷憋气或胸痛、腹部不适、周身疲乏、四肢无力等。此外,一些患者还可能出现其他的不适应。

患者的这种心理的异常反应,往往可以引起一些疾病的发生,原来身体健康的人会萌生某些疾病,原来有慢性病的则会加重病情。有心理学者曾对某市二十位同一年从处级岗位上退下来的干部进行追踪调查,结果发现,这些退休时身体并无大碍的老年人,两年内竟有五位去世,还有六位重病缠身。可见,离退休真是一道"事故多发"的坎。

离退休所带来的心理障碍有以下四个特征:(1)无力感。许多老年人不愿离开工作岗位,认为自己还有工作能力,但是社会要新陈代谢,必须让位给年轻一代,离退休对于老年人实际上是一种牺牲。面对“岁月不饶人”的现实,老年人常感无奈和无力。(2)无用感。在离退休前,一些人事业有成,受人尊敬,掌声、喝彩声、赞扬声不断,一旦退休,一切化为乌有,退休成了“失败”,由有用转为无用,如此反差,老年人心理上便会产生巨大的失落感。(3)无助感。离退休后,老年人离开了原有的社会圈子,社交范围狭窄了,朋友变少了,孤独感油然而生,要适应新的生活模式往往使老年人感到不安、无助和无所适从。(4)无望感。无力感、无用感和无助感都容易导致离退休后的老年人产生无望感,对于未来感到失望甚至绝望。加上身体的逐渐老化,疾病的不断增多,有的老年人简直觉得已经走到生命的尽头,油干灯尽了。

当然,并非每一个离退休的老年人都会出现以上情形,形成离退休综合征的因素是比较复杂的,它与每个人的个性特点、生活方式和人生观有密切的关系。

三、离退休综合征的致病原因

产生离退休综合征的因素有以下几个方面。

(一)离退休前后生活境遇反差过大

不同的人在离退休前后所发生的生活境遇变化是有差异的,有的甚至差异很大。一般来说,普通老百姓退休前后的生活反差不大,不容易产生不适应症。而离退休前身居要职的各级领导干部则容易患离退休综合征。在离退休前他们生活的重心是机关和事业,有较好的社会地位和较大的职业权力。这些人要经历从前呼后拥到形单影只、从门庭若市到门可罗雀的巨大心理落差,的确难以适应。其次,离退休前没有一技之长的人也易患此症,他们如果想再就业往往不如那些有技术的人容易。而离退休后不可避免地出现社会地位的下降和职业权力的丧失,生活重心也被迫转移到家庭和生活琐事上。反差越大,越使得他们难以接受,因而产生了严重的心理失调,并伴随出现一系列躯体症状。

(二)离退休前缺乏足够的心理准备

离退休人员的心理变化虽然早在离退休之前就已经开始萌动,但他们当中的一些人对离退休后面临的环境、生活的内容、担任的角色,以及心理活动的变化和调节等问题考虑不周,即只是非正式或非系统地偶尔想到这些问题。因此缺乏退回家庭和处理个人生活的思想准备,大部分空闲时间不知如何安排。昨天还在精神百倍、紧张地按部就班去工作,今天一退休就变得无所事事,生活失去规律性和紧张感,便产生失落、孤独、空虚、自卑等心理变化。还有老年人体力下降，若家庭照顾不周和慢性疾病缠身，行动不便，更会加重其心理障碍。还有一些人尽管思想上有比较充分的准备，但在感情上、行动上却明显滞后，因而也仍然会导致出现心理上的不适，尤其是容易出现消极不良的情感反应。

（三）个性特点的不适应

平日工作繁忙、事业心强、好胜而善于争辩、严谨和固执的人易患离退休综合征，因为他们过去每天都紧张忙碌，突然变得无所事事，这种心理适应比较困难。相反，那些平时工作比较清闲、个性比较散漫的人反而不容易出现心理异常反应，因为他们离退休前后的生活节奏变化不大。

（四）缺乏个人兴趣爱好

退休前除工作之外无特殊爱好的人容易发生心理障碍，这些人退休后失去了精神寄托，生活变得枯燥乏味、缺乏情趣、阴暗抑郁。而那些退休前就有广泛兴趣爱好的老年人则不同，工作重担卸下后，他们反而可以充分享受闲暇爱好所带来的生活乐趣，有滋有味，不亦乐乎，自然不易出现心理异常。

（五）人际关系不适应

人际交往不良，不善交际，朋友少或者没有朋友的老年人也容易引发离退休障碍，这些老年人经常感到孤独、苦闷，烦恼无处倾诉，情感需要得不到满足；相反，老年人如果人际交往广，又善于结交新朋友，心境就会变得比较开阔，心情开朗，消极情绪就不易出现。

（六）性别因素

通常男性比女性更难适应离退休的各种变化。中国传统的家庭模式是“男主外，女主内”，男性退休后，活动范围由“外”转向“内”，这种转换比女性明显，因而也较难维持心理平衡。

四、离退休综合征的心理调养

离退休综合征是一种适应性心理障碍，只要注意心理调养，完全能够恢复。

（一）调整心态，顺应规律

衰老是不以人的意志为转移的客观规律，离退休也是不可避免的。这既是老年人应有的权利，是国家赋予老年人安度晚年的一项社会保障制度，同时也是老年人应尽的义务，是促进从业队伍新陈代谢的必要手段，老年人必须在心理上认识和接受这个事实。而且，离退休后，要消除“树老根枯”“人老珠黄”的悲观思想和消极情绪，坚定美好的信念，将离退休生活视为另一种绚丽人生的开始，重新安排自己的工作、学习和生活，做到老有所为、老有所学、老有所乐。

（二）发挥余热，重归社会

离退休老年人如果体格健壮、精力旺盛，又有一技之长的，可以积极寻找机会，做一些力所能及的工作。一方面发挥余热，为社会继续做贡献，实现自我价值；另一方面使自己精神上有所寄托，使生活充实起来，增进身体健康。当然，工作必须量力而为，不可勉强，要讲求实效，不图虚名。

（三）善于学习，渴求新知

“活到老，学到老。”正如西汉经学家刘向所说：“少而好学，如日出之阳；壮而好学，如日出之光；老而好学，如秉烛之明”。一方面，学习促进大脑的使用，使大脑越用越灵活，延缓智力的衰退；另一方面，老年人要通过学习来更新知识，社会变迁风起云涌，老年人要避免变成孤家寡人，就要加强学习，树立新观念，跟上时代的步伐。

（四）培养爱好，寄托精神

许多老年人在退休前已有业余爱好，只是工作繁忙无暇顾及，退休后正可利用闲暇时间充分享受这一乐趣。即便先前没有特殊爱好，退休后也应该有意识地培养一些，以丰富和充实自己的生活。写字作画，既陶冶情操，也可锻炼身体；种花养鸟也是一种有益活动，鸟语花香别有一番情趣；另外，跳舞、气功、打球、下棋、垂钓等活动都能使参加者益智怡情，增进身心健康。

（五）扩大社交，排解寂寞

退休后，老年人的生活圈子缩小，但老年人不应自我封闭，不仅应该努力保持与旧友的关系，更应该积极主动地去建立新的人际网络。良好的人际关系可以开拓生活领域，排解孤独寂寞，增添生活情趣。在家庭中，与家庭成员间也要建立协调的人际关系，营造和睦的家庭气氛。

（六）生活自律，保健身体

老年人的生活起居要有规律，离退休后也可以给自己制订切实可行的作息时间表，早睡早起，按时休息，适时活动，建立、适应一种新的生活节奏。同时要养成良好的饮食卫生习惯，戒除有害于健康的不良嗜好，采取适合自己的休息、运动和娱乐的形式，建立起以保健为目的的生活方式。

此外，要特别提醒老年人，如果出现身体不适、心情不佳、情绪低落，应该主动寻求帮助，切忌讳疾忌医。对于患有严重的焦躁不安和失眠的离退休综合征的老年人，必要时可在医生的指导下适当服用药物，以及接受心理治疗。

第五节　老年期空巢综合征及其心理调养

一、老年期空巢综合征

随着老年期的到来，子女长大成人后，像小鸟离巢一样离开了家，去上大学，或到外地工作、打工，或成家立业，而老年人在忙碌了几十年后，好不容易轻松下来，发现家里变得清静起来，人也倍感孤独、抑郁，尤其是母亲，心情则更加难以平静，产生种种不适应，甚至导致抑郁症的出现，这就是空巢综合征。对于空巢综合征如不及时处理，则会使老年人的神经内分泌系统调节发生紊乱，使身体的免疫功能低下，机体的抵抗力下降，进而引发各种心身疾病或使原有疾病加重。

二、老年期空巢综合征的主要表现

老年期空巢综合征的主要表现有四方面。

（一）精神空虚，无所事事

缺少亲情慰藉是引发空巢老年人心理健康问题的最重要原因。归属感和爱的需求是人类最基本的需要之一，而空巢老年人由于子女离家之后，从原来多年形成的紧张而有规律的生活，突然转入松散、无规律的生活状态，他们无法很快适应，爱的需求得不到及时有效的满足，进而出现情绪低落、烦躁不安、消沉抑郁等负性心理。

（二）孤独、悲观、社会交往少

空巢老年人与子女分开居住后，认为自己的存在对子女不再有价值，对自己存在的价值表示怀疑，由此产生强烈的无用感，陷入无趣、无欲、无望、无助状态，甚至出现自杀的想法和行为。独居老年人由于缺乏配偶的生活照料和失去相互情感慰藉，心理状况更为严重，他们倾向于独自闲坐，不愿与人交往，而社会交往的丧失加剧他们的自卑、消沉和抑郁等情绪。

（三）焦虑、恐慌

由于缺少子女的陪伴，空巢老年人会担心突发疾病时无人照顾；日常家务劳动，空巢老年人也显得力不从心，加重了其焦虑不安的情绪。

空巢老年人还得防止节后心理失重。节日前后，老年人在心理上通常会经历“节前巢空—节日巢满—节后巢空”这个过程，而节后巢空对老年人心理的影响要比节前巢空大。这是因为，节前许多老年人因为子女忙于工作或在外地，已经经历了很长时间的巢空，心理上已经有了适应性。而过年期间，人多、礼多，给老年人带来了强烈的幸福感、满足感。节后，子女纷纷回到工作岗位或外地，互相串门的亲友也变少了，老年人又经历了一次大的巢空，尤其许多老年人要独自度过正月十五元宵节，这与春节形成了鲜明对比，幸福感来得快走得也快。因此，老年人心理上经历了一次“太空体验”——心理失重。有的老年人会因形单影只产生孤单感、失落感；有的会因牵挂远走的儿女或担心自己年事已高能否平安度过新的一年而产生不安感；还有的会因节后亲朋、老邻、老同事交往变少产生人情冷漠感。一些老年人的心理问题往往以躯体疾病形式表现出来，如血压、心脏、胃肠等出现疾病，此时老年人在医治躯体疾病的同时别忘心理调整。

（四）躯体化症状

现代医学证实：人与人的交往可抑制下丘脑区的活动，降低乙酰胆碱，氢氧茎皮质酮和儿茶酚胺的分泌量。这些生化物质能使人的呼吸加快，心跳加速，并出现其他症状。由于“空巢”而离群索居、悲观厌世的孤独者，下丘脑区活动增强，加速了上述有关物质的分泌，影响了血压、心跳和情绪，降低了机体的免疫力和白细胞抗御疾病的能力，可导致一系列的躯体症状和疾病，如失眠、早醒、睡眠质量差、头痛、乏力、食欲不振、心慌气短、消化不良、心律失常、高血压、冠心病、消化性溃疡等。

三、老年期空巢综合征的心理调养

老年人只要注意心理调养，空巢带来的不适应是能够克服的。

(1)老年人要对亲子关系有一个正确认识。无论父母还是子女都应该是独立的个体，二者不是附属关系。子女就像鸟儿一样，幼时依偎父母，羽翼丰满后自然要离巢飞去，子女的离家是成熟和独立的标志。在子女离家前，父母就应该有思想准备，调整自己的生活重心和生活节奏，而不是一切围着孩子转。

(2)子女离家后，老年夫妇之间应给予更多关心、体贴和安慰，建立新的生活规律和情感支持系统，使自己的心态保持稳定。子女也应常回家看看，这是对处于孤独中的老年人最大的安慰。随着年龄的增长，老年人的生理功能逐渐衰退，对他人帮助的依赖性越来越高，心理上也越来越脆弱。因此，亲情的抚慰对“空巢”老年人的健康生活至关重要。一旦发现父母患有较严重的“空巢综合征”，如严重的抑郁、失眠及多种躯体化症状，或有自杀观念和行为，应及时求助心理医生或精神科医生，给予必要的心理或药物治疗。

(3)根据自己的爱好培养多种兴趣。积极参加各种娱乐活动，或到老年大学或老年活动中心学习，在子女离家后的空余时间内，不断地充实自己，活到老、学到老，使每天的生活都变得十分充实。

(4)广交朋友，设法多聊聊天是克服“空巢”心理的极佳途径。随着改革开放，人们生活水平提高了，纷纷搬进了楼房。然而，人们居住的密度虽然更大了，但彼此间的距离却更远了。一个个单元给人们带来私密空间的同时，也把人们隔绝在一个个防盗门后。然而，人，毕竟是社会性的人，无论是哪个年龄段的人，都忍受不了与世隔绝的痛苦，更何况是老年人呢！

最后，编者还有两点特别提醒：第一，老年人要格外关注自己的身体状况。由于子女不在身边，老年人很可能会出现各种意外，使原有的生活难以维持下去。如骨折是对老年人威胁最大的健康难题。因为行动不便使活动量减少，导致很多老年人患有骨质疏松，他们骨折发生率极高，特别是股骨头骨折，后果更严重。第二，老年人要注意自己的营养障碍。两个老年人特别是一人生活时，常常懒于做饭，这种情况下，就会出现不同程度的营养障碍，像蛋白质摄入不足或是维生素补充不够等。

第六节　心理防卫机制

前面曾提到，老年人应对挫折及其心理压力时，会有截然不同的反应，如否定、屈服、幻想、奋发等，它们都是个体适应外界环境的一种对策，心理学上称为“心理防卫”。这种心理防卫策略，大多是在无意识状态中进行的，在不知不觉中，用自己的方式，把人与现实的关系稍微加以改变，使之比较容易接受，不至于引起情绪上太大的痛苦，可以减少内心的不安。所以说，“心理防卫”有助于个体避免精神上的痛苦、紧张焦虑、尴尬、罪恶感等等，对自我具有保护作用，可以防止因各种打击而引起的生理疾病或心理障碍，但过分或错误采用心理防卫机制，可能带来心理疾病。编者另立本节，特别介绍“心理防卫机制”，旨在让老年人更好地了解自己的心理与行为；同时，也让家人（或他人）更全面地理解老年人而给予更多的宽容或帮助。

心理防卫策略的使用大多数是无意的,有时也有故意的;有些符合社会道德标准,有些则不;对生活的影响,有些是正面的,有些则是负面的。大致有以下几种,下面结合老年人状况分别加以说明。

一、压抑(repression)

个体把不能为"意识"所接受的情感、想法、欲望或痛苦的经验,不自觉地抑制到潜意识中去,从而使醒着的"自我"不会因此产生焦虑或痛苦,是为"压抑"的心理防卫策略。不过,压抑在潜意识中的这些情感、想法、欲望或痛苦的经验还是有可能会无意识地影响人的行为,例如:某位老妇人的丈夫死于一场意外车祸,而现场位于离家附近的某十字路口,对于丈夫的离世,她非常痛苦,为此,她把这不堪忍受的悲伤情绪压抑在潜意识中,即"遗忘了",而且她也不轻易地走到该十字路口去;但是,当她因某种机缘经过该路口或丈夫去世的纪念日临近时,她都会出现下意识的忧郁、悲伤情感,自己不知为何,药物治疗也无明显效果。有时候,压抑的东西还会通过口误、笔误表现出来。

作为心理防卫策略的"压抑"与心理学上一般性的"抑制"过程(其相反过程是"兴奋")不一样,后者则是一种"有意识的"压抑,即个体知道自己在"遗忘"(或压抑)什么东西及其产生的行为后果。

二、幻想(fantasy)

当一个人遭遇现实困难时,因为无法处理这些问题,就会利用幻想的方法,想象自己如何去处理困难,使自己获得心理的平衡。也就是说,利用幻想,将自己从现实困境中脱离出来。例如:被人揍后,因为无力反抗,幻想痛打敌人以满足自己的报复心理。这种方法有助于个体获得一种安全感,但会酿成虚幻的自尊,因为幻想带有浓厚的自我陶醉色彩。理想化(Idealization)就是幻想的表现之一。

三、否定(denial)

拒绝承认那些已经发生的不愉快的现实,以此躲避心理上的痛苦。例如:罹患绝症的病人往往会刻意地否认自己的病情,或者感情深厚的夫妻会刻意地否认另一方意外死亡的事实等。这是最简单、最原始的防卫方法,其目的也是保护自己。

四、歪曲(distortion)

根据内心需要歪曲事实,以保护受挫的内心世界。例如,有的老年人会顽固地认为已经过世的老伴依然健在。有时候,这种心理防卫策略会引起对现实的扭曲,产生妄想或幻觉。

五、倒退(regression)

个体遇到挫折时,会将行为部分地或象征性地倒退到较低级的、困难较少的幼稚反应模式,以逃避解决所面临的实际棘手问题,或者"骗取"别人的重视、同情与关怀。例如,不少老年人在遇到无法对付的困难时,便会宣称自己身上的"病"加重了,需要休息,以此退回到儿童时期被人照顾的生活情境中去,并因此获得满足感。

六、压制(suppression)

面对烦恼,个体有所认知,但仍然做出不思考、不想象的选择,尽量回避已经感受到的焦虑、烦恼、压力等等,设法加以推迟。他们经常说:"我明天再考虑这件事情",其实,明天他们也不会去认真面对。

七、补偿(compensation)

个体由于自己能力上的缺陷而无法达成某一目标时,有意识地从事其他一项能够获得成功的活动,以便弥补自尊心上受到的伤害。例如,某女子因相貌有缺陷而遭人不齿,但她却通过努力学习,以卓越成绩赢得别人的尊崇。

八、隔离(isolation)

将部分事实从意识中孤立出来,不让自己意识到,以免引起精神上的不愉快。最常被隔离的是与事实相关的感觉部分。例如,不说某位长辈死了,而说仙逝或长眠等,这样感觉上不会感到太悲哀或不祥。

九、反向(reaction formation)

反向可谓是一种"矫枉过正"的做法,例如:后妈往往对前妻留下的孩子怀有敌意,为了证明她没有虐待孩子,她在人前会表现出特别疼爱孩子的模样。所以说,"反向"就是指有意识地采取某种与潜意识完全相反的看法和行动,因为真实的意图及其行为表现是不符合社会道德规范,或者会引起其内心焦虑的。又如,有些人待人过分热情或喜欢自我吹嘘,其实这是基于他潜意识并不喜欢与人交往或自卑感强烈的一种刻意的反向行为。

十、合理化(rationalization)

又称文饰,指用一种似乎有理,但实际上站不住脚的理由来为难以接受的情感、行为或动机辩护,使其可以接受。常见的表现有三种:一是酸葡萄心理,把得不到的东西说成是不好的;二是甜柠檬心理,当得不到葡萄而只有柠檬时,就说柠檬是甜的;三是推诿,将个人的缺点或失败,推诿于其他理由,设法找人代为受过。三者均是掩盖其错误或失败,以保持内心的安宁。

十一、仪式与抵消(ritual and undoing)

个体通过做象征性的事情来抵消已经发生的不愉快事情,以弥补其心理上不舒服的一种防卫策略。人们常使用此法来消除内心的罪恶感、内疚感,以及维持良好的人际关系。例如:一个丈夫在外面玩得太晚而回家很迟,他也许会为妻子带回较贵重的礼物来抵消他的愧疚之情。又如,妈妈照顾小孩不小心,让小孩撞到了门、桌角而受伤,做妈妈的常常会用打门、桌子的方式来哄小孩子,这种行为并不是因为妈妈相信门、桌子真的会撞人,或者是通过敲打门、桌子来帮小孩子出了气,其实质是母亲因为自觉照顾不周而内心不安,故做出一些象征性事情以抵消自己的内疚感。

十二、转化(conversion)

指精神上的痛苦,焦虑转化为躯体症状表现出来,从而避开了心理焦虑和痛苦,如歇斯底里的病人内心焦虑或心理冲突往往以躯体化的症状表现出来,如瘫痪、失音、抽搐、晕厥、痉挛性斜颈等,患者自己对此却完全没有知觉。转化的动机完全是无意识的,是患者意识所不能承认的。

十三、解离(dissociation)

暂时而剧烈地改变自己的性格或某种感觉,以避免情绪苦恼,包括神游和毫无根据的优越感,以漫不经心的态度否认自己的行为或感情。例如:为了消除焦虑或苦恼而显得忙忙碌碌的行为;为了麻木自己的不愉快感情而短暂地滥用某种药物或投身到宗教活动中。

十四、转移(displacement)

把危险的情感或行动转移到另一个情境下释放出来。通常是把对强者的情绪、欲望转移到弱者身上。例如:在医院里,病人或家属会把对医生的愤怒转移到护理人员身上或对其他亲人发泄。

十五、投射(projection)

主观地将属于自身的一些负面思绪、动机、欲望或情感赋予到他人身上,推卸责任或把自己的过错归咎于他人,从而得到一种解脱。以自己的想法去推测别人的想法,"以小人之心度君子之腹"就是这种情况。投射会引起严重的偏见、猜疑,主体也会因此而拒绝与人亲热、对外界危险过分警觉。在许多老年人身上有类似的心理作用。

十六、摄入(introjection)

或称内向投射,与投射作用相反,指广泛地、毫无选择地吸收外界的事物,并将它们变成自己人格的一部分。"近朱者赤,近墨者黑"就是这种情况。由于摄入作用,他人的所爱和所恨有时候会象征性地变成自我的组成部分;还有时候,个体对外界社会和他人的不满,内向投射变成恨自己,甚至因此自杀。内投射可能是自罪感的表现,也可能会模仿死者的一些性格特点来减轻对死者的内疚感。

十七、认同(identification)

指有选择地模仿或顺从一个自己敬爱、佩服的对象的态度或行为,将对方之长归为己有,作为自己行为的一部分,以此吸收他人的优点以增强自己的能力、安全感及接纳等方面的感受,掩护自己的短处。认同有两种:一种是近似模仿;另一种是利用别人的长处,满足自己的愿望、欲望,例如,一个不漂亮的女孩子喜欢和一个漂亮的女孩子做朋友,她可以因为别人夸奖她的女友而感到自豪。老年人比较容易出现的认同情况是:向往生者认同,当一个人失去他(她)所爱的人时,会模仿所失去的人的特点,使其全部或部分地出现在自己身上,以安慰内心因丧失所爱而产生的痛苦。

十八、预期(anticipation)

为未来的内心不适感受做某种切合实际的计划,以此作为思想准备。

十九、理智化(intellectualization)

为在情感上让自我脱离压力事件,用有利于自己的理由来为自己辩解,将面临的窘境加以文饰,设法合理化自己的行为或处境,隐瞒自己的真实动机或境遇。理智化包括:为了避免与人发生感情而对动物、写作等给予格外注意,或者为了避免表达出内心感情而去特别关注外界现实。

二十、升华(sublimation)

将不符合社会规范的冲动或欲望设法压抑,另辟蹊径,用符合社会认同的建设性方式表达出来,并得到满足。例如:在学校被人欺负,所以努力考进警校,以维护社会正义。

二十一、幽默(humor)

以幽默的语言或行为来应付紧张的情境或表达潜意识的欲望。通过轻松的言辞来表达攻击性或性欲望,以减轻自我或超我的抵制。在各种幽默(笑话、歇后语)中处处可见关于性爱、死亡、攻击等话题,其中包含着大量受压抑的思想。

二十二、利他(altruism)

替代性且建设性为他人服务,使自己感到满足,包括良性的建设、慈善行为,以及对别人的报答及服务。利他与投射的区别在于,它为别人提供的是真实的而不是想象的利益。利他与反向的区别,则在于利他让应用者得到满足。

上述各种心理防御机制如果按照心理成熟程度区分,大致可划分为三大类:第一种是自恋性的,如否定、歪曲、外射。第二种是不成熟的,如摄入(即内向投射)、倒退、幻想等。第三种是比较成熟的,如压抑、升华、补偿、幽默等。如果按照行为性质区分,大致可分为四大类:第一种是逃避性的,包括压抑、幻想、否定、歪曲、倒退、压制、补偿;第二种是自欺性的,包括隔离、反向、合理化、仪式与抵消、转化、解离;第三种是转移性的,包括转移、投射、摄入;第四种是建设性的,包括认同、预期、理智化、升华、幽默、利他。

个体可以单独地使用某一个机制,也可以多种机制同时使用,以满足个体心理需求为宜。在使用过程中,个体一般也不会出现蓄意的痕迹或意图,或者至少有相当一部分是无意识的(可以理解为一种本能性行为)。因为心理防卫机制本身就是凭借支持自尊或透过"自我美化",而保护自己免受伤害。具体而言,心理防卫机制有一种自我欺骗的性质,以掩饰或伪装真正的动机,否认可能引起焦虑的冲动、动作或记忆,借着歪曲知觉、记忆、动作、动机及思维,阻断某一心理过程,使自我免于焦虑。因此,它算是心理上的一种自我保护。

心理防卫机制本身并不是什么病,它们在维持正常心理健康状态上有一定的积极作用。但是,正常心理防卫功能的改变可能会引起病态的心理与行为,在老年人身上常见的有:攻击性行为,过分压抑或悲伤,恐惧(恐惧药物、恐惧死亡、恐惧失败等),依附(与"倒退"机制相关,如久卧病床的老年人与照顾者不愿意分离而出现的依附情结),等等。

对此,人们要多多地理解与支持老年人,尽可能地给予帮助和宽容。另一方面,老年人自身要控制好自己的情绪,达到心理平衡。掌握了情绪,就可以提高晚年生活质量,也可以求得健康、长寿。

第十一章 老化与精神疾病

比起其他的年龄层,老年人较少罹患精神疾病,而且,在所有精神疾病中,除了认知功能以外,其他心理功能受损程度相对而言是比较低的。但是,这并不表明晚年的精神疾病不值得受到重视。事实上,在任何年龄层,这都是很严重的问题,对老年人而言,往往还伴随着较差的健康状况及较低的智力水平。

中国科学院一项调查结果显示,我国 80%的老年人都存在不同程度或不同种类的心理问题,其中 60 岁以上老年人中大约有 15%的人患有抑郁症。一项针对江苏省老年人的调查显示,50%的老年人对什么都不感兴趣,58%的老年人感到很孤独,63.2%的老年人觉得活着没意思。这些数据充分说明了老年人心理健康存在的问题和危机。然而,我国不少老年人只知道保持身体健康,而很少知道要讲求心理健康,只注意饮食起居等方面的生理卫生,而对心理卫生却了解甚少。

目前,国内对老年人精神疾病的研究积累并不多,本章中,我们将结合国外的一些研究成果谈一谈若干常见的老年精神疾病。

第一节 老年精神疾病的主要原因及特征

一、老年精神疾病的主要原因

老年人罹患精神疾病的原因多种多样,主要有以下三种。

(一)大脑的衰老

大脑是进行神经活动的器官,并且还起着对全身各种机能进行调整、综合的控制作用。组成这一大脑的神经细胞是非增生性,不以分裂法来繁殖新细胞。因此,从出生到成熟,人脑中所形成的神经细胞是没有什么可替代的,即便是在健康的生理学过程中,大脑的神经细胞到了 30 岁以后,便开始逐渐减少。80 岁老年人与 30 岁时相比,其大脑的重量约轻了 100 克。因此,一般人的记忆力减退了,反应速度也变慢了。如果发生大脑病变性老化,则会出现大规模且高度的神经细胞变性脱落,或者脑动脉血管硬化,其结果都会引起各种表现形式的认知功能障碍,这就是失智症。

(二)身体疾病的影响

在老年期,精神与身体息息相关。换言之,一旦身体感染什么疾病,就会使得精神难以保持健康。例如:老年人因为感染或者骨折住院治疗,痊愈出院时,身体疾病倒是好了,但脑子却不好使了。因此,老年人肉体本身的健康程度很容易成为精神上不安的源泉。这与年轻人的情况很不同。

(三)老年"丧失"造成的心理创伤

老年人会丧失很多东西,如肉体的健康、经济上的减少、退休、亲朋好友的去世、社会交往圈子的缩小等。而且,这种丧失的经历不会仅仅停留在一个点上,通常会带来连锁反应。对此,老年人又不得不以本来就已很脆弱的精神状态(以及精神力量)去应付和忍受这些变化。在此过程中,如果产生心理异常反应,便很容易陷入忧郁状态。这种忧郁状态的发病率比较高,虽然有可能治愈,但对老年人的伤害并不轻。

二、老年期精神疾病的主要特征

与年轻人相比,一般老年人对疾病的反应及其发病过程是没有一定形式的,而且容易造成并发症。这种说法本身也算是老年期精神疾病的特征,不过,更为具体的特征如下所述。

(一)病因都不单一,而是多样且复杂

仔细探究每一个老年期精神疾病病例,其病因都包含多种因素,如:身体的异常、综合素质的问题、性格反常、心理亢奋、环境不良等,而且往往难以区分哪一个(或几个)因素是致病的主要因素。

(二)容易产生与脑组织退化相关联的症候群

老年人大脑的器质性病变一般会产生两种症候群:一为急性脑症候群,多表现为意识障碍;二为慢性脑症候群,多表现为智力障碍。前者多为阵发性的,发

过之后就恢复到原来的状态(即为可逆性)。而且,意识障碍多发生在夜间,并伴有幻觉和精神兴奋(即谵妄)。后者则会随大脑组织的病理性退化而日益加重其失智症状,且不可逆。

(三)与身体功能密切相关

老年期精神疾病与其身体健康关系紧密,像老年期的忧郁症,常常伴有明显的身体症状,最显著的身体症状是食欲大幅度下降,从而引起体重骤减,乃至发生脱水症状;有时甚至还会引起全身衰竭,最终导致死亡;有时还会并发躯体疾患、呼吸器官疾病等,使身体日益虚弱,脑功能紊乱而导致失智。

(四)症状不稳定,病情变化无常

以忧郁症为例,年轻患者自诉有忧郁感,表现出典型的症状;而老年患者却很少自诉有忧郁感,而是自诉有头痛、腰痛,或感到脱力等身体症状,显示的症状多不稳定。再以失智症为例,即便是失智症老年人,有时在行为方面显得相当正常,只是在智力测验时还可以看出智力上的若干退化。

(五)多与躯体疾病并发

老年期精神疾病与心血管病(高血压、脑动脉硬化等)、心脏疾病、糖尿病、肾脏病、骨关节疾病一起并发的概率相对较高。因此,在对老年期精神疾病进行治疗时,必须充分估计到这种情况。

(六)老年期精神疾病的病程,受环境因素的影响较大

住院、搬家等环境的突变,会引起失智状态的恶化,并导致忧郁。长谷川(1972)研究发现,有些老年人在住进养老院后便产生忧郁症,或者在养老院里以换房间或者挪动床铺等小事为转机,精神状态突然混乱。由此可知,环境的调整对老年人的精神状态影响很大,同时也告诉人们,要重视治疗的环境。

最后,区分一下老年期精神疾病的类型。一般老年人的精神疾病,可分为大脑器质性精神疾病和功能性精神疾病两大类:大脑器质性精神疾病是指在脑内组织结构上有病理变化的疾病,主要包括阿尔茨海默症和血管性失智症;功能性精神疾病是一种与大脑内器质性病变无关的精神疾病,它一般是对药物疗法、精神疗法,以及环境的调整等产生的心理反应,主要包括抑郁症、焦虑症、药物滥用、妄想症、虑病症等。下面一一加以叙述。

第二节 失智症

一、基本认识

失智症是由于中央神经系统的退化、萎缩所导致的全面性心智功能下降，特别会影响记忆力、注意力、语言与解题能力，严重时会无法分辨人、事、时、地、物。引发失智症的原因十分复杂，目前，有超过 50 种以上的病因被发现。此外，人们往往误认为失智症是“专属”老年人的病症。其实不然，因为只有一部分的老年人会罹患失智症。而且，失智症可发生在任何年龄阶层，只不过随着年龄的增长，罹患失智症的概率会增加。White(1986)研究发现，60 岁以上罹患失智症的概率是 1%，以后每增加 5 年，其概率也跟着加倍(65 岁以上是 2%，70 岁以上是 4%，75 岁以上是 8%，80 岁以上是 16%)。而且，许多罹患失智症的年长者在因其他疾病死亡之前，仅仅只是出现一部分失智症症状。

虽然老年人不必担心自己一定会罹患失智症，但是失智症却是老年期精神疾患的主要病种。据《羊城晚报》2008 年 9 月 20 日报道，截至 2005 年，中国老年失智症的患病人数已达 598 万，约占世界总病例的 1/4，成为世界老年失智症第一大国。专家估计，到 2020 年，中国的老年失智症患者将达 1020 万，到 2040 年则将达到 2250 万。届时，患者数量将占亚太地区的 40%，仍占世界的约 1/4，并且继续保持世界第一。浙江省 2007 年上半年统计显示，杭州地区患老年失智的病人就近 10 万。庞大的失智症人口不仅会给家属带来沉重的责任，还会持续增加照顾病人的社会资源。更为严重的是，失智症后期的严重症状(尿失禁、暴怒、行为问题等)几乎令人崩溃，病人不应该在这种没有尊严与记忆的情况下离去，也没有人愿意看着自己亲爱的人如此遭受折磨，由此也带来一些人道问题。

失智症会引起人们注意，除了上述原因外，还因为其症状没有共通的特性。对此，下文也不做过多的描述，仅就临床常见的几种失智症进行说明。

二、失智症的分类

评估失智状态的第一步是来自病人自身。一般而言，如果中年人发现自己在日常生活上遇到了智力上的困惑或问题，会因为其症状与年龄不符，而对症状较为敏感，在疾病早期就到医院求助；但是，老年人则误以为那是正常的老化现象，而直到疾病中期才会到医院就诊。

智力功能的衰退是失智的核心症状，所以，智力评价在失智诊断中占有重要的地位。在英国，常用的评估量表是布雷司失智量表(Blessed Dementia Scale)；在美国，常用的评估工具是 Kahn 和 Goldfarb 编制的心智状态问卷(Mental Status Questionnaire, MSQ)，以及简易心智量表(Mini-Mental State Examination, MMSE)；在日本，有金子等人(1967)的大阪式记忆量表，以及长谷川氏(1974)简易老年人智力量表。尤其是长谷川氏简易老年人智力量表，已经通过对包括痴呆老年人在内的多例病症试测，研究了它的信度、效度和可用性，一致认为，其对痴呆症状的评估具有良好的效果(见表 11-1)。

表 11-1　长谷川氏简易老年人智力量表

题号	问卷内容	得分
1	今天几号？几月几日？星期几？	0，3
2	这里是哪儿？	0，2.5
3	年纪多大？（误差 3—4 年者为正确）	0，2
4	最近发生的事(有时会有特别的事，要事先向周围的人打听好)过了多长时间了？或者是什么时候发生的？	0，2.5
5	出生于何处？	0，2
6	关东大地震是什么时候？（误差 3—4 年为正确）	0，3.5
7	1 年有多少天？（或 1 小时有多少分钟？）	0，2.5
8	日本的总理大臣是谁？	0，3
9	请按顺序，从 100 减去 7 算起。100－7＝93，93－7＝86	0，2，4
10	倒数数字，如“6－8－2”“3－5－2－9”倒过来念	0，2，4
11	5 样东西的测验，如香烟、火柴、钥匙、手表、笔，先让他们看一样，然后再将它藏起来，请问：这里曾经放过什么？	0.5，1.5，2.5，3.5

资料来源：井上胜也、长嶋纪一：《老年心理学》，上海翻译出版社 1986 年版。

这一测量量表满分为 32.5 分。根据日本学者的一次大样本测量发现，正常的老化现象，其平均得分为 26.4 分。有不同程度痴呆症状的平均得分分别为：轻度(日常生活不需要他人的协助)18.9 分，中等程度(日常生活部分需要他人的协助)12.2 分，严重者(日常生活必须有他人的协助)6.2 分。总之，对怀疑有智能障碍的老年人，进行这一量表的测验，总得分在 20 分以下的，可以大胆怀疑为一般痴呆；得分在 10 分以下的，可以确定为痴呆(长谷川和夫，1977)。不过，这是“简易量表”，在可能情况下，可按照需要与其他智力测验组合使用，方更为可靠。

若要进一步对于失智程度的功能加以描述，可参考 Reisberg(1989a)的功能评估阶段(Functional Assessment Stage，FAST)，病人依据智力功能衰退的严重程度分为七个阶段。

阶段一：正常阶段；

阶段二：个体自觉在认知能力上比以前退步，但是，并未引起他人注意；

阶段三(约 7 年)：在从事较为复杂的工作时，明显出现记忆能力的退步，而这些工作在以前是没有问题的；

阶段四(约 2 年)：记忆与认知能力的退步已经影响到日常生活的功能，例如财务的处理；

阶段五(约 1.5 年)：病人已经无法选择正确的衣服穿着，例如冬天选短袖穿；

阶段六(约 2 年 5 个月)：病人无法自行穿衣，也无法照顾自己的外表仪容的整齐、清洁；

阶段七(6 个月及以上)：病人丧失运动与说话的能力。从开始的丧失说话能力到最严重的丧失支撑头部的运动能力，可再细分为 6 个分阶段(略)。

此外，随着失智症的严重程度，暴躁的行为会陆续出现，约有 60%的病人会出现此种症状。暴躁包括语言攻击、肢体攻击、坐不住、咆哮、不能合作等行为，这是由于认知功能受损所致。

由于不同的病因，失智症有不同的类型。大致而言，可分为两大类，即血管性失智症和退化性失智症。

(一)血管性失智症

由于脑卒中或慢性脑血管病变，造成脑部血液循环不良，进而导致脑细胞死亡，因而智力减退，包括脑卒中后血管性失智症和小血管性失智症。病人脑卒中后，脑功能进行性衰退，智能活动水平明显下降。病人若存活下来，约有 5%的病人会出现失智症状，5 年内得失智症的概率为 25%。其临床特点是认知功能恶化且有起伏表现，如有过性的轻瘫、失语、视觉丧失，以及短暂性脑缺血发作等，总体呈阶梯状退化，一般出现动作缓慢、反应迟缓、步态不稳等精神症状。

(二)退化性失智症

退化性失智症是一组发生在老年期的慢性退行性精神疾病。它的病理基础是脑的萎缩(有迹象表明在退化性失智症确诊近 10 年前大脑中受该病影响的区域就已经在萎缩了)、神经细胞变性和神经纤维增生。大部分失智症患者都属于这类病情。这类病又有 3 种,按照发生概率依次说明如下。

1. 阿尔茨海默症

1906 年,由德国 Alois Alzheimer 医师发现,因此以其名命名,是最常见的失智症。早期病症最明显的是记忆力衰退,对时间、地点和人物的辨识出现问题,有两种以上认知功能障碍,它是属于进行性退化并不可逆。这是神经退化性疾病,医生可通过电脑断层及核磁共振判断,因为病症初期以侵犯海马回为主。病患往生后进行脑解剖,可发现异常老年斑及神经纤维纠结。临床病程约 8—10 年(Cummings,2004;Hoyert,Rosenberg,1999)。

2. 路易氏体失智症

这是第二常见的退化性失智症,除了认知功能障碍外,早期可能还伴随着身体僵硬、手抖、走路不稳、(无法解释的)重复跌倒现象。还有比较明显的精神症状,例如:视听幻觉、情绪不稳、疑心或妄想等,平均发病年龄在 70 岁以后。

3. 额颞叶型失智症

额颞叶型失智症的产生原因主要是脑部的额叶、颞叶受到侵犯,早期症状即出现人格变化和行为控制力的丧失,常常会出现不合常理的行为举动,还有语言障碍,如表达困难、命名困难等。平均发病年龄是 50 岁以后。

此外,还有一些罕见的失智症,如皮克病、库雅氏症等。

三、阿尔茨海默型失智症

1906 年,Alois Alzheimer 从一名 51 岁的女士个案诊断出阿尔茨海默型失智症(Dementia of the Alzheimer,DTA),通常也称为 AD(Alzheimer disease,阿尔茨海默症)或 PDD(Primary degenerative dementia,初级退化性失智症)。阿尔茨海默症会发生在任何年龄,但是,在 50 岁以前发病的个案相当少。在失智症病例中,阿尔茨海默症占最大的比率,约 40%—80%或更多(比率上的巨大差距可能与不同国家使用的诊断工具相关)。

一般而言,病人的年龄越大,其第一次呈现的疾病症状越严重。大部分会到医院寻求协助的,往往是因为发现自己的记忆退化已经影响到日常生活,包括遗忘简单的操作、指示,在自己家附近或熟悉的环境中迷路。在标准的记忆测验中容易遗忘近期发生的事件(例如:在短期记忆中学到的数字、名词等),而多年前发生的事情倒不一定忘记。此外,他们也会出现其他一些症状,包括失能(即无法执行一般日常的行动,如写字),或是丧失视觉辨认能力(即无法通过视觉辨认出物体)。在有些病例中,患者的记忆力并没有受到损伤,语言功能可能也保持完整,不过,其语言内容显得较为贫乏,或者病人在说话时,寻找正确的用词及理解一篇文章的抽象意义存在困难。对于上述退化现象,病人的情绪反应也不尽相同,有的病人会显得相当沮丧;有的病人显得冷漠而不关心;有的病人可以意识到自己的问题,但不是不关心它,就是低估其严重程度;有的病人会发展出妄想症状,总是怀疑别人把东西藏起来。这些早期症状因其特别像正常的遗忘而容易被人们忽略,因此,要引起注意。表 11-2 表达了正常心理丧失与阿尔茨海默症的对比。

表 11-2　正常行为与阿尔茨海默症的对比

正常行为	阿尔茨海默病症状
暂时性遗忘事情	永久性遗忘最近发生的事情,重复询问同一个问题
不能从事一些有挑战性的任务	不能从事一些包含很多步骤的常规任务,比如做饭和端饭
忘记不常见或者复杂的单词	忘记简单的单词
在陌生的城市迷路	在自己的社区迷路
时常注意力不集中,并且不能照看孩子	忘记自己在照看孩子,把孩子单独放在家里自己出去
在核对账簿时出错	忘记账簿上的数字是什么意思,自己要做什么
将日常用品放错地方	将物品放在不合适的地方,导致不能有效拿出(如将手表放在玻璃鱼缸)
偶尔的情绪变化	快速、明显的情绪波动及人格变化,丧失主动性

资料来源:根据阿尔茨海默症协会资料改编。

随着病情的恶化,上述的症状也越来越严重,特别在短期记忆方面;而对生病前发生的事物的记忆(应该是一些远期记忆)也逐渐退化,再认能力也相对变差,甚至无法辨认自己的家人和朋友;语言功能也退化。

在病情的晚期,失语症(aphasia)是其特征,有些病人的表现是无法说话,是为布卡失语症(Broca's aphasia),有些病人是无法理解别人所说的话,是为理解性失语症(Wernicke's aphasia),还有的病人则是两种情况都有。在说话方面,其语言的量越来越少,有时只能发出无意义的声音,或是一连串的字词相连的、却没有意义的句子;有的病人可以大声地读出文章,但是在发音或抑扬顿挫方面异于常人,并且无法记住自己刚才念的内容。在仪容方面,如果没有他人的帮助,病人无法维持自己整洁的仪容、外观。在运动方面,动作上将会变得很困难,好像机器人一样无法自动地转换关节,小碎步或启动动作的困难开始出现,是为帕金森症状。以上外在的表现都反映出内在退化的状况。到了末期阶段，病人出现尿失禁，并且已经完全无法沟通，有些病人会出现克卢佛-布西症候群（Kluver-Bucy Syndrome），这些症状包括很多怪异的行为，例如：过度使用口腔（hyperorality，指无法控制地将任何拿到的东西放进口中）、暴食（bulimia，指无节制地使用过多食物）、过度接触癖（hypermetamorphosis，指无法控制地去触摸任何东西），还包括失去情绪表达的症状。病人在出现主要症状后约 5 年，将会离世，但是，"主要症状"是哪些，又视不同的研究结果而定。死亡则是由于病人呼吸肌肉的萎缩造成无法自行呼吸而致，通常发生在疾病的晚期，那时病人已经无法行动。

以上是有关失智症一般性的疾病发展阶段及相关症状。不过，不同的病人及其病程，在这方面存在相当大的差异，表现为病人尚存的心理功能、疾病发展的时间等等差异。但是，到了疾病晚期，一定都经历每一个病程的煎熬，神经、沟通障碍与中风国际研究中心（National Institute of Neurolifical and Communicative Disorders ang Stroke）和美国阿尔茨海默型失智症及其相关疾病机构（Alzheimer's Disease and Related Disorders Association of America），这两大机构共同参与研究，关于阿尔茨海默型失智症，他们提供了三大类的诊断标准，即疑似（probable）、可能（possible）和确定（definite）。在最后确定的阶段，仅能以解剖的方式去确认大脑内的神经细胞是否为阿尔茨海默症。因此，大部分的诊断均为"可能"。"可能"的诊断有几个标准，包括日常生活功能的丧失（如洗澡、洗衣、大小便等都无法自理）、记忆缺损、其他两项以上（含两项）的认知功能缺损（如语言障碍、视觉障碍、定向障碍等），且并非由其他原因（如脑瘤、谵妄或癫痫等）造成。

有不少参考书籍将阿尔茨海默症的诊断限定在 60 岁以后发病，并使用老年性痴呆症（senile dementia）一词作为诊断名词，例如：长谷川和夫、井上胜也分别编著的《老年心理学》都采用了这一说法。对此，下文在论述"血管性失智症"中会有所提及。

罹患阿尔茨海默症的病人，如果其教育程度与智力不同，就有不同的病程发展；如果患者较年轻，则年轻病人的恶化速度相对较快。此外，研究还发现，那些受过高等教育与高智商的人似乎较不容易罹患此病。所以说，病人的年龄、教育程度会影响病程发展。进一步的研究表明：受教育者的认知活动对阿尔茨海默症产生积极的影响（Wilson，Bennett，2003）。瑞士 10079 对双胞胎发展的研究显示：从事复杂工作，尤其是与人打交道的工作，这类个体患阿尔茨海默症的概率比较低（Andel et al. ，2005）。美国芝加哥拉什大学医学中心的研究者对平均年龄 80 岁的 700 多位志愿者展开了长达 5 年的追踪研究，结果也发现，那些总是让大脑保持活跃（下棋、看报纸等）的人患阿尔茨海默症的概率比不常用脑的人低 1.6 倍。

认知活动为什么可以降低个体患阿尔茨海默症的风险？一种可能的假设是认知储备（cognitive reserve）。认知储备如同器官储备（使人具有较好的模仿手段，学会用其他替代方法弥补失智造成的缺陷），从而使恶化的大脑在压力条件下继续执行心理功能，并达到最佳状态，且不表现出任何损害的迹象。持续的认知活动可以建立认知储备，推迟痴呆的发病年龄（Crowe et al.，2003）。另一种假设认为：认知活动可以在生理上充实大脑，产生“神经储备”，这些“神经储备”可以代替痴呆区的脑细胞功能。

下面我们来探讨阿尔茨海默症的病理原因，这需要相当谨慎的态度，因为阿尔茨海默症病人的心理功能表现也许与大脑神经退化的病理因素不尽相同。阿尔茨海默症的确诊定义是“大脑神经细胞之间的空隙出现大量的类淀粉斑（amyloid plaques，这是一种叫作 β 淀粉体蛋白肽的异常蛋白质的累积所形成的非功能性组织）和神经纤维缠结（neurofibrillary tangles，这是大量死亡的神经细胞堆积、相互缠绕形成的）”。Bird（2005）和 Cummings（2004）的研究提出，类淀粉斑可能是阿尔茨海默症的罪魁祸首。Harvard Medical School（2003）则指出，一方面，由于这些类淀粉斑不能够溶解，大脑无法将其清除，最终，他们变得稠密，到处都是，并且破坏周围的神经细胞。另一方面，大脑细胞的死亡是有选择性的，大部分集中在大脑皮层（除了大脑皮层的视觉区，其他区域相对不容易产生死亡的神经细胞），有一部分死亡细胞会在皮质下区域，主要是在杏仁核、海马回及脑干部位。值得注意的是，在中央神经系统的某些区域似乎不受侵害，包括基底核、小脑及脊髓。由此可以推测，病人会出现智力及记忆功能下降的现象。但是，也有研究发现，病人往生后，解剖尸体发现大脑有许多类淀粉斑，而死者生前却并没有失智症的症状；还有研究则发现，病人有失智症的症状，却没有神经学上的证据。

在神经传导物质方面的研究发现，患者乙酰胆碱的传递系统明显受损。由于临床上知道乙酰胆碱的活动被抑制，会造成乙酰胆碱受损。因此，有的学者认为乙酰胆碱的损伤与患者记忆力的丧失有关，进而提出乙酰胆碱假说（cholinergic hypothesis）。不过，这一假说无法解释所有病人的行为症状。此外，也有其他的神经传导物质受损。所以说，乙酰胆碱假说有待于修正。

综上所述，首先，神经细胞的退化并不一定是失智症的全部原因，虽然它不可被忽略。其次,神经细胞的退化也许是其他原因造成的,例如:受过高等教育的人较不会罹患失智症,有人据此推测,较高的教育水准意味着大脑结构组织更为完整,在症状出现之前,可以承受神经细胞的死亡量较多,而那些容易罹患失智症的人也许大脑运作原本就是较无效率的,以至于对神经细胞的死亡更具敏感性。再次,针对第二点,有人质疑其无法解释为何有些人完全没有出现神经细胞退化的现象,却在行为上有失智的症状。为此,又有学者认为高教育水准的人也许运用别的认知资源去掩盖失智的症状,这就是说受教育是最好的失智症预防方式。这倒是因应了"不同症状出于不同因素"这一说法。

为了更好地发展阿尔茨海默症的治疗模式与预防药物,对其致病因素进行挖掘是很有必要的。在基因研究方面,专家们也有一些发现。染色体 21 的异常与失智症有关,即染色体 21 的异常是造成唐氏综合征(又称先天愚型)的病因,而进一步研究发现,有极高比率的唐氏征儿童到了中年都罹患失智症,且其神经病理的现象也与失智症相似。最近的研究又发现,在染色体 19 的某一串称为 Apoliproprotein E(apoE)的蛋白质转录,其异常状况与失智症有关,异常的 apoE 将导致晚发性的失智症,即使在没有失智症的人身上,apoE 的异常也与其记忆力的下降有关。此外,其他相关研究指出,与失智症有关的基因异常情况还有染色体 21 的类淀粉蛋白(amyloid precursor protein, APP)、染色体 14 的 presenilin-1、染色体 1 的 presenilin-2。

尽管有以上基因方面的发现,但并不意味着基因是引起阿尔茨海默症的唯一原因,例如:在家族中,有一人罹患早发性失智症,其基因不见得会自发地延续到下一代。失智症病人的下一代得到相同基因的比率是 50%。因此,其下一代只有一半的可能在 60 岁以前(大概估计年龄)发病,并迅速恶化。另一方面,如果认为具有"失智症基因"的人,就一定会发病,这也是不全面的。在对同卵双胞胎的研究中显示,他们虽然具有同样的基因,可是仅有一人发病,另一人却没有发病,环境因素占了相当重要的分量。失智症阈值理论(Threshold model of dementia)就说明了:当环境达到某一个阈值时,其内在基因才会被激发,并表现出疾病的症状。

此外,专家还发现了潜藏于环境中的危险因素,如"铝"金属,这是在患者往生后的大脑解剖中发现的,有些人会因此而不再使用铝制锅子,不过,铝金属经常被使用于各种生活物品中,恐怕防不胜防;另一方面,铝金属为何会大量地累积在患者的大脑内,仍然是一个谜,有可能铝金属仅仅造成某些症状,还不至于致病,也有可能是死亡的神经细胞吸收了铝金属,而不是由铝金属直接造成失智症(因为有研究发现,假使使病人停止吸收铝金属,却并不能阻断病程的发展)。

还有的研究指出,环境中有一种叫作骷髅(kuru 的音译)的病毒(在新几内亚高地称为“富雷”的食人部落里发现的),这种病毒作用缓慢,在 20 世纪 50 年代,“富雷”部落中该病毒有所蔓延,并致大量部落成员死亡。在尸体解剖中专家意外地发现死者的脑组织都损坏严重,呈海绵状,有许多小空洞,不过,感染此病毒的病人的首要症状是运动失调,而非阿尔茨海默症典型的记忆障碍。所以,这也有待于进一步研究。

四、血管性失智症

血管性失智症(vascular dementia)涵盖了所有因大脑血管病变而造成的失智症,这些病变包括血管因阻塞而形成血栓(thrombosis),因栓塞(embolism)而造成的血管壁剥离和出血(haemorrhage),以上情况会造成血管附近大脑组织的损伤及死亡,死亡的细胞组织称为梗死(inrarct)。血管性失智症的发病率仅次于阿尔茨海默症。

近来,专家们研究发现,单次梗死引起的痴呆状况很少见,往往经历数次梗死后,就会联合起来造成病人的失智状况,专家称其为多重性梗死失智症(multi-infarct dementia,MID),梗死的区域可能在大脑的任何部位,是随机的,但是也可能集中于大脑的邻近区域,如果梗死是位于大脑皮质区,称为皮质上血管失智症(cortical atherosclerotic dementia ,CAD),如果梗死部位在皮质下,称为皮质下血管失智症(subcortical atherosclerotic dementia ,SAD)。皮质上血管失智症可预测的症状是智力、记忆功能下降;皮质下血管失智症可以预测的症状是运动功能的退化。脑卒中是指单一的梗死,与多重梗死不同,不过,两者很容易混淆。多重性梗死失智症的病因并不清楚,但是,大部分的病人都有心脏血管的问题,且家人有心脏血管病史,而心脏血管疾病将可能导致多重性梗死失智症,此病很少早发,多为 60 岁左右。

多重性梗死失智症的疾病变化是很难预测的,因为梗死的部位差异很大,且不同部位的梗死可能发生在不同时间。因此,不同病人有不同的疾病变化。由于大脑不同部位控制不同的心理功能,所以该病症几乎没有相同的行为特征,比如:大脑有 A、B、C、D、E 等功能区,分别控制 X、Y、Z、P、Q 的心理功能,某一位病人梗死的区域在 A、B,那么其 X、Y 的功能就会受到影响,而另一位病人梗死的区域在 C、D、E,则 Z、P、Q 的心理功能受到影响,这两位病人的症状自然大相径庭。

此外，多重性梗死失智症患者往往可能还伴随阿尔茨海默型失智症，是为“阿尔茨海默型失智症合并多重性梗死失智症”(AD-MID)，这样，病人的症状就会显得更加复杂。

尽管如此，如果是单纯的多重性梗死失智症，仍然有异于其他失智症的特征。初发病时，可以看到有历来被视为脑动脉硬化的三个标志性症状：头痛、眼花、记忆力衰退，同时，可能还会产生耳鸣、失眠、麻痹感、疲劳感之类的神经衰弱症状，随着上述症状的加剧，以记忆力衰退为特征的痴呆症状会日益明显起来。此外，多重性梗死失智症患者大多有心脏血管疾病、脑卒中的疾病史，以及高血压等慢性病。在该病病程的发展过程中，其他失智症呈现稳定的退化，但是多重性梗死失智症的心理功能变化却是急剧性的，第一次下降后，会稳定一段时间甚至还有起色(约几个月)，之后又急剧下降到很糟糕的地步，这样起起伏伏多次，每一次的起伏都会使病人的智力功能(还有记忆功能等)滑向“谷底”，最后病人退化到近乎植物人的程度。一般患者首次发病后 4 年左右死亡，其原因与心脏血管疾病(如心脏病发或感染)有关。

最后，如果要比较阿尔茨海默型失智症与血管性失智症的差异，请参照表 11-3。

表 11-3　阿尔茨海默型失智症与血管性失智症的临床情况比较

	阿尔茨海默型失智症	血管性失智症
发病年龄(平均)	65 岁以后	45 岁以后
性别	男：女＝1：3(女子居多)	男子居多
经过	发展性、固定倾向	阶段性发展、有起伏倾向
病症的有无	早期发生	后期发生
自我感觉症状	少	初期有头疼、头涨、麻痹、眼花等
精神症状	明显的人格障碍，完全痴呆	人格能保持到后期，斑纹状痴呆(以记忆损伤为特征，而不是记忆障碍)
其他	欣快症、饶舌症	多伴有病灶、神经学科的局部症状

资料来源：井上胜也、长嶋纪一：《老年心理学》，上海翻译出版社 1986 年版。

(五)其他的失智症

除了阿尔茨海默症和多重性梗死失智症以外，还有一些其他的失智症值得我们了解。皮克病(Pick's diaerse)是以其异常的大脑神经细胞“皮克”来命名，平均病发年龄是 50 岁，其神经细胞的萎缩集中从额叶开始，逐渐到视丘、基地结及杏仁核，在神经细胞中发现萎缩的细胞——皮克体(Pick's body)。病人的特征是出现额叶功能的衰退，包括失去计划的能力，无法进行抽象的思考，有时也伴随着克卢佛-布西症候群(Kluver-Bucy Syndrome)、冲动性行为及无法产生符合社会规范的行为，语言功能较早退化(而阿尔茨海默症是记忆先退化)，并且会出现语言失序(confabulating)的现象，即病人会自行杜撰故事情节或无意义的句子等，以弥补记忆受损的缺陷。在该疾病的晚期，病人也会呈现植物人的状况。死亡通常发生在发病后 4 年。

库雅氏症(Creutzfeldt-jakob diserae，CJD)是相当罕见的失智症，平均约 1 亿人中有 1 人，其病症是运动功能先失调，接着是智力功能退化。与一般失智症不同的地方在于：库雅氏症造成的死亡速度很快，发病后约 1 年时间；此外，目前已经知道的是该病症是由罕见的病毒所造成的，该病病原体是由 1997 年诺贝尔生理学奖得主史坦利 · 布鲁希纳(Stanley Prusiner)教授发现的。他发现了一种具有感染力的蛋白质颗粒，称作普恩蛋白质(Prion，proteinaceous infectious particle)，此蛋白质在动物身上出现，如牛、羊。在英国，该病致命的案例呈上升趋势，2005 年有 14 人死于库雅氏症，2006 年上半年则有 1000 人丧生。据估计，如果狂牛症持续，未来 30 年将有高达 50 万英国人，将死于这种通过进食牛肉制品这种传播渠道而受到病毒感染的疾病。

帕金森病(Parkinson's disease)是一种神经系统逐渐病变的疾病，其主要特征是运动不协调，例如：起步走困难、手抖、姿势不稳、僵直等。约有 10%—15% 的病人会发展成失智症。值得注意的是，失智症的病人也会在疾病变化的过程中出现帕金森病的特征，但是，两者的差异在于：帕金森病的病人其语言能力保存得较为完整，而失智症病人则会出现语言退化现象。

容易与失智症混淆，要注意区别对待。有些疾病会出现失智的症状，但那些症状是由与失智无关的其他原因造成的。一般有两种疾病会造成上述情况，即忧郁症和谵妄。

罹患忧郁症的老年人，由于他有严重的忧郁情绪，导致生活缺乏动机，没有动力，对周遭环境漠不关心，因而看起来有点智力功能低下、记忆力下降。鉴于此，有人称为“假性失智症”。假性失智症与真的失智症是有区别的：第一，病人的方向感并没有退化，也就是说，病人知道自己身处何处，知道自己的日期，也对自己的记忆力有意识，并且清楚了解为何要接受评估；第二，病人自身意识到自己的能力有退步的现象；第三，病人在各种认知与记忆能力的表现与忧郁情绪有关，也就是说，当情绪比较好时，其表现就进步，当情绪低落时，其认知能力的表现就不好，这与失智症患者在任何时间点上的认知表现都不好的情况明显不同。

但是，假性失智症与真的失智症并不是毫无关系，研究指出：约有20%—30%的失智症病人伴有忧郁症的现象。此外，还有约57%的忧郁症老年人后来罹患失智症。

谵妄一般是在极短的时间内（数天或数小时）发病，致病的原因可能是发烧、感染、药物中毒、脑卒中及不适当的饮食（通常是缺乏维生素B_{12}，而富含维生素B_{12}的食物有香菇、大豆、鸡蛋、牛奶、动物肾脏，以及各种发酵的豆制品）等等。老年人的谵妄通常发生在夜晚。其典型症状是：急剧的意识模糊，智力、记忆、语言功能的下降，伴有焦躁、焦虑等特质。在此情况下，往往会误诊为忧郁、焦虑或失智症，这会产生致命的危险，因为在谵妄状态时，有些生理方面的因素要立刻处理，如果误诊的话，就会误导处理的方式。区分谵妄与失智症的要点在于：谵妄是急性发病的，而失智症不是；谵妄的病人会出现幻觉（illusion），而失智症患者很少有幻觉；谵妄病人的注意力非常有限，而失智症患者的注意力却是完整的。不过，要注意的是，在失智症的疾病发展过程中，可能会出现谵妄的现象；而且，如果在年纪较大的人身上出现谵妄，将会有较高的致死率，研究发现约有75%出现谵妄的年长者在大约1年后离世。

此外，有些疾病也会出现失智症的特征，例如：水脑症（normal pressure hydrocephalus），其原因是大脑脊髓液没有正常循环而累积在大脑中，造成附近细胞组织的坏死；还有脑瘤、艾滋病，以及长期暴露在有毒的化学物质、酒精滥用的人也会有失智症的症状。

六、失智症的风险因素

前文曾分析阿尔茨海默症的病理原因，但是还有许多风险因素会诱发阿尔茨海默症，如饮食、锻炼、生活习惯（抽烟、喝酒）等。由于上述因素与其他类型的失智症诱因具有共通性，在此合并叙述。

早先的研究表明，不锻炼的人大脑衰老得快，患阿尔茨海默症的危险也大。近期研究发现，富含高饱和与反式不饱和脂肪的食物，如红色肉类、黄油和冰淇淋会增加罹患阿尔茨海默症的风险，而富含维生素E、氮3脂肪酸和未经氢化的不饱和脂肪酸（如坚果、种子、鱼类、鸡蛋）的食物能够预防阿尔茨海默症（Morris，2004）。此外，吸烟也会增加患此病的风险（Launer et al.，1999；Ott et al.，1998）。

还有不少研究从不同角度分析了失智症的诱发因子，叙述如下。首先，长期精神紧张易诱发失智症。瑞士古滕堡大学的研究人员长期跟踪研究了1096名

35—66 岁的妇女，分别在 1968 年、1974 年和 1980 年对他们进行了三次追踪调查，研究她们精神紧张的频率。结果显示，在三次调查中有一次承认有精神紧张的妇女，比从未处于精神紧张状态的人患失智症的概率高 10%；两次承认有精神紧张的妇女概率则高 73%；三次都承认有精神紧张的妇女，失智症的可能性则高达 151%。古滕堡大学的研究人员约翰松指出，精神紧张会提高人体内肾上腺皮质激素的水平，其中包括考的索，而考的索水平的提高会减少大脑内海马体的体积，从而影响学习和记忆能力。

其次，不良的生活方式也会诱发失智症。例如：饮食不节制、过饱，这不仅会使人思维迟钝，而且会使人常常感到困倦，因为进餐后大量血液长时间集中在胃肠系统中造成脑缺血所致。若长期如此，便可加速脑动脉硬化，引起失智症。再如，老年人睡得太多，也容易失智。西班牙马德里大学医院的研究人员对 3286 名年龄为 65 岁或以上的男女进行了调查，研究结果显示：平均每天睡眠时间超过 8 小时或 9 小时的人，患失智症的概率要比正常人高出一倍；还有，喜欢在早上睡懒觉和睡午觉的人，其患失智症的概率也较高。

再次，超重或肥胖也易导致失智症。瑞典斯德哥尔摩卡罗琳医学院的研究人员对 8534 对年满 65 岁的双胞胎进行追踪研究，结果发现：与体重正常的人相比，中年时期超重或肥胖的人在晚年患上阿尔茨海默症、血管性失智症或其他失智症的风险要高出 80%。

然后，婚姻状况对失智症也会产生影响。瑞典学者霍坎松博士主持下的一项长达 21 年的追踪研究表明，幸福的婚姻能使失智症的患病概率下降 50%。研究人员于 1977 年调查了 1449 名中年芬兰人的健康和婚姻状况，并于 1998 年再次对他们进行了调查。结果发现：有 139 名出现不同程度的失智症状，其中 82 人存在认知障碍、48 人得了失智症，而在这些患者中，孤独终老的人罹患失智症的概率是拥有配偶者的 2 倍；中年离异后独居者患病率更是高达 3 倍；更严重的是，相比白头偕老的夫妻，那些年轻时就不幸丧偶且一直单身的人，发病概率更是高达 6 倍。可见，幸福婚姻可以帮你预防阿尔茨海默症。

最后，彭怀真、彭驾骍整理的《老年人心理学》资料显示，引起失智症的风险因素包括以下几方面：

(1)酒精中毒。每天烂醉会增加脑卒中、心脏病与血管性失智症的可能性，因为大量酒精会造成以下严重后果：①阻碍了将钙质输送至细胞，减低了神经元自然活动的能力；②阻碍了氧气输送，并产生热量中心；③干扰了神经元的输送，影响学习与记忆。在美国，脑卒中患者中有 5%是酗酒者。

(2)高血压。高血压是心脏病与脑卒中的主要危险因子,由此诱发失智症。65 岁以上的老年人有 60%出现高血压症状。慢性且中度或高度高血压会减少流向心脏、眼睛及脑部等身体大部分器官的血液,造成体细胞的氧气和营养素也变少,长久以后,细胞很容易为阿尔茨海默症的伤害所侵袭。此外,慢性高血压还会造成认知功能衰退,尤其是记忆力。

(3)高胆固醇。胆固醇高是心脏病发作的危险因子,由此导致认知的衰退。高胆固醇容易使人罹患动脉粥样硬化(动脉硬化的一种)。动脉粥样硬化早期并无症状,等到动脉变窄,开始影响血液循环,受影响部位运动后便会觉得胸痛,脑部也出现问题:短时内难以保持身体平衡、视觉模糊、言语不清、手脚不灵活等症状。

中年胆固醇高者,晚年时罹患阿尔茨海默症的概率是中年时胆固醇指数正常者的 2.2 倍;如果高胆固醇合并高血压,罹患阿尔茨海默症的概率提高到一般人的 2.8 倍。此外,胆固醇过高,也可能造成患者极端外向,且经常有愤怒的情绪。

(4)糖尿病。糖尿病几乎伤害身体的每一个器官,包括头脑。糖尿病使血管硬化、易碎,增加了脑卒中、心脏病、高血压与血管性失智症的危险;如果糖尿病患者无法保持正常的血糖,必然会损伤记忆及认知功能;如果治疗不当,造成血糖过低,也会伤及记忆和认知功能。糖尿病目前无法根治,只能适当治疗与控制。不过,只要患者能控制好自己的血糖,还是可以正常生活的。

(5)脑卒中。脑卒中是脑内某部分的血液供应中断,以致身体某一部分突然失去机能的现象。脑卒中有两大类:①完全性脑卒中——身体机能严重丧失,恢复得很慢,而且只有部分机能可以恢复;②短暂性脑部缺血——仅有轻微的机能丧失,几分钟即可恢复,但有复发的可能。脑卒中是诱发失智症的一个主要因子。脑卒中患者罹患血管性失智症的概率是普通人的 6—10 倍。哪怕是轻微的脑卒中,其罹患血管性失智症的机会仍达普通人 4 倍以上。

(6)脑损伤。脑损伤,不论肇事原因是车祸,还是运动伤害,或者是殴打致伤,都会伤害人的认知能力,尤其是失去意识的时间越久,越有可能造成失智。

(7)药物滥用。药物滥用必然伤及大脑,严重的话影响心智功能的正常运作。不论是可卡因、大麻、安非他命,或其他含有高度咖啡因的药物,都严重伤害大脑的功能,伤害神经元。

最后,值得一提的是,个体在成长过程中,所受到的挑战与启发越多,其心智能力的发展也越为迅速。因为正面的挑战与启发会刺激脑部结构与功能,以回应外在变化。(由挑战带来的)持续的学习会不断带来神经网路的结构性变化,每个神经元与其他神经元连接的方式也可以改变。学得越多,脑内的连接就越复杂、紧密,这为整体中枢神经系统带来更加丰富的弹性,最终使大脑因应其外在需求的能力和效果就越好,罹患失智症的风险就会大大降低。

因此,接受教育(其实是认知活动)可能是预防老年人失智的有效方法。教育程度高的人就算不幸罹患失智症,其发病时间通常也晚于教育程度低下的人,即疾病时间压缩了。目前,我国有不少"空巢老年人",由于其多为女性,且文化水平较低、经济条件较差、单身、独居,精神上孤独、空虚,社交方面缺乏可以交流的对象,这些老年人的大脑活动能力急剧下降,她们就会比其他老年人更容易患失智症。据不完全统计,在罹患阿尔茨海默症的老年人中,有一半以上是"空巢老年人"。

七、失智症的临床诊断与预测

临床工作者经常会误判失智症。也就是说,病人在排除忧郁、发烧、脑瘤等原因之后,很容易被诊断为失智症,尤其在发病初期。而且,在对不同失智症的判断上,临床有 30%—50%的失智症被误诊且搞不清病因。不过,研究人员开发出一种称为"神经成像"的技术,它可以让工作人员真实地看到病人的大脑皮层形状,尤其在预测阿尔茨海默症方面。通过大脑扫描进行的纵向研究表明,健康成年人和老年人海马回区域新陈代谢的降低,可以精确预测在接下来的 9 年内哪些个体会患上阿尔茨海默症或相关记忆功能受损(Mosconi et al.,2005)。但是,脑部影像资料有时候也会与生理、心理的临床症状并不符合,或者出现其他问题而误判病情。

另一方面,认知测验也可以初步区分正常老化造成的认知退化与失智症早期的认知变化,如长谷川氏简易老年人智力量表(表 11-1)所示。不过,在根据心理测验的结果下结论时,也需要慎之又慎,例如:当记忆力表现不好,可能并非是病人的记忆力有问题,而是病人无法理解测验时的指导语,这是语言理解的问题。

目前,针对阿尔茨海默症,以下几项认知测验可预测患者的病情。

(一)记忆

与同年龄的老年人相比,阿尔茨海默症患者的短期记忆能力下降,其原因可能是登录信息的问题,因为在研究中如果给病人有较多的时间复述信息,那么其表现与正常人一样。也就是说,疾病初期他们记忆能力的缺损主要源于登录新信息能力的下降。在记忆的质方面,失智症病人比正常人要差,一般而言,当记忆发音接近的信息(如B、C、D),其记忆能力不如记忆发音不接近的信息(如W、J、E),而失智症病人在记忆发音接近的信息时,其表现大大差于正常人。

阿尔茨海默症病人初期的工作记忆也在下降,例如:在短期记忆作业时,给予一些分心的字词刺激,当分心的字词刺激越难时,病人的表现就越不好,病人无法将分心的作业从正式记忆作业中排除,这意味着病人的工作记忆能力下降,并与病理原因相符合。

此外,病人的远期记忆表现也不好。研究显示:失智症老年人在名人或著名事件的测验中表现低于正常老年人,而在自传式记忆中其退化速度更为严重。

(二)语言与语义历程

无法命名(叫出所见之物的名称)是阿尔茨海默症病人常见的特征,他们在此方面的表现不仅比正常人差,也比其他类型的失智症患者要差。研究显示:阿尔茨海默症病人在对特定的字词与事件的语言表达,比一般性常用的语言退化得更严重。专家认为,这可能是因工作记忆退化所致,因为当有好几个字词储存在脑中需要判断时,工作记忆的能力就显得很重要。

研究还发现,阿尔茨海默症病人在其他一些作业的表现也不好,例如:句子与图片的配对测验、判断句子文法的适合性、句子完成测验等,常见的症状有插入(即在说话时插入很多不正确的字词或句子)、重复(即重复说出相同句子、词或字词的一部分)、绕圈子(即对想要说的主题无法准确描述,以至于用一些无关的字词加以说明)。专家认为,病人语言表现的退化可能是记忆退化所造成的,并不是语言本身能力的退化,而是语义记忆的缺损所致。不过,这有待于进一步研究。

(三)视觉空间技巧

研究发现,即便是轻微的阿尔茨海默症病人,其视觉空间技巧能力也已经下降,哪怕该作业对记忆的要求非常少。可见,定向障碍是阿尔茨海默症的典型特征。

(四)嗅觉

研究发现,阿尔茨海默症病人对于嗅觉的刺激阈值变高。也就是说,病人的嗅觉能力下降,无法对正常人能感觉的气味进行判断。这可以作为早期病情评估的一项指标,也可以用来与其他失智症区分。

从临床研究看,当诊断无法确定时,接下来的治疗与处理也将面临困难。同时，因为治疗失智症的药物尚在实验阶段，这就意味着接受有效的治疗是相当困难的，也无法预测病情的发展过程。尽管如此，神经成像技术、认知心理测验和临床症状三者相结合，对于失智症的诊断与预测还是有帮助的。

此外，还要补充几点预测失智症的研究成果，因为发现得早，对治疗与预防会有很大的帮助。Andel(2001)长期追踪双胞胎的认知功能变化，在某一些案例中，有双胞胎之一罹患失智症，但另一位手足却没有患病，尽管如此，未患病的手足在认知功能上的表现相对于其他人也比较差，只是还没有达到疾病的程度，而且，他们在需要意识控制(conscious control)的作业上表现尤其差，研究人员认为这其实已经处于失智症的边缘状态了。Balsis 等人(2005)的长期追踪研究发现，人格的改变是失智症的先驱指标。此外，在研究老年人的书写能力时，则发现书写变得较为潦草、简短是发生在失智症之前。这些研究成果或许可以为失智症的预测提供帮助，但是一定要慎重。

八、失智症的治疗与对策

由于失智症的病因还有待进一步研究。因此，对症下药的治疗方法体系尚未确定。当前主要的治疗方法是尽量减轻发病过程中产生的各种身体及精神症状，并在日常生活中对病人加以细心护理，借此提高病人的生活质量。

在对疾病的护理过程中，护理人员可以通过以下途径进行：(1)在疾病早期，通过记忆训练和记忆辅助工具提高认知功能；(2)通过行为治疗减缓疾病的恶化，提高交流能力和降低破坏性行为；(3)通过药物缓解痛苦，减轻抑郁，有助于病人的睡眠；(4)通过适当的营养和食物的摄入、锻炼、物理治疗，以及其他医学手段，帮助病人克服病魔。

对于家庭中的照顾者而言，由于他所照顾的是无法辨认亲人、无法给予照顾者任何反馈的失智症患者，他承受的压力比起照顾其他疾病的人来得高。一般地，血管性失智症病人的初期照顾压力特别大，而阿尔茨海默症的晚期照顾压力会特别大。对此，笔者建议如下：(1)理解、宽容，注重生活照顾。不能使用伤害感情或损害病人自尊心的语言和行为，更不能因为病人固执、摔打东西而对其采用关、锁的方法来处理。一日三餐应定量、定时，要以低脂肪、植物油为主，荤素搭配，易于消化，适当补充维生素，多吃新鲜蔬菜和水果，不吃油煎烟熏食物。保持卫生，督促病人自己料理生活，还要注意防止褥疮、感染和骨折，患者存活年限的长短，很大程度上取决于护理的优劣。(2)不断反复强化病人多用脑勤用脑，有助于提高其记忆力和减缓功能衰退。(3)防止走失及意外事故发生。患者外出随身带一张写有自己姓名、住址、电话和病情的卡片,以便迷路时可获得及时的帮助。尽可能不要让病人直接接触电线、电源等危险物。(4)鼓励活动,加强交流。鼓励患者适当参加活动,使他们与环境保持一定接触。对于力所能及的事情鼓励患者自己完成。增进老年人的自信心和生活乐趣,多参加读报、下棋、书画等有益的活动,加强交流,以减慢其精神衰退。

此外,制定切实可行的社会政策,提升社会支持系统,是很有必要的。鉴于我国罹患失智症的老年人数量庞大,且绝大多数都住在家中(只有少数住在医院或老年人院中),所以,可行的方法是与社区或地区医疗一起合作。例如,在社区医院开设老年人精神疾病咨询中心,并以此为中心,开设精神、内科、矫治等科室,配合综合医院及其他医疗机构、老年人福利机构等开展工作,同时建立起以家庭巡防为方式的地区性老年人医疗网络。

第三节　抑郁症及其心理辅导

进入老年期以后,造成抑郁症的因素会增加,例如:伴随身体疾病而来的痛苦、经济收入减少、丧偶,以及失去社会联系等。因此,在各类功能性精神疾病中,这一病种的发病率是比较高的。

一、基本认识

每个人的一生中,或多或少都有抑郁的经验,在大部分的情况下,低落的情绪是由特殊事件引起的,一段时间沮丧之后逐渐恢复平静,这并不是病态的。临床上的抑郁症是指低落的情绪会持续一段时间,病人行为异于常人,他们会有不正确的罪恶感、觉得自己没有价值,不仅在心理上陷入悲伤、绝望、自责及思想错乱的地步,而且在生理上也出现食欲不振、头痛、心悸、两眼无神等症状,失去了日常生活能力,严重者甚至有自杀的计划或想法。根据中华医学会精神科分会2001年版《中国精神障碍分类与诊断标准》,接连两周持续性表现下列9种症状中的4种(含4种)以上,就可以被诊断为抑郁症:

(1)兴趣丧失,无愉快感;

(2)精力减退,或疲乏感;

(3)运动性迟滞或激越;

(4)自我评价过低、自责、有内疚感；

(5)联想困难或自觉思考能力下降；

(6)反复出现想死的念头或有自杀、自伤的行动；

(7)睡眠障碍，如失眠、早醒、睡眠过多；

(8)食欲降低，体重明显减轻；

(9)性欲减退。

按照症状，抑郁症一般可以分为以下几种。

(1)重郁症。情绪混乱的持续时间超过两三个星期。具体症状包括无法抑制的悲伤，对平常喜欢的活动突然感到枯燥乏味。如果不加以治疗，症状可能延续一年半载，甚至更长时间。

(2)轻郁症。症状不严重，引起的失能程度也比较低。不过，若不加以关注，可能会发展成重郁症。

(3)躁郁症。这是一种双向情感障碍，患者的抑郁和躁症两种情况以一定的周期交替出现。在躁期发作时，情绪显得过度高昂，并从事一些不现实的活动，如：购买昂贵的物品，从事危险的活动，乃至喜怒无常等。

(4)季节性情绪障碍。这是一种会在冬天来临、白昼变短之时，困扰患者的抑郁症。原因是冬天接触的日光量减少，而影响脑部血清素(serotonin，一种控制情绪的激素)的浓度。

抑郁症如果能够及早发现，找到原因，并经专业协助予以治疗，这对防治病情的恶化和避免自杀的意念是很有帮助的。目前，关于抑郁症的病因、治疗虽然并未取得一致结论，但是，可以确定的是抑郁症与遗传、环境、脑部化学物质、生活中的不如意经验都存在关联。

曾文星、徐静(1985)合著的《精神医学》一书，对于抑郁症的病理探讨如下：(1)遗传因素。家族成员中若患有情感性精神障碍的，多有亲友罹患同样的障碍。根据 Kallman 的研究，抑郁症的一般患病概率仅为 0.4%，异卵双胞胎的患病率则上升至 26.3%，而同卵双胞胎的患病率高达 95.7%，这表明抑郁症受遗传因子的影响很大。(2)生物化学因素。1939 年，McFarland 和 Goldstein 就提出，躁郁症患者碳水化合物的新陈代谢存在障碍。后来又有研究进一步证实，躁郁症患者对血内糖的取用速度很慢，而其葡萄糖的耐受力却没有降低现象。最近的生化研究又指出，脑内单胺氧化酶(monoamine oxidase，缩称 MAO)的水平随着增龄而增加，而 MAO 是容易引起抑郁症的一种生物化学元素。另有研究显示，内因性抑郁症(个体对痛苦经验压抑引起的抑郁，是压力、情绪压抑或其他压抑造成的)患者可能有脑内下视丘-边缘脑系统(hypothalamic-limbic system)功能的障碍,以至于引起脑下垂体前叶功能异常。(3)心理因素。引起抑郁的心理因素有很多,主要包括三种:失去所爱的人或物,自尊心受到严重打击,将原来应该指向外部的攻击因受到强烈的冲动而转向自身。按照成因,可分为反应性抑郁(因外界情境剧变,如家庭变故、亲人去世,而长期处于失落的情绪反应中形成的)和内因性抑郁。

编者以为,遗传和生化因素可视为“内因”,而心理因素可作为“外因”(像各种压力事件、孤独等),“外因”与“内因”交互作用,便引发抑郁症。脑成像研究已经发现,神经化学物质失衡与控制情绪、思维、睡眠、食欲和行为的神经回路功能失调,会导致抑郁症状(美国精神病康复研究院[简称 NIMH],1999b)。

二、老年期抑郁症的若干问题

与年轻人相比,老年期罹患抑郁症的发生率较低,但是,老年人短期的忧郁情绪却较多,这可能与老年人所处的状态有关。同时,在老年期抑郁症中,以老年人特有的状况为背景而形成的反应性抑郁居多,也就是说,多数抑郁症是由身体疾病、社会因素、心理受到压抑等原因引起的。人到老年,身体健康每况愈下,尤其是罹患慢性病(如糖尿病)越多,其得抑郁症的概率就越高,其中有些较为长期慢性疼痛的疾病,如关节炎,更是明显。肥胖、记忆能力不好等都容易引起抑郁症。此外,有些药物的不良反应也会引起抑郁症。

老年人晚年遭遇到的一些压力及负向事件,如退休、丧偶等,让本来就缺乏思想准备的老年人难以适应这些变化,都容易导致抑郁症。此外,老年人知觉到的社会支持、经济问题、照顾者的关注、病情状况、参与社会活动的程度、参与宗教的程度、人际关系的困扰,均会影响到抑郁症的发病率。

对于老年人而言,增加运动量可以降低抑郁情绪。但是,自杀的比率并不乐观,年轻人因抑郁而自杀的比率较高,而老年人的自杀比率低于年轻人,但其成功率较高,约有一半的失败往往是由于自杀方式造成的,例如:体力受到限制,故老年人选择那些致命性高的方式较多,如上吊等。老年人自杀通常是为了逃避老年期所承受的心灵痛苦和身体疼痛,如“丧偶之恸”使另一方在一年内自杀的概率很高。

最后要指出的是,抑郁症之中的躁郁症在老年期中是很少见到的。若是年长者有躁郁的行为,很可能是其他器质性原因造成的,例如失智症,虽然其中的关系尚未清楚。

三、老年期抑郁症的特征

抑郁症的症状主要从主观体验、行为变化和身体症状三方面进行观察。主观体验表现为心情忧郁(如无趣、无望、不安、焦躁、易怒等);行为变化表现为精神运动性抑制(如无精打采、动作迟缓、说话缓慢、思维滞缓等);身体症状则以自律神经方面的症状为主,如口渴、食欲不振、失眠(以早醒、而不是难以入睡的情况为多)、容易疲劳、便秘等,另外,可能还有头痛、肩膀肌肉僵硬、背痛,或是腰疼等。

对于内因性抑郁症患者,一天之内的症状会有所变化,其特征是上午症状较强,而下午至傍晚时分的症状有所减轻。

在老年期抑郁症中,上述症状会受到掩盖,因为在老年人正常老化的心理过程中,心情沉重、动作迟缓、身体不舒服或睡眠障碍都颇为常见,故抑郁症难以为人察觉。一般地,老年期抑郁症的临床表现有:

(1)多伴有强烈的不安、焦躁感。患者常常无缘无故地心情不佳,意志消沉,或焦虑、烦躁、坐立不安;对日常活动丧失兴趣,丧失愉快感,整日愁眉苦脸,忧心忡忡;严重的便秘认为是头等大事,惶惶不可终日。

(2)躯体症状。主要的躯体症状有:①失眠。入睡困难,睡眠浅,尤其是早醒更多见。病人比原来早醒 1 小时以上,而且一醒过来,就心情不好,觉得这一天简直无法过,度日如年。②食欲下降。什么都吃不下,不想吃,有的还有些恶心,由于进食少而引起体重下降,症状严重的,在一个月之内体重可下降 5 公斤左右,也可以有腹胀、便秘等症状,全身疲乏无力的症状很普遍。心慌、心悸、胸闷等症状也较常见。

(3)思维障碍。脑力迟钝、想问题变慢了,这是许多病人的体会,觉得思考问题很困难,所以很少与别人主动交谈。

(4)认知功能减退。病人自觉脑子反应慢、变笨,认为自己记忆力下降,变成痴呆了。这种自觉症状,也加重了病人的悲观情绪。对病人进行智力测验时可以发现计算力、理解力、综合判断力及记忆力都有下降。

(5)行为障碍。在情绪低落的基础上,产生行为障碍,如行动缓慢,有时闭门独处,淡漠亲情,无心料理家务,严重者不语、不动、不吃、不喝。伴有焦虑症状的病人,则是坐立不安,在房间里来回踱步,搓手顿足,见人就没完没了焦虑地和人谈自己的病痛,有时痛哭流涕,有的说都哭不出来,连眼泪都没有了,不听他说完,不让人走开,甚至纠缠不休。

此外,老年期抑郁症还具有以下特点:

(1)多伴有冥顽的疑病症。客观上,老年人的身体因老化多少有点不舒服或不健康,但老年抑郁症患者却对情绪低落的体验不明显,或者认为自己是由于身体不好才引起心情不好,不把心情不好当成病,由此成天叫嚷自己有病,到处看病,认为自己得了重病而焦虑不安,从而并发"疑病症"。

(2)多伴有各种妄想,如贫穷妄想、被害妄想、罪责妄想、追踪妄想等。有时候生了病,便怀疑自己的身体是不是已经在腐烂了,或正在消亡,对自己的肉体表现出虚无的观念。

(3)容易伴有全身性身体功能的衰退。由于食欲不振等抑郁症状,个体不能充分摄取饮食,造成营养不良,甚至是全身身体功能的衰退,并导致脱水症及其并发症。

(4)有时伴有意识障碍。在一部分老年抑郁症患者身上,可看到短暂的意识障碍。这时可能会发生精神错乱或产生自杀念头。造成意识障碍的原因主要有:发烧、代谢性疾病的并发、营养失调,以及精神病药物引起的不良反应等。对此,须对症治疗。

(5)有时呈"假性失智症"症状。由于精神运动性抑制,患者会呈现智力、记忆力降低的现象,即所谓的"假性失智症"。但是,抑郁症与失智症是不一样的。

四、老年期抑郁症的预后及治疗

一般认为,老年期抑郁症很难治疗,预后也不理想,尤其是具有脑内器质性病变的神经学症状和痴呆症状的患者。但是,对于轻度或中度抑郁症患者,如果采取切实可行的治疗对策,可能会有比较好的效果,有助于老年人延长寿命和保持活力。

在治疗中,一定要避免让患者受到刺激,使其充分休养,而且以保护性地接近患者为基本原则。一般可以通过以下途径减缓症状:(1)药物治疗。药物主要用来改变脑部神经化学物质的不平衡,包括抗抑郁剂、安眠药、抗焦虑药等,具体参阅相关专著。(2)心理治疗。这是用来改变不适当的认知或思考习惯,或行为习惯。具体可参照心理咨询师的意见。(3)阳光及运动。光照的作用在于改变脑部血清素的浓度,使其心情变好,而运动可以使患者得到放松。当然,对身体机能也有一定的益处。另外,老年人身体的疾病如若并发,要及时进行治疗,这也是很重要的。

五、老年期抑郁症的心理调养

家里如果有罹患抑郁症的老年人,那么,家人的照顾要非常细心。在与患者沟通时,应采用理解式的交谈,首先要站在患者的角度,体谅患者的心态,对患者充满同情心和耐心。当患者向你倾诉自己的疾病情况、心态、家庭或生活的烦恼时,可通过语言、眼神表情显示出对患者充分理解和同情,使患者愿意向你倾诉,宣泄内心的凄苦。首先,听者要耐心,专心倾听,讲话要缓慢,给患者充分的反应时间,逐渐引导患者注意外界,分散其注意力;其次,利用治疗性的沟通技巧,帮助患者正确认识自己的能力和价值,进行认知重建。

从自我心理调养的角度来看,患者及其家人可以从以下几方面加以调养:

(一)认识疗法

一切情绪都是思想或认识所产生的,目前的思想状况怎样,也就会感觉怎样。当感到抑郁时,思想完全被“消极情绪”所控制,往往相信事实正如所想象的那样糟糕,整个世界好像在黑暗的阴影笼罩之下,自己事事不如人家,犹如行尸走肉。这种消极思想几乎总是带有严重的歪曲性,因此要帮助患者充分认识到自己认知的局限性,是他一切痛苦的唯一原因。家人可直接或间接地向患者运用认识论的原理来进行治疗。使患者懂得,任何生理、心理、知识基础问题都可影响认知过程,督促患者重建健康的看法与态度,降低期望值,增强自我价值观念,保持良好的情绪状态,维持心理平衡,以此使患者产生健康的心理与适应性的行为。

(二)疏泄疗法

如每天坚持一定的运动,采用散步、游泳、打羽毛球等运动项目,有条件的患者可在家人的陪伴下外出旅游,这对于疾病的恢复有一定的好处。

(三)克服惰性

抑郁植根于惰性之中,而活动是抑郁的天敌。一个人活动越少,就越不想动。为了战胜惰性,您可以将每天从起床直到就寝的行动写成计划,每一件事都记录在案,必须去做。抑郁中的人,即便一个小小的任务也看得像磨盘大,因而宜将复杂的行动分解成一系列细小而独立的步骤,这样容易把握得多。

(四)助人助己

利他主义是一帖有益于健康的良药。义务工作、社区服务,以及诸如购物、清洁、邻里相帮,都能够产生治疗效果。因为助人的过程就是奉献自己的同情和理解的过程,受抑郁情绪折磨的人,当看到自己对别人的价值后便会增强自尊、自信和迎战生活难题的勇气。临床诊断表明,与世隔绝、自我封闭乃抑郁症的重要病因,人际交流多了,一般的抑郁症状也就遁迹了。

(五)寻求欢乐

谁都有过快乐的时光,享受过生活的乐趣。而许多沮丧者总是与美好的过去"斩断"联系,这只会加重病情。因此,有必要改变这种孤独的生活方式,包括每天安排必不可少的娱乐活动。应该重视社会人群的相互作用,特别是要与朋友恢复密切来往,那样您会具体地看到自己的能力,感到世界上有许多值得高兴的事情,从而使身心感到愉快。当你读一首诗、听一段故事、看一处风景、见美人回头一笑、欣赏一支美妙的乐曲甚至漫步在花园里为一阵芳香所陶醉……这是一种人生的欢乐,是一种有深度、强度和高度的欢乐体验。我们老年人应经常寻求人生的欢乐。

第四节　焦虑症及其心理辅导

焦虑症是另一种常见的疾病。大多数人在其一生中或多或少都有焦虑的经验,但要去医院寻求协助的恐怕是焦虑程度较高的,称为焦虑症,它是指长时间承受极度的不安、睡不着、疲倦等症状,以至于影响到日常生活功能。

焦虑症有极其不同的诊断类型:(1)惧怕,是不合现实情境地害怕某些东西,如蟑螂、蜘蛛、高度等。(2)广泛性焦虑,指个体持续地感受到不可控制的焦虑、睡眠障碍或肌肉紧张。(3)强迫症状,指个体无法控制自己去重复一些不合理的动作,如洗手、关瓦斯、走路,原因可能是害怕受到污染或其他无法控制的焦虑思考。(4)恐慌发作,指重复经历生理上严重的不适,如感觉自己快要窒息、呼吸不顺畅、面色潮红等,但却没有任何生理疾病的证据。

不少老年人,尤其是女性老年人,患有某种程度的焦虑症。研究发现,老年人常见的焦虑症是"惧怕",他们担心亲人的健康状况(尤其是老伴),害怕自己一人在世;他们也担心退休后,失去以往的社会资源与人脉,角色转变后,该如何自处;他们还担心晚年生活中的种种不如意,如经济收入减少、子女不孝、行动不便、居所不佳等等。此外,老年人还特别害怕到空旷的环境(恐旷症),因此,不少老年人在独居的环境中会感到不适,害怕自己跌倒、独自死亡或孤单的感受。老年人的这些担心也许都是合理的。

但是,如果老年人连自己担心什么都不知道,这恐怕就比较严重了。只知道六神无主地担心这个、担心那个,这就变成了恐慌症,乃至强迫症。脑袋里总想着不愉快的事情,做一些重复性的动作,偶尔还有暴力倾向与攻击性的行为;有时候又毫无理由地退缩,对什么都失去兴趣。

许多专家认为,遗传加上不愉快的生活遭遇,是造成焦虑的一大原因。有些专家则认为,焦虑是儿时或其他创伤习得的反应。其他原因还有体内某些化学物质的变化,也可能造成焦虑和恐慌,缺乏安全感等。

对此,除了使用药物治疗之外,心理辅导可以减少焦虑感。让患者倾诉心中的感受,祛除不安全感;同时建议他不要把自己弄得太忙;多参加一些宗教活动;多做一些户外活动;等等,这些举措可能都会有效果。经过适当的治疗,约80%的焦虑症患者能有一定的改善,日常生活及其社会功能都得到恢复,且无后遗症,难治或需要长期用药的人并不多。

第五节　妄想症

这是指个体持有的某些既无事实根据、又极不合理的病态的信念。旁人怎么说服,都不能使之改变其错误的想法,这种症状已经超过了单纯的顽固和简单的猜忌。妄想有各种各样的形态,如:总认为有人在有计划地迫害自己(食物里放毒药、财产被偷等)的迫害妄想;怀疑配偶不忠、妒忌别人成就的嫉妒妄想;夸大自己的身份、地位、财富、才华等,以满足自我的夸大妄想;总认为自己犯下许多大罪而应受到惩罚的罪恶妄想;总以为某人以一定方式支配患者之思想、言行的支配妄想;将许多事情联想成与自己有关联的(其实是无中生有的)关联妄想;等等。

老年妄想症受心理、环境或身体条件的影响较大。编者总结日本长谷川和夫(1997)和井上胜也(1986)两位专家的研究,以为其主要发病原因如下:(1)老年人对于挫折的耐受性减弱。(2)从挫折到妄想形成的心理机制比较单纯,缺乏自我的加工改造,尤其是老年人思考、分辨能力的减弱所引起的思维加工缺失。(3)现实的矛盾。妄想的形成多数来自现实的矛盾、纠纷,老年人一般都会经历各种丧失的过程,这种残酷的现实不仅容易引起老年人的忧郁,而且会给其情感体验带来不安定,其结果诱发妄想症,例如:以经济上的不安、对周围人的不信任和敌意为背景而形成的嫉妒妄想。(4)性格。一般而言,产生妄想的老年人性格相对特异,在现实生活中的某一件事情触发下,容易发展成妄想症。(5)身体机能下降。老年人都能体会到身体机能下降带来的痛苦,与此相关的身体障碍,成了老年人恐惧的对象,多数会产生疑病症,最后发展成疑病妄想。此外,以听觉、视觉为中心的感觉系统机能的衰退,带来了知觉的模糊,为此容易造成感知机能上的错误,产生幻听(最常见)、幻视、幻味、幻嗅、幻触等幻觉。

从以上原因分析可见,老年人妄想症大多数是因应外界环境变化而产生的心理反应。换句话说,我们可以从其背景来理解妄想的形成。一旦环境变化,那些妄想即可减弱,内容也有所变化。例如:某一老年人(罹患糖尿病、结肠癌Ⅲ期)自述凌晨3点总是听到楼上住户洗澡的水流声,并因此烦躁不安;然而,当老年人不久搬家之后,其症状逐渐减轻,乃至消失。在能见到的老年人的妄想中,其妄想内容的一贯性和坚固性与精神分裂症的真性妄想不同。鉴于对老年人的人道关怀,也因为此种疾病的澄清、矫正并不容易,编者建议:只要老年人的妄想没有严重影响生活与人际关系,不一定要责备他们妄想的错误或荒谬;如果情况较为严重,谨遵医嘱使用药物,临床效果都较好,多数症状能得到控制。

最后,要强调的一点是:妄想症是老年人容易出现的功能性精神疾病之一,它不仅会在精神分裂症中出现,也会在由大脑退化所引起的各种各样老年性精神疾病中出现。所以说,出现妄想症的老年人不一定罹患精神分裂症,其间关联或因由,尚不清楚。因此,我们不要随意给老年人贴上“精神病”这一标签,这也可能是老年人妄想的一个特征。

第六节　疑病症

疑病症是指老年人对自己的健康状态是否异常过于担心、过于苦恼而精神恍惚的疾病。它往往与不安、抑郁等情感障碍相结合,一般会出现食欲不佳、大便干燥、身体发烧、胸部郁闷、周身不适等症状,有时也会表现出“内脏腐烂”这种妄想,明显影响到日常生活。

老年人之所以会罹患此病,大都因为对于自己疾病不了解,同时又过分不安于自己身体机能的下降。因此,稍有不适,就疑神疑鬼,每一次求诊,都列举一大堆病症，甚至怀疑医生隐瞒病情，或质疑子女未尽孝道关注自己。有时候当医生告知他不必太担心或没有什么病时，老年人的疑病症状反而会进一步加强。从性格上来讲，具有神经质的、依赖性的人格更容易患此病。

不过，疑病症至少会提醒家人或医生对可能的健康问题加以关心。

第七节　药物滥用

药物滥用是指长期过度服用一些药物以至于上瘾，并且影响到日常生活功能。许多老年人罹患慢性疾病，长期的情绪困扰、失眠或慢性疼痛等因素，都可能导致药物滥用的危险发生。最普遍的形式是老年人对各种药物过于依赖，用药多且滥。如果临床上发现老年人情绪低落、注意力无法集中、营养不良、突发性的意识混乱、经常意外跌倒等现象，就要引起家人注意，并考虑是否“药物滥用”的后果。

专家指出，老年人过度服用药物的主要原因可能是：(1)担心生病。老年人一般对自己的健康状况十分敏感，所以，稍有不适就会立刻服药。(2)迷信药物，认为多用药物才能治好病。有些老年人认为，各种药物吃得越多，病好得越快；有些老年人对病情不了解，且对药物寄予过高的希望，到处寻医问药，时间一长，反而引起不良效果；有些老年人则盲目相信广告中吹嘘的某些新药的神奇药效。(3)罹患多种慢性病的老年人求医心切，到处看病，多处开药服用，造成同类药物的重复、过量，致使产生不良反应。

常见被滥用的药物有安眠药、镇静剂，以及止痛药(或酒)等。由于老年人对于药物的代谢功能较差，很容易使身体健康受到伤害，特别是镇静剂，他们并不知道服用这些药物的危险性及其造成的不良反应，往往以为医生的建议总是对的，其实这些药物可能造成认知能力的受损。为此，医疗人员一定要在临床使用时就完整地告知病人药物可能产生的后果(不可控制的上瘾、认知功能的衰退等)。总之，正确使用适当的剂量是相当重要的。

此外，老年人如果长期使用安眠药(尤其是长效安眠药)，也会产生多种不良反应，且随增龄而增高，他们会表现出白天嗜睡、迟钝、判断力下降、意识模糊，乃至精神紊乱等症状。还有一些药物会对身体其他系统产生不同的损害，例如红霉素、链霉素、庆大霉素等影响肝脏功能；洋地黄类药或某些扩张血管药、利尿剂等，即使正常使用也容易出现毒性反应，引起低血压及脑缺血，致使老年人摔倒，乃至骨折。

为了避免不必要的药物不良反应，老年人用药须十分谨慎。中国台湾地区综合卫生署(2012b)总结出“老年人用药十二忌”，颇有道理，现列举如下：

(1)忌任意滥用。患慢性病的老年人应该尽量少用药，切忌不明病因就随意用药，以免产生不良反应或延误治疗。

(2)忌种类过多。服用的药物种类过多，发生不良反应的机会也就越大。不少老年人记忆欠佳，一大堆药物易造成多服、误服或忘服。

(3)忌用药过量。临床用药并非随增龄而增加，反而要减少。

(4)忌时间过长。老年人的肾功能减退，对药物和代谢物的过滤能力减弱，可能导致服药后的不良反应。因此，老年人用药时间应该根据病情及医嘱及时停药或减量，尤其是那些毒性较大的药物。

(5)忌生搬硬套。有些老年人看到别人服用某种药物治好某种病，便马上参考仿效，不管自己的体质和病症的差异。

(6)忌乱用秘方、偏方。老年人容易出现“病急乱投医”的现象，未经检验的秘方、偏方拿来就用，往往造成病情的延误，甚至是中毒。

(7)忌乱用补药。体弱的老年人可适当用一些补虚益气之品，但若为了补而补，则可能变利为害。俗话说“药不对症，参茸亦毒”，便是此理。

(8)忌“朝秦暮楚”。有的老年人用药毫无主见，今天见某一个广告说这药好，便用这药；明天见另一个广告说那药好，便用那药。用药如此不稳定且杂乱，恐怕病未治好，倒添新病。

(9)忌长期服用一种药。长期服用一种药，不仅容易产生抗药性，使药性降低，还会对药物造成依赖，甚至形成药瘾。

(10)忌滥用“三大素”。抗生素、激素和维生素是临床常用的药物，但不能把它当成“万能药”，滥用会导致不良后果。

(11)忌依赖安眠药。长期服用安眠药的不良反应很大(前已叙述)。治疗失眠最好的方式是“以非药物疗法为主，安眠药为辅”，安眠药只适合帮助病人渡过最困难的时候，而且，用药时宜交替使用毒性较低的药物。

(12)忌滥用泻药。老年人易患便秘，如为此而服用泻药，易造成脂溶性维生素 A、B、E、K 的流失。治疗便秘的最好方式还是调整生活节奏，养成定时排便的习惯。

第八节 睡眠障碍及其改进

一、基本认识

睡眠是人体生理过程的基本需求。但是，世界卫生组织公布的最新数字显示，全球近 1/4 的人受失眠困扰，每年近 8.6 亿人患失眠抑郁障碍。我国约 2 亿人睡觉打鼾，近 3 亿人失眠，5000 万人在睡眠中发生过呼吸暂停。与此同时，“睡不好觉”也带来了各种疾病，甚至缩短了寿命。为此，国际精神卫生和神经科学基金会于 2001 年开始，把每年的“3 月 21 日”定为“世界睡眠日”，以唤起全民对睡眠重要性的认识。

老年人的睡眠与其以往情况相比，睡眠时间更少，也较少做梦。同时，老年人深度睡眠的时间更加有限，并且由于身体老化等问题，他们更容易惊醒(Czeisler et al.，1999)。这是正常的生理变化。但是，据此以为老年人的睡眠问题不必太上心，那就错了，因为老年人的睡眠通常比较不理想，甚至连上述正常的睡眠水平(已经比其他年龄的睡眠质量差)都达不到。许多老年人无法熟睡，甚至无法入睡，久而久之，演变成失眠症。失眠症是指睡眠有障碍，经常不能睡眠的现象。

睡眠障碍是许多身心疾病的症状之一，若依形态来分，可分为以下四类。

(1)入睡及维持睡眠的障碍(即失眠症)。失眠症主要有三种形式：①就寝时久久不能入睡；②睡后极易醒来；③大清早，提前醒来，醒后不能再行入睡。(2)过度睡眠障碍。最常见的是突发性睡眠症，即在清醒中突然陷入昏睡；另一个常见的症状是睡眠呼吸暂停，即患者在熟睡中反复出现呼吸停顿，并突然惊醒以恢复呼吸。(3)睡眠—觉醒周期障碍。主要包括远程飞行时引起的暂时性生理节奏紊乱(如“时差适应问题”)和上班时间更改引起的暂时性睡眠障碍。这种睡眠障碍主要是因为受到生物节律的影响，当睡眠的起始和长度与生物节律不同步时，便出现睡眠障碍。(4)异眠障碍。主要包括梦游和梦魇，还有夜惊、遗尿和夜间磨牙等在儿童睡眠中常见的现象。

在四类睡眠障碍中，失眠症是最为普遍的睡眠问题，程度有轻重之别，病程也有暂时、短期、长期(慢性)之分。如果失眠的症状出现时间不长，且白天精神尚可,也没有影响工作、学习和活动,不必急于服用安眠药,一般通过自身调节是可以恢复正常睡眠的。如果入睡困难,失眠症状每周出现三次且持续一个月(及以上),且白天伴有头晕、头涨痛、心慌、心烦等不适,明显影响工作、学习和活动,应考虑到医院就诊,评估是否已达失眠症的诊断,了解引起失眠的因素及是否需要治疗(如服用安眠药)等。

研究显示,轻微的失眠不会立刻对生活造成明显的影响,但睡眠时间若低于基本的5—6小时连续三天以上,会使注意力变差,导致失误增加,学习操作能力下降,创造力减退。睡眠不足,还会造成个体的精神失调,如焦虑、抑郁等。

引起失眠的原因很多,一般与身体状况、心情,以及日常生活方式都有关系。冯观富(2009)指出,影响睡眠的因素主要有以下几项。

(1)个别差异:每个人的睡眠需要量不一样,不同的体质及生活习惯是造成个别差异的原因。(2)增龄:随着年龄的增加,睡眠的生理需求量相对减少,老年人也因此易患失眠症。(3)生活压力。心里有事放不下,例如:为子女操心。(4)睡眠环境改变:如新房间、新床、噪音、强光、冷热、床铺不舒适或拥挤,以及跳蚤、臭虫、蚊子、老鼠等骚扰。(5)生活作息时间或时差的改变。(6)身体疾病:如疼痛、呼吸系统障碍(如呼吸困难、哮喘、频繁咳嗽)、心悸等。(7)精神疾病:如焦虑症、抑郁症等。(8)药物或物质作用:如服用部分高血压药物,或者饮用咖啡、茶、酒等饮品。此外,缺乏运动及生活无规律也容易导致老年人失眠。

二、改善睡眠

老年人随着增龄,睡眠时间相对要短(6—6.5小时),且睡得浅、易惊醒,这属于正常现象,无须过分担心。只是若有长期睡眠障碍,且影响日常生活,就要及时诊治。

治疗失眠,最重要的是要分辨失眠是由什么原因引起的。如果是与心理、身体疾病有关的失眠,辅助性地使用短效安眠药来帮助睡眠是合理的选择,不过,仍然要针对疾病本身做特定的治疗。传统的安眠药依药效有短效、中效和长效之分,对于入睡困难者,可考虑使用短效或中效安眠药;对于早醒或维持睡眠困难者,可考虑用较长效的安眠药。

为了提高睡眠的质量,养成良好的睡眠习惯很重要,具体建议如下。

(1)睡眠时间以自觉“有精神”即可,不要赖床,因为过多的睡眠对老年人身体健康反而是有害的。研究证明,老年人睡眠6小时以后,新陈代谢开始缓慢,血液循环的活跃性开始降低,血流速度减慢,血液黏稠度增加,容易使脑血栓形成、心肌梗死、食欲不振、神经衰弱等疾病。老年人睡眠过多，肌肉也变得松弛，会引起四肢无力、全身酸懒、精神不振。睡眠过多，还会引起机体免疫功能低下，从而诱发许多疾病。而且睡眠时间越长，体能的下降就越多，身心的老化现象就越严重，当每天睡 9 小时(包括小憩)或更久时，心血管疾病的风险高出 1.5 倍，如果每天睡眠时间少于 5 小时会令心绞痛、冠心病、心脏病或脑卒中的概率翻一番，出现心力衰竭的可能性也增加 1.6 倍。因此，老年人应根据自己的情况，合理安排睡眠，每昼夜睡眠时间应为 6—7 小时(包括小憩时间)。

(2)早晨起床要见光。每天起床后马上拉开窗帘或打开灯，这样能让你的生理节奏与一天 24 小时保持同步，因为生理节奏受到人体生物钟的影响，在光线不足的情况下，人体的睡醒周期每天平均会向后推迟 12 分钟。人经历了一整夜黑暗之后，起床后需要有个从入睡状态向觉醒状态转变，通过光对眼睛的刺激来促使人体的觉醒，因此，早晨起床要见光。

(3)睡前不喝咖啡、茶、酒，不抽烟。

(4)养成规律性的睡眠，到了该睡觉的时候，老年人的睡意自然“席卷而来”。

(5)布置适宜的室温、灯光，以及舒适的床垫，尽量减少干扰因素，也不要躺在床上看电视、打电话、讨论事情等。

(6)安排有规律的运动或有趣的活动，午休不要过久或时常小睡、打瞌睡，晚上睡觉前则不要做剧烈运动，也不要思考棘手的问题。若可能的话，可以做一些松弛大脑的活动，如散步、听轻音乐等，这将有助于入睡。

(7)睡前不要吃得太饱或喝得太多，因为肚子太胀或夜尿频繁都会影响睡眠，但因胃疾或胃不适而在睡前“小食”则可，因为这可能有助于睡眠。

(8)睡前喝杯牛奶或洗温水澡，可帮助入睡。

(9)不要强迫自己入睡，如果躺在床上 30 分钟仍然睡不着，不如起床，做些温和的活动，直至有睡意时再睡。

此外，编者要补充的一点就是，好习惯自然重要，但要睡好觉，心理调养不可忽视，毕竟“心静神安方能入睡”。如果一个人心情不静、欲望不止，这类失眠的人往往服用安眠药也没有用，所以，一定要从思想的苦恼中解脱出来，不要和别人攀比，有时越比越不是滋味，越容易陷入苦恼的困境。中医所说的“入寐之法，首在清心”便是此理！

总之，睡眠是一个人每天对自己的“重新调整”。也只有这样，人才能以新的面貌不断地开始第二天的“旅途”，不断地更新自己的人生。

第九节　老年人之心理治疗

如果一个老年人罹患前述的焦虑症、忧郁症或严重的情绪压力，那就不是一般辅导者的努力所能解决的，而需要通过心理治疗的手段才有可能奏效。

所谓“心理治疗”，是指运用心理学上研究人性变化的原理与方法，对心理疾病患者予以诊断与治疗的一切措施。它有广义和狭义之分。就广义而言，它包括病人所处的环境和生活条件的改善，周围人（包括医生）语言的作用，特殊的布置，以及医生所实施的专门心理治疗技术等。就狭义而言，它专指医生对病人所实施的心理治疗技术和措施，这又包括认知治疗、暗示治疗、催眠术治疗、精神分析治疗、行为矫正治疗、生物反馈治疗、气功治疗、瑜伽治疗、体育运动治疗、音乐治疗、绘画和造型治疗等。总之，心理治疗的目的在于改善病人的情绪，提高病人对疾病的认识，解除其顾虑，增强其战胜疾病的信心和能力，以便于减轻疾病或加速治愈疾病。

一、老年人之心理治疗的特征

老年人具有独特的存在模式，与青春期、成年期患者精神疾病的发病背景不一样，故采用的心理治疗方法应该有所侧重点。青春期、成年期精神疾病主要是以自我为主体的问题，其方法是把构成自我的本身作为心理治疗的焦点；老年期的精神障碍是已经成熟了的、相对稳定的障碍或者是伴随其崩溃的精神障碍，它们的形成是与青春期、成年期的障碍，甚至是幼儿期的精神创伤与挫折相关联的。因此，医生必须专门地、综合地了解、分析患者在幼儿期发生过的纠葛、意外的创伤性体验、受过压抑的情况，以及青春期、成年期歪曲了的自我状态，这一点对推行老年人之心理治疗至关重要。

根据 Canestrini L. 和 Moreno M. 对 50 例神经衰弱、焦虑症和歇斯底里患者的调查，在 26 年到 31 年后，有 38％患者症状得到显著改善，18％没有变化，4％轻度恶化，10％恶化。另有 Ernst 对 120 例神经症患者的调查显示，在 24 年后，25％不变，25％恶化，其余均见改善，其中歇斯底里症状改善的比例较多，但残留有心身症和器官神经症的情况。从这个结果看，我们应该能理解以下两种状态：第一，成年期的神经症、歇斯底里患者在人生的历程中可以得到一部分改善；第二,从成年过渡到老年后,由于症状形式的改变或老年人过于担心自己身体的健康状况等因素,会再现心身症的症状。而这应该是老年人所具有的独特的神经症模式。

由此看来,在治疗老年人的神经症、心身症、歇斯底里等病症时,要着眼于老年人的生存模式,采用适合老年人的心理疗法。老年人心理治疗的特征有以下几点。

(一)精神分析或许是较为合适的一种治疗手段

鉴于老年人之心理治疗需要追溯其青春期、成年期,乃至幼儿期的经历、经验,故精神分析具有突出的意义。不过,不少老年人在接受精神分析之时往往“抵抗”,对此须予以重视,有的专家(如 Abraham)还提出了积极的精神分析疗法。

(二)正视不可避免的衰老、死亡对老年人带来的巨大心理冲击

进入老年期后,就意味着走向消亡、丧失、别离,这与青春期迎接新时期的方向完全相反,就此而言,老年人也是面临新的情况,只不过与青年背道而驰。因此,在对老年人实施心理治疗时,如果不考虑这一点,那就不会有真正的心理治疗。鉴于此,有的专家撇开青年时的神经症倾向、性格倾向,只在“老年时”的实际病况中追溯老年人神经症的可能性,例如,Schultz J. H. 把能力的衰退或偏侧,以及由此而形成的内心世界的变化视为衰老的征兆,由其形成的意识称为“终极意识”,认为是它带来了自由的丧失与绝望的感觉。

(三)必须注意与老年期潜能降低相关的特殊的心理反应问题

与成年期的人相比较,老年人在精神、体力等方面总有某种形式的功能降低。因此,对成年人不产生任何障碍的刺激,对老年人而言则是影响很大的精神反应因素。另外,与成年人相比,老年人的自主性功能降低,精神上的压力很容易立即在身体上表现出障碍,以及身体上的微小障碍也容易产生疑病的精神表现。总之,普通成年人能够承受的生活状况,对老年人却成为特殊刺激,且有些老年人以此为契机呈现神经症症状。

(四)必须考虑老年期所特有的性格变化

Post F. 指出,作为神经症患者发展起来的人格,即使自己受到伤害,又会给别人带来麻烦。其性格特征有“过度的内向性”“与社会无往来”“猜疑”“抑郁”“过度的易疲劳”“对欲望和性的冷淡”“过分的外向性”“攻击性”等等。其中,作为因高龄而出现的性格变化有:封闭倾向增加,闭居于家中,本能活动减少等。

Albrecht 则更明确指出，能见到 11%的老年人是“心地不良”“狭隘”“自我中心”“不协调”等特征。由此看来，老年人的性格特征一般从外向性转到内向性，这可以认为是老年人的丧失感与孤立状态所导致的，也可以认为是与生理上的本能活动的变化有很大的关系。前文也曾指出，老年人人格的某些特质(如外向性、神经质)在老年期有些许的改变，这必然也会影响性格。

总之，神经症是个体的素质、性格等主体因素与外界的刺激相互作用而产生的东西，患者承受的是“内—外”两方面因素交织起来的相关性。由于老年人在体质、性格、周围环境、生活方式等方面的变化，当然在神经症症状上就会与年轻人有微妙的差异。所以，为了治疗老年人的神经症，要综合注意各种因素，并分析主要和次要因素，然后再进行治疗，如此才可能比较有效。

二、老年人神经症的病例及其讨论

神经症在老年人的各类精神障碍中是比较普遍的，主要是由精神的纠葛和欲望得不到满足，以及精神刺激等原因引起的精神障碍。老年人的神经症多数表现为不安状态、忧郁状态和疑病状态等，若严重的话，则以妄想症和抑郁症反应出现。以下通过 3 个病例的讨论，说明老年人心理治疗之特征。

(一)青春期的神经症倾向在老年时表现出来的病例

个案基本情况：某男，75 岁，妻子 69 岁，子女 6 人，第 3 子离世，其余 5 人健在，各自独立已结婚，夫妻两人未与子女同住。患者报告常有“对自己所做的事情放心不下”“担心自己的工作是否会出现最坏的事态”“生活是否会突然遭到破坏”等无理由的焦虑，以及与各种焦虑或强迫观念复杂组合起来的行为表现。

发病及其过程：三年前子女各自独立成家时，还没有任何焦虑。但是，妻子因风湿而卧床不起之时，患者的焦虑感一下子非常强烈。起初，还能够予以调整并驱散这些想法。一年半之前，强迫观念逐渐增强，越是想打消焦虑，越是被这些焦虑观念所困扰。子女们的状况也没有什么可担心的，而且，都还懂事，能给予患者安慰。患者在理智上可打消焦虑，但在情感、情绪上却做不到。最近，强迫观念更强，出现了不能入睡，乃至发狂的恐怖局面。

诊断与分析：患者没有特别的忧郁症状，但非常焦虑。体检血压为 80—130mmHg，血、尿常规检查均正常，心电图也正常，过去无抑郁史。调查患者的生活史，发现其中潜伏有与神经症相关联的因素，即患者的精神、性格与幼儿期的成长有密切关系。患者在小学二年级时，父亲去世，与母亲、妹妹三人共同生活。他怕与母亲分离而不去亲戚家玩，一味庇佑于母亲的呵护。到中学时，还不能离开母亲，并说“如果母亲死掉的话，我认真地考虑也去死”。中学的后半阶段，他成长为非常温顺而懂事的孩子，有极端担心“我的行为给母亲添麻烦了吗”“我是不是母亲的坏孩子”等等带有“罪恶感”的不适当念想；也就是说，具有强迫倾向的性格在当时已经形成。初中毕业后，考入某机械学校学习与电机有关的技术，并出国深造。其间，有三年时间离开母亲独立生活。回国后，不久结了婚，又与母亲在一起生活。此时，先后受聘于某公司，工作、家庭都还顺利。后来，还辞职自创公司(航空计测仪器部件的制造)。自营公司也从最初的艰难创业逐渐步入正轨。直至三年前，出现了前述症状。他说，在家闭门工作是最快乐的。又说，在工作以外不与他人来往；因为妻子有病非常担心；还担忧自营产品会出现问题，招致飞机的坠落与飞行员的死亡；对工作以外的事情非常担心，并有持续不断的强迫性焦虑等。

讨论：这一病例的特征是与幼儿期的家庭环境与患者的性格形成有密切的关系，这是构成潜在的神经症的主要原因。特别是强烈害怕与母亲分离，以及“给母亲添麻烦是不行的”这样的强迫观念支配了患者的少年期，这个问题在他成年参加工作时大致已经解决。但到了老年期被生活的劳苦所累时，从幼儿期带过来的强迫性格一下子显现出来，使精神上的适当平衡遭到破坏。

患者应该是一个责任心很强的人，晚年还运用自己的特殊才能，不顾年迈而认真工作。然而，当妻子卧床不起时，幼儿期对母亲的“有罪”意识，借着妻子的“倒下”强烈地重现出来。又因为自营产品的风险因素，涌现焦虑情绪，这就向强迫性神经症发展。对此，追溯他幼儿期父亲之死的创伤经历，对他解说其焦虑的本质，使患者明白正是“担心与母亲分离”的过分焦虑使自己纠缠于神经症的初步表现之中，并采取相关措施使患者从焦虑中解脱出来。以上这种精神分析性的解释工作是必需的。即使不采用正规的精神分析疗法，只要有分析地联系患者过去的问题，引导患者自己明白年老时焦虑的病因，对治疗也有很重要的意义。治疗结果也证实了这一点：经过四个月左右的精神分析治疗，患者的强迫性神经症症状减轻了，并恢复了适应社会生活的能力。

(二)孤独状态形成的神经症病例

个案基本情况：某男，71 岁，妻子于五年前去世。现与儿子、儿媳住在一起，没有兄弟及其他亲属。患者报告“每天极度焦虑”“听到嘈杂的声音而烦躁不安”“老是担心身体有病”，整日处于精神纠葛之中。

发病及其过程：患者的职业是一名乐师(吹笛子)。三年前，儿子、儿媳极力阻止他到曾经长期工作过的原单位帮忙。此后一年，老年人待在家里平静度日。

两年前开始对电车的声音特别敏感,接着感到心脏跳动异常,同时还感到身体异常,担心自己是否要死了,每天被这样的焦虑所困。

患者以吹笛立身,"一支笛漫步人生路"。妻子患脑溢血离世后,自己也因拔牙、装假牙而不再(也是不能)吹笛,但还能不时地到原单位帮帮忙。在一次回家途中不幸跌倒、骨折,住院治疗很长一段时间。子、媳担心他再次发生意外,便禁止他再去原单位帮忙。患者亦听从子、媳的建议,居家种种花草,并不与附近的人们交往,与之前生活方式的差别有点大。由此一来,患者的孤独感越来越厉害,逐渐忍受不了单独一个人在家的生活状况。从担心心脏有病到心悸亢进、焦虑,乃至害怕死亡,整日处于焦虑、孤独、苦恼的疑病状态。

诊断与分析:从对患者进行的心理测试来看,焦虑测验(MAS 测验)得分为20,表明焦虑程度是很高的。罗夏(Rorschach)测验表明患者焦虑、多疑,未见性格畸形。另外测验表明患者有疑病,其他均正常。

很显然,患者因妻之死、装假牙等而不得不放弃吹笛,进而被禁止去原单位帮忙,长期形成的生活习惯一下子都改变了,居家之时又很少与友人来往,逐渐将自己与外界隔绝开来,极度的孤独感自然不可避免地袭来,这才导致焦虑神经症的发作。

讨论:这一病例的背景因素是因循老年人特有的孤独状态,而出现的各种各样焦虑、纠葛,这是可以理解的。治疗的关键在于让患者能恢复原来的生活状态,回到原单位,回到他原来的与人交往的场所,症状就会慢慢消失。也就是说,让他重回自觉有意义的生活场所,是治疗的重要手段。诊治结果也证明:患者恢复原来生活方式之后,失眠及精神症状消失,焦虑也得到抑制。

(三)老年期的丧失感所诱发的疑病、心身症

个案基本情况:某女,64 岁,独身,把兄弟在高中就读的女儿收为养女抚养。两年前,养女因结婚离家。现与大学时代的一个女友一起居住。患者报告自己心悸亢进、呼吸急促、脉快、一过性高血压,还不断诉说自己肯定罹患白血病、癌症及公害病等。

发病及其过程:患者四年前退休,与大学朋友一起开办英语学习班,此时还无任何不适的症状。两年前,当养女恋爱,结婚离家后,逐渐出现疑病倾向,接着关闭英语学习班。这时,上述症状一下子都表现出来了。就医时,患者不接受医生所告之的心脏无异常的结论。几次经转各院内科检查,均无发现异常,遂转来神经科。

诊断与分析:调查患者的生活史,发现她在小学二年级时其兄去世,双亲视其为男孩养育。患者性格好强,也比较勤奋用功。大学毕业后,作为公务员活跃于职场,颇为成功。后收养弟弟的女儿为养女,又与大学时代好朋友同住,三人和睦生活。60 岁时,与朋友一起开办英语学习班,过着充实的生活。但当恋爱中的养女提出要结婚时,她不时地诉说自己身体有异常而经常寻医问药,养女结婚、离家后,她多疑的倾向越来越明显,一年前英语学习班也关闭了。此时,疑病症状更加显著,焦虑神经症症状也显现出来了,女友也饱受其疑病症的困扰。

送神经科就诊时,患者身体很虚弱。不断诉说自己的"重病",且不听医护人员劝服。患者极其多疑,但并不抑郁。与医生交谈时精神焕发。在读书与谈话的兴头上,焦虑会消失。但当对方不注意或不同意她的意见时,就变得具有攻击性。对此,医生除了采取友善的态度开导患者之外,还采用自主性训练(即让患者有意识地去感受四肢的松紧、轻重、冷暖的程度,从而学会放松并获得安静)加以治疗。在医生的积极治疗下,患者也理解了医生的心情,主动提出将自主性训练由一周一次改为一周两次,以此为转机,患者主诉的多疑状态逐渐减少。两个月后,患者召集一部分学生重开英语学习班,不过,仍有焦虑,因而继续接受自主性训练(两周一次),直至英语学习班重新步入正轨,患者才恢复正常生活。

讨论:这一病例的发作是与老年人的丧失感有关。患者一时间失去了工作,养女也离家而去了,进而学习班又中断了,对于"男性化"的患者,就是掉进"没有自我""没有生活场所"的深渊之中了。对这种患者的治疗,关键是要帮患者恢复有意义的现实生活(不一定与原先失去的一模一样),使患者觉悟生活的意义,主动进入现实生活场所中去。像本例中,总觉得丧失了一些东西、看不到生活意义的老年人并不少。对此,重要的是要使老年人在内心觉悟到生存的意义及其生存意志的唤醒,把自己作为对象重新返回到现实中去。

以上三例是比较典型的老年神经症病例及不同的治疗对策:(1)患者已具有某种形式的神经症性格或潜在的神经症,并在幼年时期的生活经历中存在着一定的问题和精神创伤。治疗的重点是精神分析法,借此搞清楚患者内心潜在的焦虑的实质,并引导患者转向对现实的适应。(2)因老年丧失和孤独状态引发了焦虑,并转向心身症,以所谓身体疾病的形式表现出来。治疗的重点是给予特殊的支持,不仅在心理上帮助患者从内心世界的孤独中走出来,同时要改善患者的具体生活现状,使其远离孤独状态。(3)由于晚年所处的周围环境的变化而放弃了人生价值,同时,也失去了生活的欲望与意志。治疗的重点在于激发患者内部保留的潜在能力,以及唤醒患者对社会、家庭,以及其他角色意识,使患者再次认识到人生的意义,并遵循这个意义去努力实践。

三、老年人心理治疗小结

老年期神经症患者具有各种各样的背景，他们在一定的时间内成长，有着各种各样的经历，在五光十色的环境中走过来，千篇一律地对待肯定是不行的。首先，医生要尽可能正确把握患者得病的机理与背景；其次，要考虑采用（正确）的治疗方法；再次，要考虑几种心理疗法的综合使用。例如，在上述第一例中，医生采用精神分析法和具体的生活指导；在第二例中，医生在个人心理治疗的同时，集合一些相同倾向的患者进行集体心理治疗（即采用集体讨论的方法，针对患者存在的各种现实问题，通过互相帮助，特别是情感上的互相支持，以提高治疗效果）；在第三例中，医生设法使患者理解“生存意义”，同时，让患者感受自己身体的松弛、紧张等变化。

总之，对老年人的心理疗法，必须考虑老年人的身体条件、特殊的心理条件、家庭与社会条件等，从综合的观点出发和推动，才是较为可行的选择。

最后，编者由衷地祝福老年人长寿、健康又快乐！如果不幸罹患心理疾病，请及早治疗，以便及早康复，至少不至于恶化。

第十二章　老年人常见的身体疾病与心理社会因素

进入老年后,身体的各种组织和器官的功能会逐渐退化。机体器官的老化与生理机能的退化,使老年人比年轻人更容易罹患各种疾病。张魏丽等人(2007)对河北省石家庄市、保定市、邯郸市、唐山市所辖81个县市农村,以及部分城镇的高龄老年人(90岁以上)进行了调查,结果发现:在519名90—104岁的老年人中,慢性病的患病率为67.44%,其中,患病率最高的是高血压(55.11%),其余依次是慢性支气管炎(50.67%)、白内障(50.09%)、骨关节炎(45.08%)、胃溃疡(41.04%)、心脏病(34.1%)、帕金森病(22.16%)、脑卒中及脑血管病(21.19%)、糖尿病(20.42%)、肿瘤(19.27%)、肺结核(15.41%)、褥疮(13.49%)、青光眼(12.52%)。《2011年宁波市居民病伤死亡原因监测报告》显示,老年人(65岁以上)主要死因为恶性肿瘤、脑血管病和呼吸系病,三者分别占老年人死亡的26.06%、21.15%和20.76%;慢性病也是老年人死亡的主要死因,糖尿病死亡中的老年人占82.57%,其中62.56%是女性。

作为老年人心理学的导读材料,本书也非常关注疾病对老年人生活和情绪的影响,以及老年人对疾病的适应问题。疾病会给老年人带来很大的影响,比如听力下降会妨碍人与人之间的沟通,从而影响老年人的社会交往;又如,关节炎和心脏病会使老年人的日常活动受到限制,从而迫使老年人减少与外界的接触,这就容易孤立自己。长期患病、特别是生活不能自理的老年人,易产生焦虑、抑郁情绪,甚至感到自己是家庭中的累赘,从而对生活失去希望和乐趣。疾病除了给老年人带来身体上的痛苦,还造成经济上的困难,这显然要增加老年人心理上的负担,产生消极的心理反应和难于排解的心理问题。反过来,疾病带来的消极影响极有可能会加剧病情的发展。

与此同时,居民的健康素养不高,这在一定程度上影响了患者及其家属的生活质量。中华预防医学会会长王陇德教授指出，我国居民健康素养的总体水平仅为6.48%，近七成没有科学的健康观，超过八成缺乏传染病预防、安全与急救知识，约九成不具备基本医疗素养，逾95%不了解慢性病预防。为此，本章选择性地谈一谈老年人常见的身体疾病，使老年人能正确认识和把握自身身心健康状况，了解如何进行心理调养，提高自我诊断和调养能力。

第一节　老年高血压与心理社会因素

一、老年高血压简介

老年高血压病，顾名思义就是老年期所患的高血压。众所周知，心脏在收缩期射出的血液推血前进的力量大，因此收缩期动脉血压升到最高值，我们称收缩压，俗称“高压”。心脏舒张期就停止射血，血液依靠主动脉的弹性推血前进，动脉血压降到最低值，我们称舒张压，俗称“低压”。根据世界卫生组织和国际高血压组织高血压防治指南，年龄在60岁以上、血压持续或3次以上非同日坐位血压收缩压≥140mmHg和(或)舒张压≥90mmHg可定义为老年高血压；若收缩压≥140mmHg，舒张压＜90mmHg，则定义为老年单纯收缩期高血压。高血压是导致老年人充血性心力衰竭、脑卒中、冠心病、肾功能衰竭、主动脉瘤的发病率和病死率升高的主要危险因素之一，严重影响老年人健康、长寿及生活质量。

二、老年高血压特点

老年人的高血压因其年龄因素，具有以下特点。

(1)单纯收缩期高血压(收缩压≥140mmHg，舒张压＜90mmHg，脉压差增大)多见，约占高血压的60%。部分由中年高血压延续而来，属于收缩压和舒张压均增高的混合型高血压，但仍以收缩压增高为主。

由于老年人的主动脉粥样硬化，使心脑血管成了近于无弹性的管道，心脏射血时不能充分扩张，动脉系统骤然增多的血容量得不到缓冲，导致收缩压升高，而舒张期，由于血管弹性减退，所以舒张压难以维持。因此，老年人以单纯收缩期高血压多见，即使为混合型高血压，也是以收缩压增高为主。不论心输出量正常或降低，随年龄的增长，收缩压逐渐升高，舒张压下降，脉压差增大。

(2)血压波动性大。随着年龄的增长,老年人的压力感受器敏感性减退,反应变慢,使心率变异性降低、血压变异性增大;加之大动脉的弹性减退,动脉壁僵硬度增加,不能适应心搏出量的微小变化,随着情绪、季节和体位的变化,收缩压、舒张压和脉压差的波动性明显增大,尤其是收缩压。

老年高血压患者常伴有左心室肥厚、室性心律失常、冠状动脉硬化,以及颅内动脉硬化等疾患,血压急剧波动时,可显著增加发生严重不良心血管事件的危险。

(3)易发生体位性低血压。体位性低血压即在改变体位为直立位的 3 分钟内,收缩压下降＞20mmHg 或舒张压下降＞10 mmHg,同时伴有低灌注的症状。老年人高血压患者特别容易发生体位性低血压,尤以降压治疗过程中更易发生。

在老年收缩期高血压者伴有糖尿病、低血容量,应用利尿剂、扩血管药或精神类药物者容易发生体位低血压。

(4)易发生心力衰竭。老年人高血压多以收缩压升高为主,造成左心室后负荷与心脏做功增加,加之心肌胶原纤维增加和淀粉样变,使心肌肥厚、心脏舒张与收缩功能受损,使心排血量下降,易诱发心力衰竭。

(5)间接测压可高估血压值。老年人硬化的动脉难以被水银柱式血压计的气囊所阻断,故可得出较实际为高的血压读数,即出现“假性高血压”现象。

(6)体液成分改变。老年人高血压多为低肾素型,其血浆肾素活性低、醛固酮水平低,细胞外液容量低,β 受体数目及反应性低,儿茶酚胺稍高。

(7)多为无症状性高血压。老年人高血压对持续性高血压有较长时间的适应,故大多数患者无任何症状。其终端靶器官损害和并发症常见,且也多无症状,造成患者及其家属疏忽而忽略就医服药,更易导致并发症的发生和进展。老年人高血压并发脑卒中、心力衰竭、心肌梗死和肾功能不全者较为常见。

(8)常见血压昼夜节律异常。临床研究显示,老年高血压患者血压昼夜节律异常的发生率高,表现为夜间血压下降幅度不足 10%(非杓型)或超过 20%(超杓型),使心、脑、肾等靶器官损害的危险性显著增加。

(10)常与多种疾病并存,并发症多。老年高血压常伴发动脉粥样硬化、高脂血症、糖尿病、阿尔茨海默症等疾患,脑血管意外的发生率和复发率明显增加。老年高血压患者若血压长期控制不理想,更易发生靶器官损害,如冠心病、脑卒中、缺血性肾病及间歇性跛行等。

三、罹患高血压病的原因分析

高血压是老年人得病率最高的病种之一,其产生原因各种各样,主要有以下几种因素。

(一)生物性因素

1.遗传

40%—60%的高血压病患者,有高血压病家族史。据调查发现,其父母双亲均有一方有高血压者,则其子女比双亲均无高血压的子女高血压患病率高出1.5倍;双亲均有高血压者,则其子女高血压患病率要高2—3倍。

2.肥胖

肥胖了就容易血管狭窄、血脂升高、脂肪堆积、血管容量变小、体内血容量增高、心排出量高、肾上腺素活性增高,于是导致血压升高。

据统计,我国肥胖人群高血压发病率高达22.3%—52%,而正常体重成人患病率仅为3%—10%,平均7.8%。当体重超重10%以内时,高血压发生率为10.3%,仅比正常体重的人略有增加;超重10%—20%时,高血压发生率为19.1%,相当于正常体重人群的2.5倍;当超重30%—50%时,高血压发生率高达56%,为正常体重人群的7.2倍。也就是说,中度以上肥胖者中一半以上会发生高血压。

肥胖是有标准的,简易的计算方法如下所示:

标准体重(千克)=[身高(厘米)－100]×0.9;

或者标准体重(千克)=身高(厘米)－105。

超重(%)=[(实际体重－标准体重)÷标准体重]×100%。

体重超过标准体重10%就是超重,超过20%就是肥胖。

当前,科学家们分析了大约30万人的健康状况后发现,理想的健康状态是,每个人都将腰围保持在身高的一半以下,这一比率能比上面用身高体重指数更好地预测高血压,以及糖尿病、心脏病和脑卒中等心血管疾病。美国的研究表明,腹部肥胖者的死亡率较那些腰围低于标准的人要高出20%。腰围还被认为是比全身肥胖更加准确的、可预测心脏代谢风险因素的因子。

(二)社会心理因素

1.性格因素

易急躁、易发怒、易激动、好活动、好竞争、过分耿直、认真、较固执保守、爱烦恼、压力大的人易患高血压病,这是由于这些表现可使人体内的肾上腺素、去甲肾上腺素、多巴胺和胰岛素分泌明显高于正常人。这些物质能使神经系统兴奋,心跳加快,血管收缩,血压升高,时间久了人就易患高血压病。

2. 神经和精神

神经、精神因素对血压的影响很明显。一时的神经、精神因素会扰乱心血管系统的生理规律，使血压升高，当然，紧张刺激源消失时，惊恐的情绪就会平息下来，血压也会得到恢复。但是，如果这种使神经、精神紧张的因素经常存在，那么人就会长期处在惊恐情绪之中，血压也总是在一个较高水平，这样就很可能引起高血压病。此外，外界不良刺激若反复或持久地作用于人体，如在强噪音环境中工作，均可引起高级神经中枢的功能失调，从而使血压升高。

3. 情绪

血压与人的情绪变化密切相关，我国心理学工作者对 232 例高血压病人进行了研究。结果表明，患者病前情绪不稳定的，易大涨大落的，在高血压病因中占 74.5%。不论是愤怒、焦虑、恐惧，还是大喜大悲，都可能使血压一时性升高。因此，注意控制情绪，对防止高血压的发生和发展有十分重要的意义。

4. 饮食习惯、生活方式

在高血压中，遗传虽然是一个重要的因素，但不良的生活习惯，如高盐饮食、缺乏运动、大量饮酒等也会促使高血压的发生。

钠盐摄入量过多是高血压最常见、最重要的原因之一。人体血清钠的浓度正常是 135—150mmol/L，天然食物中含钠量特别少，所以我们需要的钠主要来自食盐，但随着钠摄入量的增加，肾血流和细胞外液随之增加，钠的清除率提高，伴随而来的与血压有关的肾素、血管紧张素Ⅱ及醛固酮水平下降，心房利钠肽和环磷酸腺苷水平增加。几乎在绝大多数盐摄入量增加的人群中，其平均血压水平比较高。研究表明，日均摄盐量每增加 1 克，平均高压上升 2mmHg，低压上升 1.7mmHg。可以说，食盐的摄入量跟高血压、心脑血管疾病关系非常密切。

另外，调查发现：在已确定的高血压患者中，盐敏感性高血压占 28%—74%。我国近 1.3 亿高血压患者中，盐敏感性高血压患者估计不少于 3000 万。有学者在对患轻度高血压的病人（平均血压 164/101mmHg）限制食盐的研究中发现，经过一年的限盐，有 80% 的轻度高血压病人的血压下降（平均血压 142/87mmHg），由此证明轻度高血压的病人，通过限制食盐摄入，可以使许多病人的血压下降而不必用药物治疗。世界卫生组织推荐每日食盐摄入量应当控制在 5—6 克以下，大约相当于一个三口之家每月食用 250 克盐及 500ml 酱油。

限制食盐摄入并不是说吃盐越少越好，更不是不吃盐。食盐的主要成分是氯化钠，其中 39% 是钠，61% 是氯化物。食盐在人体内可分解成钠离子和氯离子。钠离子具有维持人体全身血液容量和细胞渗透压，维持神经与肌肉的正常兴奋和应激性，激活人体肌肉收缩、提高动脉和周围血管的收缩压等多种功能；氯离子则可帮助调节人体的酸碱平衡、生产胃酸和激活淀粉酶，这些对于生命活动都极为重要，是身体绝对不能缺乏的物质之一。若长期过度限制盐的摄入，会导致血清钠含量过低，从而引起神经、精神症状，出现食欲不振、四肢无力、晕眩等现象，严重时还会出现厌食、恶心、呕吐、心率加速、脉搏细弱、肌肉痉挛、视力模糊、反射减弱等症状，医学上称为“低钠综合征”。急剧限盐能使体液容量下降，肾素-血管紧张素系统及交感神经系统活性增加，可导致部分病人的血压反而升高。

美国专家曾对 1900 名高血压患者进行了长达 4 年的观察，定期对他们尿中食盐的含量进行分析，发现尿中食盐含量最低的病人比含量正常的人心肌梗死发病率高 4 倍。所以，即使是高血压患者，也不是盐吃得越少越好。

少量饮酒对健康有利。如老年人气血不畅，畏寒怕冷，腰酸背软，喝一点酒能活血顺气，通经活络，消除疲乏，有健脾、健胃功效，还有利于睡眠，有助于开展人际交往，而人际交往又是保持身心健康的关键因素。据美国媒体报道，美国哈佛大学研究人员对 1986—2002 年间，近 1.2 万名男性的健康资料进行调查后发现，每天喝上 1—2 小杯酒，能提高血液中“好胆固醇”的含量，抑制血液凝结，从而达到降低高血压男性患者罹患心脏病风险的效果。美国衰老研究所和佛罗里达大学的研究人员，共同调查了 2487 名年龄在 70—79 岁之间的健康老年人，对他们进行了为期 5 年的跟踪调查。研究发现，每周适量喝酒的人（根据研究人员的定义，适量喝酒，是指一周喝 1 到 7 份含酒精饮料；1 份含酒精饮料可以是一罐 355 毫升的啤酒、一杯 250 毫升的葡萄酒，或是一种配制饮料），因心脏病等疾病死亡的概率比不喝酒的人低近 30%，故适量的酒精具有保护心脏的作用，老年人适当饮酒会长寿。

但饮酒过量会带来很多风险：导致血压升高；记忆退化；酒后出轨，酒后无德，进而毁掉幸福生活；酒精上瘾，导致无酒不欢，不醉不归。长期饮烈性白酒，或饮酒过量，还可发生食道炎、胃炎、胃溃疡、肝硬化等，大量饮酒还有导致“酒后脑溢血”的危险。

怎样做到科学饮酒呢？第一，要喝低度酒，如啤酒、葡萄酒；第二，要控制酒量，每餐饮酒酒精含量不超过 15 克；第三，勿空腹饮酒，勿与碳酸饮料共饮。

此外，吸烟可使血压升高。大量吸烟使其血中的碳氧血红蛋白增多，这些血红蛋白均无载氧功能，故可引起动脉管壁缺氧而造成血管内膜损伤；而且烟草中所含的尼古丁还可使肾上腺素分泌增加，从而促进血小板聚集和内皮细胞收缩；

血管活性物质，如缓激肽、组胺、5-羟色胺、儿茶酚胺、前列腺素、血管紧张素等，均可使内皮细胞收缩、细胞间隙加大，甚至直接损伤内皮细胞，进一步加速动脉粥样硬化的发展，促使高血压病和冠心病加重，体质下降，寿命缩短。而且尼古丁影响降压的疗效。因而，吸烟者冠心病发病率比不吸烟者高3倍。

(三)环境污染物

环境污染物会导致人的血压升高。美国波士顿哈佛大学公共卫生学院的研究人员在最新研究报告中指出，血压升高与长期接触交通运输排放的空气污染物颗粒有关联。研究人员分析了939名标准老化研究对象的数据，他们在1995年至2006年间每隔4年接受一次检查。研究人员还用一个计算机模型估测每个参与者在整个研究期间及每次评估前一年内接触交通污染物颗粒的情况。发现血压上升与接触交通污染物颗粒增多有关，尤其是当接触污染发生在每次评估之前的一年内(收缩压升高3.02mmHg，舒张压升高1.96 mmHg，平均动脉压升高2.30 mmHg)。

四、老年高血压患者的心理表现

罹患老年高血压的病人一般会表现出以下心理特征。

(一)脑衰弱综合征

高血压病初期，有部分病人出现脑衰弱综合征。表现为头部不适，跳动，情绪易激惹，心跳加快，心前区不适。出现入眠困难，睡眠不安，噩梦及易惊醒。病人易疲乏，注意力不集中，记忆力差。工作能力受影响，工作不能持久。

(二)焦虑、恐怖、抑郁状态

病人过分注意自己的病情，或对病症发作感到恐惧、忧虑，甚至产生死亡恐怖和疑病观念。在高血压病中期阶段伴随着血管痉挛血压升高，可呈明显发作性的焦虑和忧郁，亦可伴兴奋、烦躁和不安。

(三)具有高血压征象和高血压脑病时的精神症状特点

(1)意识障碍常突然发作，以夜间为多。发作前数天可有头痛、失眠、情绪不稳等前兆，继而出现朦胧、谵妄或精神错乱状态，还伴有恐怖性的幻觉或片断的妄想，甚至发生自伤、伤人、兴奋、冲动、言语不连贯、定向力丧失等情况。意识障碍的程度时深时浅是本病的特点，有时可与周围环境保持部分联系。发作可持续数日至数周，恢复后可有遗忘。

(2)假性脑肿瘤综合征。发生在高血压病晚期，主要由于脑血管器质性改变而渐现意识混浊。表现为精神萎靡、乏力、无兴趣，表情呆板、思维贫乏、反应迟钝、动作缓慢。同时伴有神经系统症状，如头痛、呕吐、视神经乳头红肿等颅血压增高征象。

(3)幻觉妄想综合征。多见焦虑紧张，恐惧后出现幻听、被害妄想及疑病观念。幻觉及妄想的内容常互相联系，但妄想缺乏系统化。

五、老年高血压患者的注意事项

罹患高血压病之后，患者在日常生活中要根据实际情况注意自己的用药、饮食、生活方式，以及心理调控等，以控制或延缓病情的恶化。

(一)随时调整用药和剂量

首先，要清晨服药避免“血压晨峰”。临床实践证实，每个人的血压都不是恒定的，而是昼夜 24 小时在一定范围内波动。血压在一天中有两个高峰期，即上午 6—10 时和下午 4—8 时，夜间睡眠中血压最低，这种差值可达 40mmHg，起床走动后血压进一步升高。老年人由于血管硬化，24 小时内血压变化更加明显，血压在清晨急速升高甚至可达 50mmHg，医学上称为“血压晨峰”。血压晨峰引起心血管系统压力升高，增加心血管事件风险。因此，早上刚刚醒来后的几小时也是高血压患者一天中最危险的时段。

根据血压水平的波动特点，在未进行动态血压监测前，患者可以选择在早晨起床后立即服用第一次降压药，如果需要服用第二次药则应在下午 5 点之前。临床目前特别强调要控制“清晨血压”，因为短暂性脑缺血发作(TIA)、脑卒中、心绞痛、猝死和心肌梗死在清晨发生率最高。

其次，换季也要调整用药。血压水平会随着季节的变化而发生改变。研究发现，高血压的发病率在同一人群中有季节和地域差别，一般是高纬度(寒冷)地区高于低纬度(温暖)地区，冬季高于夏季。这是因为气温降低后，人体耗氧量会增加，为了维持体温，心率会改变，心脏收缩功能增强，并通过刺激人体内血管收缩，来增加血管阻力从而引起血压升高，所以很多患者在冬季需要适当增加药物剂量，使血压得到很好的控制，避免因为血压波动过大导致心肌梗死、脑出血和脑梗等疾病的发生。到了夏季，随着气温升高，人体血管扩张，血流阻力小，压力小，血压水平相应降低，加上夏天人体出汗多，血液中水分减少，也有助于血压降低。如果这时还照搬冬天的用药量显然偏大，会使血压降得太低，出现头晕、脑供血不足，甚至引发脑梗死或心绞痛，所以夏天服用降压药的剂量要相应减小，特别要减少利尿剂及含有利尿药成分的一些复合剂的应用。但也有些患者由于睡眠不好,心情烦躁或其他原因也会导致血压升高。因此,要特别注意监测自身血压水平的变化。

(二)常做有氧代谢运动

有氧代谢运动简称有氧运动,是以增强人体吸入氧气、输送氧气及与使用氧气能力为目的的耐久性运动。也就是说,人们在进行锻炼时,身体所需要的氧气,都能及时得到满足的运动就是有氧运动。它的特点是强度低、有节奏、不中断,也有叫它为“轻体育运动”(运动以后有一点气喘,有一点出汗,不太激烈);每天的运动量在半个小时到一个小时之间;一个星期3—5次;对技巧要求不高、简单易行、便于坚持。有氧运动的常见种类包括散步、慢跑、快走、骑车、游泳、登山、打门球、跳绳、踢毽子、爬楼梯、练太极拳、做健身体操、跳慢节奏的交谊舞及一些中低强度的运动项目,其中最佳的有氧运动是散步和慢跑。运动量按照心跳计算,心跳次数=170-年龄,比如我70岁,170-70=100(次),我进行有氧运动后心跳应在100次。有氧运动是非药物治疗高血压的一个重要手段。

有晨练习惯的老年人晨练时间不宜选在凌晨四五点钟。首先,根据人体生物钟节律,老年人锻炼的最佳时段是下午黄昏前后。此时绝大多数人的体力、反应、适应能力等都处于最佳状态,体内的糖分增至最高峰,锻炼不会产生能源代谢紊乱和器官机能运转的超负荷现象,尤其是心律与血压都较低且很平稳,最适宜锻炼。而早晨是肝脏含糖最低的时候。老年人在这一时段进行锻炼,作为运动能源的糖,将主要靠脂肪分解供给。脂肪作为能源物质源源不断进入血液后,由于肌体不能有效地利用其中的游离脂肪酸,致使游离脂肪酸浓度大幅度提高。老年人由于心肌活动能力降低,过剩的脂肪酸所带来的毒性,往往导致心律失常,甚至引发心源性休克,继而危及生命;临床医学研究发现,上午9时,心脏病发作的概率比下午1时要高出3倍,清晨5时至早晨8时是脑血管意外发生危险的时段,同时也是心肌梗死、心律失常的好发时间。晨练对冠心病、高血压病人十分不利,而冠心病、高血压患者多为老年人群。

其次,老年人由于身体机能出现老化现象,晨起后短时间内肌肉、四肢等运动器官还处于松弛状态,心跳和呼吸缓慢,代谢水平较低,肢体反应慢,灵活性差。这时进行锻炼,不仅效果不佳,还容易造成摔、碰、扭伤等。

再次,大多数植物都是在白天进行光合作用,吸收二氧化碳,放出氧气;到了晚上或黎明时分,则像人一样吸收大量氧气,释放二氧化碳。清晨在树木密集的公园里,如果风力很小,大气相对静止,一夜之间排出的二氧化碳就会大量聚集在树的周围,是一天之中空气最差的时间。老年人本来身体较弱,再加上高血压、心脏病等各种慢性疾病的影响，锻炼时，更需要大量的氧气来维持正常的呼吸和足够的体力。如果在这种情况下，还站在树下，不但呼吸不到新鲜空气，反而会过多吸入二氧化碳，严重时甚至可能由于氧气不足导致呼吸困难。因此晨练对免疫力和抵抗力都减弱的老年人不宜。故最好选择日出一段时间以后锻炼为宜，最好在上午八九点钟开展锻炼。或者选择一些通风好、树木不太密集的空旷场所。

运动前要避免情绪激动，不宜饱餐。活动量应该量力而行，不可超负荷，以免给心脏增加过重负担，晨练运动要循序渐进，不经常运动者，不要突然从事剧烈的活动。晨练后不宜马上洗热水澡，以防心脏供血减少。晨练活动时一旦出现胸闷、心悸、气短等异常情况，必须立即到附近医院就诊，因为急性心梗在1小时内救治可获得理想的效果。

对轻度高血压病患者运动的特点是锻炼性的。适宜的项目有太极拳(剑)、慢跑、快步走、游泳、爬山、骑自行车(中距离)等项目运动。

中度高血压及有轻度心、脑、肾血管病变者，如左心室肥厚、眼底血管轻度硬化等，可用坐位或站位的运动，如太极拳(剑)、保健功、快步行走、中等运动量的降压操等。

若已有明显的心、脑、肾血管病变，如发生过脑卒中、心梗、心绞痛等的高血压病患者，宜采用静气功、医疗体操中用力不太大的肢体运动(如手掌中转动健身球等)、按摩等方法。

由于高血压病患者常有交感神经兴奋性增高，在运动后会出现异常升高的血压及心率，因此在服降压药“保驾”的前提下，进行一些适量运动。

(三)防止危险动作

如快速起床，老年人的神经调节功能迟缓，起床速度过快，体位突然由卧位变成直立位，可使血压急剧升高，导致脑血管破裂而发生悲剧。放慢起床的节奏，可遵循“三个半分钟”的原则，即清醒后睁眼平卧半分钟，然后在床上坐半分钟，再放下两只脚在床沿上坐半分钟。

(四)要注意“假性高血压”

动脉硬化的老年人，动脉壁像失去弹性的橡皮管子一样，压力不易阻断血流，造成血压测量值偏高的假象，实际上动脉内的血压可能没有那么高。动脉硬化愈严重，“假性高血压”就愈显著。如果盲目使用降压药物，会使正常血压快速下降，反而会出现头晕、胸闷等不良反应。因此，患动脉硬化的老年人要注意排除“假性高血压”，尤其是服药效果不好时要引起注意。

判断“假性高血压”有一个简便的方法，就是测量血压时，打气到200毫米汞柱左右，这时“假性高血压”患者由于其动脉管壁的硬化就可触摸到条索状的桡动脉，而正常情况下这个时候触摸不到桡动脉。如果发现有这种情况，应该及时去医院的心血管专科或高血压门诊，辨别高血压的真伪。

当确诊为“假性高血压”时，说明患者的动脉硬化程度已经比较严重，此时需要做全身的血管检查，以及早发现病变部位，防患于未然。

此外，老年人还要注意调控自己的心理。前文已述，凡是能够正确对待有关事物和善于排解不愉快情绪的人，绝大多数都能保持身心健康而不生病，或者控制病情的发展。相反，总是抑郁或过分自我压抑的人，不但患高血压、消化性溃疡等病的比率较高，而且患各类精神疾病的比率也高出普通人数倍。所以，让老年人将内心积郁的各种不愉快疏泄出来，是高血压患者维持血压稳定的主要疗法之一。如果个人性格易激动、易发怒，那就要特别注意控制自己情绪，这不但有利于降低血压，而且对于防止高血压并发症的发生有一定的作用。有时候，老年人不妨采用瑜伽、气功、坐禅，乃至听音乐等方法放松自己。

第二节　糖尿病与心理社会因素

一、糖尿病简介

糖尿病是一组以血浆葡萄糖(简称血糖)水平升高为特征的代谢性疾病群。引起血糖升高的病理生理机制是胰岛素(一种分子量较小的蛋白质，在体内的作用非常广泛，主要是降低血糖)分泌缺陷和分泌能力减弱，或胰岛素作用缺陷和不好。这两个因素都是导致胰岛素在降低血糖过程中作用差，由于分泌少或作用差，导致的以慢性高血糖为特征的代谢性疾病。当血糖明显升高时可出现多尿、多饮、体重减轻，有时尚可伴多食及视物模糊。胰岛素量少或者作用差，表面症状是血糖增高，但胰岛素的作用远不仅仅在于代谢糖，胰岛素对脂代谢、蛋白质代谢等作用是多方面的。

糖尿病的主要特征是血糖过高并有糖尿现象。作为一种慢性终身性疾病，糖尿病起病隐匿，早期无明显症状，症状期中则出现典型的“三多一少”症状，即多尿、多饮、多食、消瘦。由于机体血糖浓度增高，大量的糖在肾脏以尿液形式排出，带走大量水分，形成多尿；尿量增加、为补充失去的水分而导致患者多饮；而且，胰岛素分泌不足使大量葡萄糖流失，机体常处于饥饿状态，因而食欲亢进、多食；但是，由于机体不能充分利用葡萄糖，尽管多饮多食，仍然体重趋减、逐日消瘦。另外，部分患者还会出现身体困倦、耐力减弱、视力减退、腹泻便秘、全身瘙痒等症状。

糖尿病的致残、致死率高，已成为继心脑血管疾病、肿瘤之后，另一个严重危害人们健康的慢性非传染性疾病。

二、糖尿病的分类

糖尿病一般可以分为以下四类。

（一）Ⅰ型糖尿病

Ⅰ型糖尿病患病率远低于Ⅱ型糖尿病。Ⅰ型糖尿病是由于胰岛β细胞（胰腺的胰岛中能产生胰岛素的细胞）破坏导致任何刺激胰岛素分泌的因素都不能促使β细胞合成与分泌胰岛素，从而胰岛素绝对缺乏，病人出现糖尿病症状。一般急性发病多见于Ⅰ型，常于高热、病毒感染后，出现烦渴、多饮、多尿，继而恶心呕吐、腹胀、脱水、呼吸深快、呼气中有烂苹果样酮臭味、血压下降等，以酮症酸中毒为首发症状；有的病人无典型糖尿病史，发病快，突然昏迷，首次被诊断为糖尿病。

据现有资料分析，Ⅰ型糖尿病发病率与季节和病毒性疾病流行相一致，这提示Ⅰ型糖尿病的发病可能与病毒感染有关。中国是世界上Ⅰ型糖尿病发病率最低的国家之一，但由于中国人口基数大，故Ⅰ型糖尿病患者的绝对例数并不少。

（二）Ⅱ型糖尿病

Ⅱ型糖尿病中一部分病人以胰岛素抵抗（指机体对一定量的胰岛素的生物学反应低于预计正常水平的一种现象）为主，病人多肥胖，因身体对胰岛素产生抵抗性，对胰岛素敏感性下降，血中胰岛素增高以补偿其胰岛素抵抗，但相对病人的高血糖而言，胰岛素分泌仍相对不足。另一部分病人以胰岛素分泌缺陷为主，临床上需要补充外源性胰岛素。

Ⅱ型糖尿病起病时症状比较隐蔽，很难在初发时即获确诊，因此不易引起老年人的注意，往往已经发病多年，仍然大口吃肉，嗜好甜食，生活方式不健康，没有得到及时有效的治疗。Ⅱ型糖尿病患病率高，占糖尿病病人的90%以上。极少数急性发病，特别是老年患者以感染为诱因，出现昏迷住院而首次确诊为糖尿病；还有的患者突然出现严重的口渴、多饮、多尿、脱水，如不及时治疗，则很快出现酮症酸中毒症状。慢性发病患者在几个月或几年内逐渐出现口渴、多饮、多尿、食欲亢进和稍瘦等症状，这是因为血糖高了以后，糖不能进入细胞内，作为组织消耗的能量，而是随着尿大量流失。高血糖必定带有高尿糖，大量糖分丢失，体重就会减轻。因此我们就不难理解糖尿病的“三多一少”典型症状：多尿、多饮、多食和体重减轻。

(三)妊娠糖尿病

妊娠糖尿病是指妊娠期间发生或者发现的糖尿病。妊娠是糖尿病的高发时期，目前越来越多的孕期妇女在定期进行的体检中发现，平时正常的血糖值会突然变高，但自己却没有任何不适感觉，这就是妊娠糖尿病。

上海市妇女保健所2008年的一份统计资料显示，该病的发病率由原来不到3%上升到现在的7%以上，而且还呈现出逐年上升的趋势。妊娠糖尿病不仅影响母亲健康，对下一代的生长发育也构成严重危害。虽然妊娠糖尿病的转归一般较好，但是这些妇女在产后有发生糖尿病的高度危险性。相关研究发现，约30%的妊娠糖尿病患者在5—10年后可转变成Ⅱ型糖尿病，最终发病率可达到60%。所以应该对这类状况予以足够的重视。

(四)其他特殊类型糖尿病

其他特殊类型糖尿病是指既非Ⅰ型或Ⅱ型糖尿病，又与妊娠无关的糖尿病，包括胰腺疾病或内分泌疾病引起的糖尿病、药物引起的糖尿病及遗传疾病伴有的糖尿病等。其他特殊类型糖尿病虽然病因复杂，但占糖尿病患者总数不到1%，其中，某些类型的糖尿病是可以随着原发疾病的治愈而缓解的。

三、罹患糖尿病的原因分析

糖尿病的致病因素有很多，主要如下。

(一)遗传因素

糖尿病是遗传性疾病。遗传学表明，糖尿病发病率在血统亲属中与非血统亲属中有显著差异，前者较后者高出5倍。在Ⅰ型糖尿病的病因中遗传因素的重要性为50%，而在Ⅱ型糖尿病中其重要性达90%以上。因此引起Ⅱ型糖尿病的遗传因素明显高于Ⅰ型糖尿病。

(二)精神因素

近10年来，中外学者确认了精神因素在糖尿病发生、发展中的影响，认为伴随着夫妻关系不和、离婚、丧偶、失恋、家庭成员之间关系紧张等引起的精神紧张、抑郁，情绪激动及各种应激状态，都会诱发糖尿病。

美国约翰·霍普金斯大学医学院的研究人员对 5000 多名 45—84 岁的人员进行了调查，发现抑郁者患Ⅱ型糖尿病的风险比情绪状态正常者高 42%；而且，抑郁情况越严重，患Ⅱ型糖尿病的风险越大。研究还发现，65 岁以上情绪抑郁的老年人患糖尿病的可能性更大。可见情绪因素与糖尿病的发生、发展及变化有着密切的关系。

人的情绪主要受大脑边缘系统的调节，大脑边缘系统同时又调节内分泌和植物神经的功能，心理因素可通过大脑边缘系统和植物神经影响胰岛素的分泌。当人处于紧张、恐惧、受惊吓、焦虑、抑郁等应激状态时，交感神经兴奋，减慢甚至抑制胰岛素的分泌，严重影响葡萄糖的分解利用，造成血糖升高，同时，交感神经还将作用于肾上腺髓质，使肾上腺素的分泌增加，如生长激素、去甲肾上腺素、胰升糖素及肾上腺皮质激素等，间接地抑制胰岛素的分泌和释放。人的胰岛素不足，血糖就会升高。如果这些心理因素反复、持久地作用于机体，就可能诱发糖尿病。情况严重时，甚至会加速脂肪的分解，使血液中脂肪酸大量增多，导致酮症酸中毒。

(三)环境因素

在遗传的基础上，环境因素作为诱因在糖尿病发病中占有非常重要的位置。环境因素包括空气污染、噪音、社会的竞争等，这些因素诱发基因突变，突变基因随着上述因素的严重程度和持续时间的增长而越来越多，突变基因达到一定程度即发生糖尿病。

(四)肥胖

目前认为肥胖是糖尿病的一个重要诱发因素，约有 60%—80%成年糖尿病患者在发病前均为肥胖者，肥胖的程度与糖尿病的发病率呈正比，研究指出，体重每增加 1 千克，患糖尿病的危险至少增加 5%。有基础研究材料表明，随着年龄的增长，体力活动逐渐减少时，人体肌肉与脂肪的比例也在改变。自 25—75 岁，肌肉组织逐渐减少，由占体重的 47%减少到 36%，而脂肪由 20%增加到 36%，肥胖时，脂肪细胞膜和肌肉细胞膜上胰岛素受体数目减少，对胰岛素的亲和能力降低、体细胞对胰岛素的敏感性下降，导致糖的利用障碍，使血糖升高而出现糖尿病。

(五)长期摄食过多

饮食过多而不节制，营养过剩，使原已潜在有功能低下的胰岛素 β 细胞负担过重，从而诱发糖尿病。

（六）感染

感染在糖尿病的发病诱因中占非常重要的位置，特别是病毒感染，病毒感染是Ⅰ型糖尿病的主要诱发因素。在动物研究中发现许多病毒可引起胰岛炎而致病，包括脑炎病毒、心肌炎病毒、腮腺炎病毒、柯萨奇B4病毒等。病毒感染可引起抵抗力差的儿童患胰岛炎，导致胰岛素分泌不足而产生糖尿病。另外，病毒感染后，还可使潜伏的糖尿病加重而成为显性糖尿病。

（七）妊娠

妊娠期糖尿病的发生主要是因为随着胎儿的生长发育，对母体的物质需求日渐增多，母体发生一系列生理变化，其中糖代谢的变化较为突出。另外，胎盘分泌的多种激素对胰岛素产生抵抗作用，使糖代谢发生紊乱，体内葡萄糖不能很好地利用，出现血糖升高和尿糖。可见，妊娠期糖尿病的发生主要是因为孕期物质代谢和激素水平变化，不一定有糖尿病家族史。另外，妊娠糖尿病的增加与孕妇的饮食结构有很大的关系，营养过剩、高糖、高脂肪、高蛋白质的食物摄取得多，容易导致糖代谢受损。此外，孕妇高龄，也是罹患妊娠糖尿病的客观原因之一。

（八）基因

目前，研究人员认为，糖尿病是由几种基因受损所造成的：Ⅰ型糖尿病是第6对染色体短臂上的HLA－D基因损伤，Ⅱ型糖尿病是胰岛素基因、胰岛素受体基因、葡萄糖溶酶基因和线粒体基因损伤。总之，不管哪种类型的糖尿病，也不论是因为遗传易感而发病，还是环境因素、病毒感染发病，归根结底都是基因受损所致。换言之，糖尿病是一种基因病。

四、老年人罹患糖尿病的特殊原因

老年人较之其他人群更容易罹患糖尿病，这是为什么呢？可能与以下因素有关。

(1)老年人周围组织对胰岛素降糖作用的敏感性降低，或者说周围组织对胰岛素降糖作用阻力增加，这一现象又称为胰岛素抵抗。研究发现，骨骼肌上一种用来把葡萄糖由细胞外转运到细胞内的蛋白质（一种葡萄糖转运体）数量减少，这一结果可能是导致胰岛素敏感性降低的一个重要原因。

(2)随着老龄化，老年人身体脂肪的构成比例比相同体重的年轻人相对增多，如果肥胖，这样就更容易患糖尿病。

(3)老年人的体力活动较年轻人明显减少，降低了周围组织对葡萄糖的有效利用。

(4)老年人易患多种疾病，而有些常用药物容易促进血糖升高，比如非甾体类的消炎镇痛药，如吲哚美辛、β受体阻断剂、糖皮质激素、利尿剂、阿司匹林等。

(5)老年人胰岛β细胞分泌胰岛素的脉冲振幅较年轻人降低，提示老年人的胰岛β细胞分泌胰岛素的能力下降。

五、糖尿病患者的注意事项

老年人一旦罹患糖尿病之后，总免不了心情沮丧，甚至消极、悲观；但是，现代医学告知我们，糖尿病是可以控制的，只要患者对自己病情有正确认识，积极治疗，患者的日常生活并不会受到多大的影响。以下是患者的注意事项。

(一)要重视早期发现

糖尿病早期，不一定出现多饮、多食、多尿和消瘦的“三多一少”的典型症状，因为没有症状，有些病人就对医生的糖尿病诊断产生怀疑，甚至不承认自己有糖尿病。其实，50%以上的糖尿病病人都可以没有明显症状，有典型症状的只是少数。多数病人被诊断有糖尿病时，糖尿病已经有了平均7年以上的病程，而且发现时多数已经有了程度不等的并发症，诸如视力下降(白内障或眼底病变)、手足刺痛、发麻(末梢神经炎)、尿内微量蛋白增多(肾早期损害)等。Ⅱ型糖尿病更是如此。

因此，有糖尿病家庭史、异常分娩史(如原因不明的多次流产史、死胎、死产、早产、畸形儿或巨大儿等)；反复感染(如顽固性瘙痒，或反复外阴、阴道霉菌感染，或屡发疮痈肿者)；阳痿(在排除了泌尿生殖道局部病变后，要怀疑有糖尿病可能)；多尿、口渴、多饮，或近期不明原因的体重减轻、偶有尿糖阳性而空腹血糖正常者；反应性低血糖(多发生于餐后3小时或3小时以上，表现为心慌、饥饿、出汗、颤抖等)；年轻患者发生动脉硬化、冠心病、眼底病变等情况出现，就应及时就诊检查。

(二)要重视餐后血糖

许多糖尿病人误认为观察糖尿病病情的唯一指标就是空腹血糖。其实，临床上存在单纯饭后高血糖，或者空腹血糖增高不多、餐后血糖却很高的病人。最新科研成果表明，餐后高血糖是心血管并发症的独立危险因素，与心血管疾病病死率、心肌梗死和致死性心血管事件的发生密切相关。餐后高血糖比单纯空腹高血糖或持续高血糖的危害性更大。

(三)控制饮食

糖尿病病人需要控制饮食,对于甜食、主食往往多有限制。当今市场上有很多低糖、无糖的食品,还有一些"无糖"的甜品,甚至在这些食品的包装上,还标有"专治糖尿病"的字样。其实,凡是食品,多用米、面粉加工而成,虽然标以"低糖""无糖",米、面粉仍属糖类食品,但是对于所谓"无糖月饼,无糖饼干",糖尿病病人不宜放纵食欲,大享口福。就以宁波人喜爱的汤圆来说,汤圆以糯米为主原料,本身油腻、热量高,市面上所谓的无糖汤圆,仅仅是不含蔗糖,但同样含有淀粉、油脂等。即使内馅不放糖分高的豆沙、黑芝麻等,也很容易使糖尿病人血糖升高。

控制糖尿病病人饮食主要是控制总热量,严格地说,只要总热量在允许范围内,对食品的种类,如果营养平衡,一般没有限制。水果含糖虽高,吃水果产生的热量如果计入每天的总热量以内,糖尿病病人吃水果是"不受限制"的。

糖尿病患者每天的主食量(克)多少为宜,现介绍一简单方法,即标准体重[标准体重＝身高(厘米)－105]×5。如某患者身高170厘米,那么,他一天的主食量＝(170－105)×5＝325(克)。

(四)坚持体育锻炼

适当的、长期的体育锻炼可促进新陈代谢,增强体质,改善肌糖原的氧化代谢及心血管功能,使最大摄氧量增加,减少糖尿病患者的心血管并发症;运动可使肥胖病人体重减轻。Ⅱ型糖尿病人大多肥胖,对胰岛素不敏感。加强体育锻炼,使体重下降,胰岛素受体数上升,对胰岛素的敏感性提高,可以降低胰岛素的用量;运动可促进葡萄糖透入肌肉细胞,促使肌肉和组织对糖的利用,从而降低血糖、减少尿糖,并减少胰岛素的需要量;运动还可以使肌肉更多地利用脂肪酸,降低血清三酯甘油、降低低密度脂蛋白和低密度脂蛋白胆固醇,提高高密度脂蛋白胆固醇,增强脂蛋白酸活性,有利于预防冠心病、脑动脉硬化等并发症的发生。

日本厚生劳动省的研究小组与日本国内59家糖尿病专科医疗机构实施联合调查,以1700多名40—70岁的Ⅱ型糖尿病患者为对象,跟踪调查长达8年。结果发现,运动量最多的一组患者因心肌梗死等并发症而死亡的风险是运动量最少一组的约47％,患脑卒中的风险只有后者的约57％。

运动不仅能改善患者的血糖值和血压值,还能减轻他们的心理压力。

糖尿病患者的锻炼应持之以恒,最好每天都运动。建议一次有氧代谢运动不少于30分钟。走路是最适合老年人的运动方式之一。一个小时看似缓慢的走路所消耗的能量相当于一场 45 分钟的足球赛。如果配合正确的呼吸，10 分钟就会有局部温热的感觉，20—30 分钟就会发汗。不过，过大的运动量、过分的精神紧张会兴奋交感神经，刺激胰岛细胞，引起糖原分解和糖异生，导致血糖升高。

在锻炼的前、中、后要注意血糖变化。如果血糖低于 5.6mmol/L，应在锻炼前适当吃点含糖零食，这是因为血糖值低，再加上空腹运动，很容易引起低血糖反应，尤其是早锻炼，所以锻炼时间最好在饭后 1—2 小时，此时血糖水平比较稳定，同时也不易伤害肠胃。血糖值为 5.6—13.9 mmol/L，通常最适宜锻炼。如果运动过程中，出现头晕、身体摇晃、神经紧张或恍惚、乏力的症状，应立即停止运动，补充饮食，提高血糖。血糖＞14—16mmol/L、明显的低血糖症或者血糖波动较大、有糖尿病急性代谢并发症，以及各种心肾等器官严重慢性并发症者暂不适宜运动。

(五)预防危症并发

糖尿病患者长期血糖升高可致器官组织损害，引起脏器功能障碍以致功能衰竭。心脑血管病变、视网膜病变、肾病和糖尿病足，是糖尿病人的四大杀手，尤以心脑血管病变最为严重。

糖尿病并发症可分为急性并发症和慢性并发症。急性并发症主要是指在血糖比较高时，急性伴发的突起症候群。如Ⅱ型糖尿病患者在治疗过程中，突然急性感染或者心脑血管疾病发生，会使血糖急剧升高，胰岛素作用急剧下降，就会造成酮症酸中毒的可能。Ⅱ型糖尿病或者Ⅰ型糖尿病急性并发症中，高血糖的状况如果处理不好，容易合并感染。又如正常人有了轻微的感染，容易自愈，但糖尿病患者不行，哪怕是一次感冒，处理不好都会使病情加重，继发严重的细菌感染。

我国糖尿病患者有慢性并发症者相当普遍，患病率已达到相当高的水平；其中合并有高血压、心脑血管病、眼及肾病变者均占 1/3 左右，有神经病变者占半数以上。慢性并发症可分两大类，一类是微血管并发症，主要侵犯部位是眼底和肾脏；还有一大类就是大血管并发症，主要是心脏、大脑和下肢的大血管，还有周围神经病变和植物神经病变等。这些慢性并发症都给患者带来极大的痛苦。

糖尿病患者患心脑血管疾病比非糖尿病患者高 2—4 倍，高血压患者如同时伴有糖尿病，死亡率比非糖尿病患者高 7 倍。末期肾衰患者中糖尿病肾病占 40%，截肢的患者中糖尿病患者占 40%。所以糖尿病人一定要及早控制血糖和所有的危险因素，就能保证和非糖尿病患者一样的长寿。

糖尿病发生了并发症的花费，比预防并发症花的费用多 4 倍。对糖尿病总体治疗费来说，并发症治疗费占总治疗费的 80%。因此糖尿病患者在早期没有形成并发症前，应好好控制血糖，预防危症并发。

六、糖尿病患者的心理调养

除了科学治疗以外，患者的心理因素对病情的控制也很重要。

(一)鼓励患者调节情绪

消极情绪反应不仅损害糖尿病人的心理，而且不良心理又反过来影响糖尿病人的病情好转和康复。研究表明，长期抑郁的病人胰岛素的分泌量可进一步减少。因此，要鼓励糖尿病人调节情绪。

调节情绪的主要目的是改善病人的情绪反应和提高他们对糖尿病医疗计划的遵从性。要改善病人的情绪，必须把握造成患者消极情绪反应的原因，然后一面控制或排除造成消极情绪的动因，同时采取各种有效的方法控制病情发展，因为病情变坏或恶化常常是导致消极情绪反应的首要原因。

(二)及时提供情绪支持

医护人员、家人、亲朋好友都应当及时为患者提供情绪支持，力争改变患者对疾病的悲观主义的认识与评价，增强病人战胜疾病的信心。可以依据病程逐步引导患者顺应和接受患病的严酷事实。与病人应当有充分的交流机会，以便让病人倾诉自己的忧虑和痛苦，自由表达自己的情感。医护人员、家人、亲朋好友可在此基础上对病人进行疏导和教育。

(三)摆脱心理困境，科学安排生活

病人和家属要了解糖尿病的基本知识、学会尿糖测定技术，有必要还得学会如何注射胰岛素，帮助病人科学地安排饮食、生活和体力活动，避免肥胖和感染的发生。在心理调养上应根据患者的个性特征和心理反应有针对性地进行，如果病人的不良情绪反应来自对疾病的误解，则应向其介绍疾病的知识和治疗方法，给予开导、安慰和支持，使其摆脱心理困境，消除忧虑，积极配合治疗。

(四)采用松弛疗法

患者要学会放松自己的身心，学会应付各种生活事件和调节、控制情绪，以有利于糖尿病的防治。临床观察发现，紧张因素对糖尿病的代谢控制有一定影响，而使紧张程度降低的方法则对代谢控制有良好效应，所以不少心理学家对糖尿病患者进行生物反馈治疗，其效良好。糖尿病病人通过生物反馈松弛训练后

血糖水平明显下降,糖耐量明显改善,外周血流量增加,微循环得到改善。

(五)根据疾病特点做好疏导

糖尿病有不同于其他疾病的特点,常常会给患者带来难以应对的挑战。所以医生及家人应根据糖尿病患者与其他疾病患者的这些不同特点,加以疏导。

(1)糖尿病并发症多,病情易反复,某些病人可能出现心功能不全,神经或肾病变,发生休克或昏迷,个别病人还需要截肢。这些情况下,病人在心理上常常极为痛苦、恐惧,甚至发生较严重的精神障碍。应当在这些情况发生前就采取适当的预防措施,使病人有一定程度的心理准备。如果这些情况已经发生,则应当及时地向病人提供心理与药物治疗,以及有效的社会性支持,以免消极情绪和精神障碍进一步发展。

(2)糖尿病的治疗有赖于病人的密切配合,可能会要求病人改变多年来养成的生活习惯和行为模式。

(3)一般来说,糖尿病人的病情易于发生波动,而预防病情波动的措施不一定总是能使病情稳定或好转。有时甚至可发生酮症酸中毒和昏迷。造成波动的因素太多,令病人感到防不胜防,所以有时病人就会感到失望、无依无靠、无所适从,感到忧愁、悲哀、苦闷,并对生活和未来失去信心,对付外界挑战和适应生活的能力也下降,甚至导致自杀行为。对此,家属要密切关注。

(4)糖尿病对人心理方面的影响,除了情绪和性格外,还可能由于血糖的波动而直接影响病人的注意力、定向能力、知觉、记忆和思维等。这些功能的受损又会影响病人照料自己的能力,不仅会干扰病人的各种活动,而且会对病人的全部生活与适应产生间接的影响,所以说对糖尿病患者的病情了解有助于理解患者的一些行为特征。

(5)糖尿病还可引起性功能障碍,主要表现在性欲下降、性兴奋降低、勃起能力下降及性交次数减少,进而性满意度下降。其原因与血糖控制不良、躯体并发症及抑郁情绪有关。夫妻双方的相互理解可增强患者的心理稳定,否则由此又可能引起患者情绪的抑郁,进而影响疾病的转归。

第三节 癌症与心理社会因素

一、癌症简介

癌症,也叫恶性肿瘤,相对的称为良性肿瘤。肿瘤是指机体在各种致瘤因素作用下,局部组织的细胞异常增生而形成的局部肿块。良性肿瘤容易清除干净,一般不转移、不复发,对器官、组织只有挤压和阻塞作用。但恶性肿瘤还可以破坏组织、器官的结构和功能,引起坏死出血合并感染,患者最终可能由于器官功能衰竭而死亡。

癌症是现代生活催生的一种现代疾病。据英国《每日邮报》消息,通过对古埃及和南美的木乃伊进行研究,科学家发现,癌症并非"自然的",纯粹是"人造的"。古时候,得癌症是很罕见的。自然界中没有什么东西会引起癌症。

现在医学家认为,人人体内都有原癌基因,而不是人人体内都有癌细胞。原癌基因主管细胞分裂、增殖,人的生长需要它。为了"管束"它,人体里还有抑癌基因。平时,原癌基因和抑癌基因维持着平衡,但在致癌因素作用下,原癌基因的力量会变大,而抑癌基因却变得弱小。因此,致癌因素是启动癌细胞生长的"钥匙",它主要包括精神因素、遗传因素、生活方式、某些化学物质等。多把"钥匙"一起作用,才能启动"癌症程序","钥匙"越多,启动机会越大。目前我们还无法破解所有"钥匙",因此还无法攻克癌症。

人体几乎每个部位都可能遭受癌症侵害。一个成人身体大约由近 1000 万亿个细胞组成。细胞的种类非常多,可是个个识大体,顾大局,有分工,有合作,工作起来循规蹈矩,所以,把人体比作一个"细胞国家",那是再形象不过的了。但是在致癌因素的"教唆"作用下,有些正常细胞"叛变"而衍生成癌细胞,癌细胞里的一种基因物质——小核糖核酸能够使恶性肿瘤不老化并失控地增殖(健康细胞能够进行 40—60 次分裂,然后就停止分裂,最终死亡),大约经过 15—30 年长成肿瘤。由于小核糖核酸能激活癌细胞的增殖过程并使其不老化,于是"叛变"的细胞脱离正轨后,自行设定增殖速度,它的增殖速度用倍增时间计算,1 个变 2 个,2 个变 4 个,以此类推。比如,胃癌、肠癌、肝癌、胰腺癌、食道癌的倍增时间平均是 33 天,乳腺癌倍增时间是 40 多天。由于癌细胞不断倍增,癌症越往晚期进展得越快。累积到10亿个以上,人体才会察觉。

最近,科学家称有多达4成癌症可能是由病毒引起的。引发各种癌症的病毒包括:乙肝病毒和丙肝病毒——引发肝癌,人类乳头状瘤病毒——引发宫颈癌,梅克尔细胞多瘤病毒——引发皮肤癌,巨细胞病毒——可能引发儿童脑瘤,爱泼斯坦-巴尔病毒——引发血癌和淋巴癌。诺贝尔奖得主哈拉尔德·楚尔·豪森说,今后还会有更多的发现证明病毒可能与皮肤癌、乳腺癌、肠癌和肺癌有关。

癌细胞是非常"贪婪"的,它会跑到它可能到达的任何地方。据统计,60%以上的肿瘤患者在初诊时已发现有转移。在我国,临床肿瘤患者约有80%—90%死于肿瘤侵袭和肿瘤转移。癌细胞的转移路径主要有3条:(1)通过淋巴转移。淋巴是一个分布于人体全身的网络系统,主要由淋巴管道、淋巴结和淋巴器官构成,主要分布在人体的颈部、腹股沟和腋窝等部位,负责人体的免疫功能。肿瘤细胞可以侵入淋巴管道,随淋巴流由近及远地转移到各级淋巴结,引发淋巴瘤。淋巴瘤一方面会使淋巴结肿大变硬,另一方面还会侵及相邻的组织器官:如侵及胃肠道可出现腹痛、出血等;侵及颅脑可出现头痛、视物模糊、言语障碍、意识不清、感觉及运动障碍,甚至瘫痪;侵及骨骼,可致骨痛、骨折;侵及鼻咽部,可出现鼻塞、流涕、鼻出血等表现。除局部症状外,许多淋巴瘤患者还会出现发热、盗汗、乏力、消瘦、食欲缺乏、皮疹、瘙痒、贫血等全身症状。(2)通过血管转移。肿瘤细胞可以进入血管,通过血流转移到远处的组织器官生长。如果肿瘤细胞进入静脉血管,很有可能会进入肺部引发肺癌;胃、肠癌细胞往往会侵入肝脏门静脉,形成肝癌;侵入肺血管的肿瘤细胞可以随着动脉血流到达全身各器官,如脑、骨、肾及肾上腺等处,引发相关癌症;胸、腰、骨盆静脉的肿瘤可通过血管转移到脊椎,进而转移到脑,引发脑瘤。(3)种植转移。肿瘤细胞还可以像播种一样直接种植在体腔和体腔内各器官的表面,形成多处转移性病灶。种植性转移常见于腹腔、胸腔内发生的肿瘤,如胃癌可直接种植转移到卵巢、盆腔、腹膜等器官表面,肺癌也常在胸腔内形成广泛转移。

《2012中国肿瘤登记年报》披露,全国肿瘤发病率为285.91/10万,发病率无论男女,城市均高于农村。从年龄段上看,40岁以上年龄组发病率快速升高,80岁年龄组达到最高。全国每年新发肿瘤病例估计约为312万例,平均每天8550人,全国每分钟有6人被诊断为恶性肿瘤。

二、老年人罹患癌症的特殊原因

任何年龄的人都可能患癌症,但随着人的衰老,癌症发病率、死亡率越来越高。据有关资料统计,65 岁以上老年人死于恶性肿瘤者比青年人高 40 多倍。这是为什么呢？可能的原因如下。

(1)发生癌症之前存在一个时间较长的潜伏期。致癌因素作用于人体后,并不是马上就会发病,往往要经过 15—30 年的“致癌潜伏期”,一般为 20 年。所以说,如果在 20—30 岁经常接触致癌物,结果要到 40—50 岁以后才发病。

(2)随着年老,机体的免疫功能减弱,因而对病变的免疫监视作用自 40 岁起逐渐降低。免疫功能的减弱,有利于肿瘤的发生和发展。

(3)老年人的内分泌功能也随着年龄的增长而变化,雄、雌激素的分泌失去平衡,易造成某些激素持续作用于一些敏感组织,增加了对致癌物的易感性。

(4)年龄越大,接触致癌因素的机会也越多,而致癌因素对机体带来的影响也就会越来越大。如吸烟的人,吸烟的年限越长,患癌的可能性当然也就增大。又如长期吃污染的蔬菜、水果也会使人致癌。

(5)老年人的肺癌、胃癌、肝癌、前列腺癌、大肠癌、子宫颈癌等,可能引起源于老年人本身早已存在的各种慢性炎症、慢性气管炎、胃炎和慢性溃疡性结肠炎、前列腺炎、肠炎、子宫颈炎症等,随着时间的推移,有可能癌变。

(6)生活环境、生活方式的影响。微量元素硒是“抗癌之王”,而中国是一个贫硒的国家,72%的国土面积缺硒,特别是黑龙江省缺硒更为严重。流行病学调查显示,在癌症高发区补硒后,可降低前列腺癌、肺癌和肝癌的发生率。老年人饮食单调、消化吸收功能下降,缺硒更为严重。所以年龄越大,发生癌症的可能性也越大。

最新医学研究表明,目前我国中老年患者中平均每 4 人就有 1 人患癌症,其中 80%的肿瘤是由不良生活方式和环境因素所致,35%—40%的肿瘤发病与不科学、不合理的膳食有关。

(7)人类基因组随年龄而改变。美国科研人员 2008 年 6 月 24 日发表研究报告说,随着人的年纪的不断增长,个体的基因组在生活方式、环境和不科学、不合理的膳食等因素的持续影响下,有可能“关闭”抑癌基因,激活原癌基因,从而破坏了原癌基因和抑癌基因的平衡,启动了“癌症程序”,这是癌症等疾病会随着年龄增长而发生的原因。

三、癌症发生、发展的心理社会因素

诱发癌症的心理社会因素各种各样,主要可能与不良情绪、生活方式、个性特征等有关。

(一)不良情绪与癌症

专家指出,不良情绪是癌细胞的“培养液”。抑郁、好生闷气,并常常带气吃饭或酗酒者就易患胃癌;长期处于失望、自卑状态中的女性易患宫颈癌;压抑情绪得不到释放、长期经受情绪折磨的人易患肺癌;怒气难以自制,且常常压抑愤怒的人易患乳腺癌……不良情绪、过度紧张等可以通过类固醇作用,使胸腺退化,免疫性 T 淋巴细胞成熟出现障碍,抑制免疫功能,影响了免疫系统识别、消灭癌细胞的“免疫监视”作用,从而诱发癌症。

1. 心理紧张

动物实验表明,心理紧张可促使肿瘤发展,如小鼠在紧张环境下皮质类固醇增多,T 细胞减少,胸腺退化,参与免疫的淋巴系统缩小。有关科研人员将狗分成两组,一组使它们长期处于惊恐不安状态,另一组生活在安静环境中。结果前组 6 条狗中有 3 条狗死于癌症,而后组 6 条狗安然无恙。

2. 情绪危机

国外有专家调查了 250 名癌症病人,发现在发病之前精神上受过严重打击的竟有 156 人。另一位学者研究了 405 名癌症患者,发现其中 72%的人早年有过情绪危机。国内研究表明,81.2%的癌症病人在病前 0.5—8 年受过重大生活事件的打击,如亲人死亡,从而造成 66.9%的患者病前有负性情绪,其中患抑郁情绪的占 70.7%,患焦虑情绪的占 92.3%,抑郁、绝望和难以宣泄的悲观情绪,常常是发生癌症的先兆。

医学专家指出,不愿表达个人情感和情绪压抑是癌症发病的心理特点,与癌症发生的关系密切。老年人晚年生活中面临着很多负面事件,对这些事件的不当处理方式可能会影响癌症的发病率,即习惯于采用克己、压抑的应对方式者,由于长期处于压抑、郁闷、焦虑、失望或精神紧张等不良心理,使人患上癌症。

“夫妻癌”就是典型的事例。“夫妻癌”是指夫妻一方患了癌症,另一方积郁成疾,也患上了癌症。“夫妻癌”的发生可能是从以下几点心理因素来影响的:

(1)夫妻间不良情绪的感染。一方长期心理状态不佳,会给共同生活的对方造成压抑和郁闷,也就是让对方也具备了易患因素。

(2)夫妻间关系不良,尤其是长期冷战,导致双方心境恶劣。夫妻间相互猜忌、讥讽、羞辱、争吵、悲观、失望甚至敌对等“恶性刺激”,比其他的人际纠纷更直接、更经常、更刻骨铭心,因此对人的精神伤害更大。

(3)一方患癌给对方造成巨大精神刺激和压力。夫妻一方患了癌症,通常另一方心情都会很紧张、焦虑、悲痛,这样就容易激活人体内潜在的致癌因子,而导致癌症发生。

(4)生活方式相近易得“夫妻癌”。比如共同的饮食习惯:肉食多、素食纤维少,易患消化系统肿瘤,易患与分泌有关的器官肿瘤,如乳腺癌、卵巢癌、前列腺癌。

(5)性格特点、思维方式相似也易得“夫妻癌”。如共同长期受不良情绪的持续刺激或短时间内剧烈的精神打击都会产生应激反应,容易产生悲观、抑郁等不良情绪,损害免疫功能,导致基因突变致癌。

(二)生活方式与癌症

不良生活方式是致癌的高危因素。世界卫生组织指出,“生活方式癌”占癌症病人的比例高达 80%。人们全面改变生活方式,比如调整饮食结构、加强锻炼,不但有助于增强体质,而且还能使基因活动出现有利的变化。美国加利福尼亚州索萨利托预防医学研究所的研究人员对 30 名不愿接受手术、放化疗等传统治疗手段的前列腺癌患者进行了为期 3 个月的跟踪调查。其间,他们的生活方式发生了重大改变,饮食中摄入更多水果、蔬菜、全麦和大豆制品。此外,还进行适当体育锻炼,比如每天步行半小时及通过冥想缓解压力等。3 个月后,他们体重减轻,血压下降,身体状况得到全方位改善。更重要的是,经检查这些男子体内约 500 种基因的活动发生改变,其中 48 种基因被“激活”,453 种基因则被“关闭”。这项研究的负责人迪安·奥尼什所长说:“仅 3 个月的时间,只通过改变饮食和生活方式就可以使数百种基因发生改变。这的确非常令人激动。这项研究成果的意义不局限于前列腺癌患者。”

在引发癌症的生活方式因素中,吸烟是目前世界上最大的一项致癌因素。据统计,每年癌症死亡的人中有 35%都因为吸烟致癌的,全球肺癌死亡人数中 80%—90%由吸烟导致。香烟的烟焦油中含有 750 多种致癌物质和促癌物质,如 3,4-苯并芘、多环芳香烃、酚类、亚硝胺等。美国科学家在 2011 年 1 月 15 日公布的一项研究报告中说,头几口烟可能在几分钟内造成与癌症有关的基因损害。研究人员说:“效果极快,等于把这种物质直接注入血液。”他们对 12 名自愿参加研究的吸烟者身上追踪称作多环芳香烃的污染物,这类物质存在于香烟的烟雾中。研究者称,令人吃惊的是,吸烟者仅仅在结束吸烟 15—30 分钟后,体内多环芳香烃就达到了最大值,多环芳香烃中首要致癌原二醇环氧化物不断与 DNA 发生化学反应,引发 DNA 变异,可能导致癌症。

经研究,吸烟者恶性肿瘤的发病率是不吸烟者的 2.6 倍。肺癌患者吸烟比不吸烟者高 10 倍。如果我们每天抽烟的数量超过 25 支,在 100 个人中至少有

12 个人患上肺癌；确诊肺癌后 10 个人中有 8 个人活不过 6 个月。医学家尸体解剖发现，吸烟 10 年以上者支气管上皮细胞癌变占 93.2%，胃癌、食道癌也明显高于不吸烟者 2—9 倍，膀胱癌增加 7—10 倍，胃炎高 2—3 倍。

医师们常会用吸烟指数有没有达到 400，来判定一个人是否已经进入肺癌的高危险期。吸烟指数＝每天平均吸烟支数×吸烟年数。如，一个人 25 岁开始吸烟，平均每天吸 20 支烟，吸了 20 年，那么到 45 岁时，这个人便进入了患肺癌的高危险期。

另外，必须强调“被动吸烟”即“二手烟”的问题。医学家报告，吸一口烟，喷出的烟雾中含有 40 亿粒微尘、数百种化合物，其中包括几十种有毒物和致癌物。因此，在公共场所和室内吸烟危害极大。有人调查了 9150 名 40 岁以上的不吸烟妇女，结果发现：丈夫不吸烟者，妻子罹患肺癌的相对危险率为 1；丈夫中等量吸烟者，妻子患癌的相对危险率为 1.61；丈夫重度吸烟者，妻子患癌的相对危险率为 2.80。可见，丈夫吸烟的妇女患肺癌的概率明显高于丈夫不吸烟的妇女，这是因为烟雾中烟焦油和尼古丁的含量，要比吸烟者吸入的含量大 1 倍，一氧化碳大 4 倍，3,4-苯并芘大 2 倍，氨和亚硝胺大 50 倍。如果空气不流通，浓度会更高。

日常物体表面附着的香烟烟雾残留物现在被叫作“三手烟”，是一种不易发现的毒素。香烟点燃后，香烟烟雾中的烟碱会被释放在空气中，“潜伏”在地毯、沙发和其他日常物体表面上，这些残留物能与室内常见的化学物发生反应生成致癌物质——亚硝胺。亚硝胺在室内物体表面残留数周乃至数月。哪怕你并不吸烟，但待在烟民的房间或汽车里，在意识不到危险的情况下，通过接触香烟烟雾污染的表面，也可能会增加患癌的风险。

过去的几份研究都说小酌怡情健身(妇女每天 1 杯、男子不超过 2 杯)可以改进心脏功能、降低胆固醇和避免糖尿病。最近《美国公共卫生杂志》发表的研究报告说，在 7 种癌症当中，死亡最多的是每天饮酒 3 杯以上者，占 60%；每天饮酒不到 1.5 杯的人仍然占癌症死亡者的 35%。因此可以说任何酒精的饮用都会增加癌症死亡风险。对于喝酒者来说，如果碰到癌症必须禁酒。

还有一些人喜欢喝烫茶、烫粥、烫汤，曰：“趁热吃！”其实人的口腔、食道、胃黏膜非常娇嫩，最高只能忍受 60℃的温度，超过此温度则会造成消化道黏膜的物理性烫伤，例如，刚沏好的茶水温度可达 80—90℃，很容易烫伤食道壁。虽然烫伤后人体有自行修复的功能，但反复的损伤、修复，再损伤、再修复，极易导致上消化道黏膜恶变。经过调查发现，喜喝烫食者食道癌高发。所以，最合适的食物温度是“不凉也不热”，即喝 50℃以下的茶、粥、汤(嘴唇感觉有一点点温，不烫口)更适宜。

有些老年人喜欢高温烹饪食物。荷兰马斯垂克大学的研究人员发现，高温烹制的食物极容易产生一种人体致癌物——丙烯酰胺。每天摄入 8.9 微克丙烯酰胺的女性，子宫内膜癌和卵巢癌风险会各自增加 29%和 78%。丹麦理工大学的一份研究也发现，丙烯酰胺还和乳腺癌的发病率有直接的联系。

挪威奥斯陆大学帕尔领导的一个研究小组在中国大陆、中国香港、中国台湾、日本、韩国、新加坡、泰国、澳洲和新西兰，对 424519 人进行了长达 4 年的追踪调查。调查发现，那些肥胖的受调查者死于癌症的可能性，要比体重正常的人高出 21%，而超重者面对的风险，也比体重正常的人高 6%。调查还发现，肥胖者罹患的癌症以结肠、直肠、乳腺、卵巢、子宫颈、前列腺癌和白血病为多。据介绍，腰围每增长 3 厘米，患癌的风险就会增高 10 倍。

(三)个性特征与癌症

癌症发生与个性有关。美国学者观察和分析了 1300 名医科大学毕业生的心理和健康状况后发现，凡与他人较疏远和易惹是非的人，比普通人更容易患消化系统和淋巴系统癌症，如胃癌、胰腺癌、淋巴癌等。美国、芬兰和瑞典三国的研究人员联合对 4000 名男女进行了为期 12 年的调查研究。结果证明，孤独、寂寞的生活方式，可使癌症的发病率增加 2—3 倍。我国学者的研究亦证明，多疑善感，情绪抑郁；易躁易怒，忍耐力差；沉默寡言，对事物态度冷淡；性格孤僻，脾气古怪者易患乳腺癌。

调查发现，72%癌症患者早年有过情绪危机，许多患者的父母在其童年时期的感情生活上表现出冷漠，不关心，他们的需求往往得不到满足。虽然他们常表现出一种现实的和愉快的态度，但内心的情绪是压抑和凄凉的。在个性上常表现出：内向型性格，表面小心翼翼，有过分的耐心、回避冲突、过分合作、消极被动、依赖退缩及对负性情绪(特别是愤怒的情绪)控制力强，虽多愁善感，但才华横溢，这种人也是所谓 C 型性格的人。这种性格的人在重大打击下，容易产生孤独及绝望情绪，以及对愤怒的压抑，使其患癌症的可能性明显增加。

以上这些心理社会因素又是如何诱发癌症的发生、发展的呢？根据现代临床医学模式“生物—心理—社会—医学”(20 世纪 60 年代以前是“生物—医学”模式)的基本原则，其机制显然是通过心理—生理途径实现的，即“心理—神经—内分泌—免疫轴”。

人体免疫力主要依靠白细胞。白细胞有很多种，其中 T 细胞、B 细胞和 K

细胞对人体自身癌细胞有杀灭作用。正常人体内的细胞日夜不停地进行新陈代谢,每天可形成100万亿个新细胞,其中可能会产生两三个异常细胞。这两三个异常细胞如果不予以消灭,在外因和内因的配合下,就有可能发展为癌细胞。

在正常情况下,机体免疫系统随时都在监视和及时消灭这些异常细胞,这在医学上称为"免疫监视功能"。免疫系统一旦发现被致癌物接触过的细胞要发展为癌细胞时,就会立即动员白细胞将其歼灭:T细胞首先主动出击,与癌细胞接触并牢牢地将其粘住,用它的酶使癌细胞膜的通透性发生改变,结果使癌细胞内部的钾离子大量流出,同时将钠、钙离子及水分大量注入,这样癌细胞便会失去渗透的平衡,很快死亡。B细胞在参战过程中,可立即合成特异的抗体——免疫球蛋白,分布到全身体液中,形成"体液免疫"战场。B细胞对杀灭癌细胞的威力甚大,可惜"寿命"不长,数天即会消失,B细胞能产生一种叫"细胞毒"的物质,它对癌细胞可起杀伤和破坏作用。

奥尔兹等人发现,下丘脑等部位存在着"快乐中枢"和"痛苦中枢",刺激这些部位,人和动物都有愉快或不愉快的情绪体验。毁损、破坏下丘脑不同部位可使移植肿瘤存活期延长、抑制或延缓。这些实验资料提示,下丘脑产生的情绪体验在中介心理社会因素对肿瘤的影响中起重要作用,当一个人遭受到严重的精神创伤,过度的紧张,长期的忧郁、失望、焦虑或处于矛盾的心理状态,都会使中枢神经系统功能失调,甲状腺功能受抑制,肾上腺功能增强,从而使免疫功能受到抑制,癌细胞得以繁殖而发生癌症。

总之,癌症的发生、发展与中枢神经系统、内分泌及免疫功能有密切关系,而精神因素也直接或间接影响神经、内分泌和免疫功能。

四、癌症患者易产生的心理障碍

癌症对病人是一种超强的不良刺激,这种刺激通过神经系统、内分泌系统以及免疫系统的作用,必然产生生理、行为和主观的反应,使病人处于应激状态,产生各种心理反应。

(一)恐惧

癌症是"绝症"的观念已深入人心,癌症恐惧症已成为目前最常见的恐惧症之一,更不用说癌症病人本身了。焦虑和恐惧往往是由于对死亡、疼痛或残疾等后果的担心。

(二)抑郁

抑郁是严重影响癌症康复的一种负性心理因素,严重者可产生自杀动机或行为。由于上述情感压制的影响，抑郁反应常需要经过更深入的交谈或使用一定的症状量表才能被发现。癌症病人的抑郁反应有身体上的原因，例如体弱、代谢紊乱、药物的毒副反应等，但更重要的是心理上的原因。

(三)疼痛

癌症疼痛一旦出现，将会在身心之间形成恶性循环。研究证明，某些癌症病人的疼痛本身并不一定严重，主要的问题是疼痛伴随的害怕、绝望、孤独感等心理反应使病人无法忍受。因此在治疗过程中，首先应尽量避免或推迟癌症病人疼痛的出现，然后才考虑疼痛出现后的心理行为问题。因此，有人提出对晚期癌症病人应及早用药控制疼痛，不必过多考虑止痛药的各种禁忌。

五、癌症患者的心理疏导

癌症从诊断到确诊，对病人及家属都是一个沉重的打击。医学治疗自然需要请教专业医生，本文仅从心理社会因素方面提供建议，以帮助患者及家属调控情绪。

(一)患者心理直接影响癌症发展和转归

患者心理直接影响癌症发展和转归，因为患者的内分泌和免疫防卫功能受患者本人的情绪和行为反应的影响。具有某些心理行为特征的病人，其之所以生存期较长，就在于他能始终抱有希望和信心，能与周围人保持密切联系。相反，消极的心理行为反应则加速癌症的恶化过程。因此，家人和周围人要尽力保护病人自身和在家庭中的价值，不要在病人面前流露出恐惧情绪，应给予更多的鼓励和耐心的照顾。

要不断激励、鼓舞患者同疾病做斗争。勇气和信心是战胜疾病不可缺少的条件，要充分调动病人的主观能动性，促进患者自身心理转化，减轻、缓解、消除症状，促进疾病康复。

(二)要帮助患者稳定情绪

所有与患者接触人员都应帮助病人尽快适应角色，稳定病人的情绪，这是癌症患者心理调养的关键一环。为此应做到以下几点。

(1)要帮助患者从常态时的社会角色中解脱出来，根据疾病的性质和严重程度，相应减轻他平时承担的社会责任。

(2)病人对其陷入疾病状态没有责任，不应受到责怪，更不应对病人以前的生活方式及情感加以指责。

(3)病人有责任和义务力求痊愈,生病不符合社会的愿望和利益,要鼓励病人与疾病进行斗争,要让患者知道周围所有的人都希望他早日痊愈。

(4)病人应该寻求可靠的治疗和技术帮助,寻求最好、最先进的治疗是稳定患者情绪的重要一环,患者必须与医生、护士合作,共同战胜疾病,否则会影响疾病的治疗和转归。

(三)根据患者心理特点对症疏导

心理因素直接影响癌症患者的病情转归。医生及家人要根据病人的心理特点加以疏导,疏导法的工具是语言。疏导者要针对癌症患者的不同情况,以准确、鲜明、生动、灵活、亲切的语言进行疏导,必要时要分析疾病产生的根源和形成过程、疾病的本质特点,主动提供患者战胜疾病的武器和方法。逐步消除患者情绪紧张和心理应激。患者应保持乐观、自信的情绪和有规律的生活,在主动配合治疗的同时,尽快摆脱不良心理状态的困扰,学会自制、自慰、自我解脱,提高自身适应能力,促进身心障碍早日康复。对于接受手术、放疗、化疗的病人,应事先向本人说明治疗过程、意义及并发症,鼓励其树立信心,积极配合治疗,尽量排除恐惧、忧虑的心情。

(四)采用情绪支持和行为干预

采用情绪支持和行为干预等心理调养方法,可使癌症病人的平均生存期延长,结合癌症病人具体的心理行为问题,及时给予必要的心理干预,提高其生活质量,增强其信心,改善其心身反应过程,具有重要的临床意义。要鼓励患者开展积极有意义的和有快乐感的活动。

医生及家人、朋友,可通过与病人交往,给病人安慰、劝导、支持、鼓励,转移其注意力,缓解心理压力和内心冲突,帮助病人协调人际关系,改变不良的行为反应,使其树立战胜疾病的信心。

(五)采用暗示疗法

国外的医学专家还教会癌症病人用自我暗示的方法,作为治癌的一种辅助办法。他们让病人全身放松,安静地想象癌症的部位,让患者假想正在接受化学或放射治疗,药物正在破坏癌细胞,一支庞大的白细胞队伍前来清扫癌细胞。每天做三次这种想象练习,同时配合"玩耍疗法",使病人体会生活的乐趣,心情舒畅,据说效果很明显。

(六)其他

美国弗吉尼亚联邦大学流行病系助理教授和弗吉尼亚医学院梅西癌症中心

副研究员宁毅博士研究显示：在研究过程中死亡的776个癌症患者中，51%死于癌症，而49%死于非癌的其他疾病。研究人员还发现，癌症确诊后，5年内32.8%死于其他疾病，20年后62.7%死于其他疾病。这充分说明了，癌症患者活得越长，就越有可能死于其他疾病。因此，不应该因为我们对癌症进行了重点治疗，而忽略其他慢性疾病，进而忽视整体的健康。

第四节　提高认识，采取措施，保持心理健康，促进延年益寿

俗话说"天有不测风云，人有旦夕祸福"，世上没有不生病的人，尤其是老年人。对此，老年人自身要有正确的认识，并采取积极措施，保持心理健康，做到生活有规律、情绪乐观、家庭关系和谐，以及适当参加活动等，就能够延年益寿。编者总结如下，供老年人参考。

一、正确对待疾病

老年人生病很正常，但要正确对待疾病也不是每个老年人都能做到的。编者以为老年人要做到以下几点。

（一）正确对待衰老，减轻因衰老而产生的心理负担

随着年龄的增加，人的身体结构与功能，以及心理都逐渐衰老，出现一系列老年特征，这是自然规律。就这一点来说，我们要"服老"，即认识和正视生理上的这些显著变化，根据自己的条件，合理地、实事求是地安排自己的工作、学习和生活。但又要"不服老"，因为人到老年虽然生理及其机能都出现衰老状态，但是各种机能的衰退并不是等齐的，各人的变化也不尽相同。只要我们正确对待，振奋精神，通过自我调节，是可以减缓心理活动出现的衰退、偏差和障碍，继续有效地工作和学习的。如果一到老年，就忧心忡忡，意志消沉，甚至产生人为的自我颓废的心理状态，反而会加速衰老过程。

（二）警惕提防，但不要疑虑

人到老年，要时时提防，一旦觉得身体不适，要及时去检查，以免延误诊治。另一方面，也不要稍有不适便终日忧虑，怀疑是不是得了不治之症。一个人的思想、态度和信念是会影响他的情绪、行为和生理状态的。如果过于注意自己的身体，今天觉得这儿有"毛病"，明天那儿有"毛病"，把它夸大化，以至引起焦虑、烦

躁、担心，这种疑虑心理反而会损害人的身心健康，甚至可能无病得病，小病变大病，造成严重后果。

（三）积极诊治，不要惧怕恐慌，也不要掉以轻心

如经医生确诊得了某种疾病，哪怕比较严重，也要处变不惊，冷静沉着，积极配合医护人员的治疗，争取早日康复，切不可陷入恐惧之中。医学心理学研究告诉我们，患者对疾病过于恐惧，失去信心和勇气，便会进一步打乱或摧毁机体的免疫功能和凝血系统的功能，加速病情恶化。“既来之，则安之”这句老话，人们是熟知的，但真正实践起来就不那么容易，而成功、胜利常常属于那些真正实践真理的人们。

二、养成有规律的生活习惯

人的心理活动是以大脑的生理活动为物质基础的。大脑的生理活动有一定的规律性，这不仅能使大脑保持最佳的工作状态，而且能使心理活动得以顺利进行，大脑有规律的活动又与一个人的生活是否有规律有着密切关系。一个人生活越有规律，大脑的活动也越有规律，进而保证心理活动的健康发展。因此，老年人要使自己的心理活动长久不衰，务必使自己的生活规律化。要做到这一点，就必须做到以下几条。

（一）按时作息

人的心理节奏总是在生活实践中形成的。老年人在几十年的生活、工作中都有一定的生活习惯与工作习惯，形成了高级神经活动的动力定型，使人的心理富有节奏感。退休、离休后，工作失去了、生活习惯发生了很大变化，旧的动力定型遭到了破坏，使人感到别扭不适。因此需要有一个新的适应过程，逐步建立起新的生活习惯，形成新的心理节奏感，这不仅有利于身心健康，而且有利于做到精神饱满、思维敏捷、反应灵敏。如果没有节奏，该休息的时候吃饭，该吃饭的时候去看书，就会造成人体生理功能和心理功能的紊乱。久而久之，就会出现各种症状，如食欲不振、血压升高、失眠、健忘、思想不易集中、昏昏欲睡、缺乏想象力、情绪烦躁、思维混乱等等。

（二）适当活动

老年人离、退休后，应根据自己的健康状况，适当地做些工作，不仅为社会继续做贡献，也充实自己的精神生活。这种老当益壮、奋发上进的精神状态，不仅能防止或延缓衰老感的发生，而且会促使生理状态和心理状态保持较高的水平，

但活动量要适当。

(三)养成良好的生活习惯

良好的生活习惯,是健康、长寿的重要保证。《黄帝内经》指出:“故智者之养生也,必顺四时而适寒暑,和喜怒而安居处,节阴阳而调刚柔。如是,则避邪不至,长生久视”,又说“其知道者,法于阴阳,和于术数,饮食有节,起居有常,不妄作劳,故能形与神俱,而尽终其天年,度百岁乃去”,古人反对“以酒为浆,以妄为常,醉以入房……起居无常”的不良生活习惯。《管子·形势篇》也指出:“起居不时,饮食不节,寒暑不适,则形累而寿命损。”

近代科学发现,人体内有生物钟,几乎所有的生理活动都具有周期性的节奏。因此,起居有常,定时起床、定时进餐、定时锻炼、定时用脑、定时大便、定时就寝等,工作、学习、午休、娱乐、散步等有节奏,使人的生理活动和心理活动有节奏和规律,这对延年益寿是有益的。

饮食有节制,切忌暴饮暴食。要注意营养平衡,有充足的蛋白质、丰富的维生素和无机盐,足够的纤维素。脂肪、糖、食盐则要少。食品要粗、细粮搭配,荤素混食,以素为主,定时定量,晚饭宜少。不吸烟、不酗酒,多饮茶。

三、保持乐观的情绪

“生命的潮汐因快乐而升、苦痛而降”,英国著名哲学家斯宾塞以艺术的语言概括了愉快、乐观的情绪对于人生健康发展的重要性。我国古代医书指出,“恬淡虚无,真气从之。精神内守,病安从来”,意思是说,人如果没有过高的企求和过度的情绪波动,精神饱满,气机调畅,疾病就生不起来。现代医学证明,情绪通过大脑而影响心理活动和全身的生理活动。乐观的情绪可使人体内的神经系统、内分泌系统的自动调节作用处于最佳状态,有利于促进身体健康,也有利于促进人的感知、记忆、想象、思维、意志、个性等心理活动。身心健康的长寿老年人,特点之一就是保持乐观的情绪。那么老年人如何才能培养起乐观的情绪呢?

(一)老当益壮,不沉溺于衰老感

曹操曾自述,“老骥伏枥,志在千里;烈士暮年,壮心不已”,他可算是我国历史上一个老当益壮的楷模。孔子在晚年还致力于编撰《春秋》,不倦地学习《易》,以至“韦编三绝”,还继续给弟子上课。有一次楚国大夫叶公问孔子的学生子路:你们的孔夫子是个怎样的人?子路一时不知怎样回答。孔子知道了这件事后,对子路说:孔子这个人啊,发愤时可以忘了吃饭,高兴时什么忧愁都扔掉了。他啊,连快要老了自己还不知道。(《论语·述而》)应该说,正是这种开阔的心境使孔子获得了长寿。

当今我国有许多离退休的老同志被聘为顾问，或著书立说，撰写回忆录等，或积极主动参与社会活动，都足以证明老年人可以在社会生活的各个领域里，继续发挥其聪明才智。

但一般人过了60岁以后，由于机能衰退，往往会产生衰老感，经常发出“夕阳无限好，只是近黄昏”的感慨。然而，世界是如此璀璨绚丽，人既然潇洒地来到这个世界上，谁不想多活几年甚至多活几天呢？这就需要讲究科学，讲究保健，讲究养生；要学会理智、科学地处置人体的变化；要保持积极进取的精神和坚强的革命意志，体勤、脑勤，继续发挥应有的作用，这样做才能充分意识到自己存在的人生价值和生活的意义。如果以老年人自居，意志消沉，处处强调自己已年迈力衰，要求别人照顾，这只会加快衰老过程。

(二)修身养性，清心寡欲

人在心情不好的时候，会不自觉地把坏心情抱得更紧，关门不跟人说话，嘟着嘴生闷气，锁着眉头胡思乱想，结果心情更坏、更难过。我们要想拥有好心情，就得从原有的坏心情中摆脱出来，从各种烦恼的死胡同中走出来，做到清心寡欲。另外，还要注意我们的仪容，挺直身子，抬起头来，衣着更要端庄。

我国历代医学家还十分重视清心寡欲，节制思虑，认为这是益寿延年的重要因素。《医钞类编》指出：“养心在凝神，神凝则气聚，气聚则形全，若日逐攘扰烦，神不守舍，则易于衰老。”嵇康在《答难·养生论》中指出养生有五难，“一为名利不灭；二为喜怒不除；三为声色不去；四为滋味不绝；五为神虚精散”。孙思邈说：“夫善摄生者，要当先除六害，然后可以保性命延驻百年。何者是也？一者薄名利；二者禁声色；三者廉货财；四者捐滋味；五者除佞妄；六者去妒忌。”此外，他还强调老年人的思想、言论，以及行动掌握恰当的分寸，可以益寿延年。这些论述至今仍有一定的参考价值。

(三)知足常乐

知足常乐并不意味着人不要对事业、对生活有所追求。恰恰相反，人应该热爱生活，向往未来，追求事业的成功。但是，不切实际的奢望，往往因不能满足而使人失望。所以要面对现实，从实际出发，食不求精、衣不求奢、住不求阔、对他人不苛求，随遇而安。当自己的要求没有满足或暂时不能满足时，要分析原因，要宽容大度、体谅理解，善于自我安慰、自我调节。看到自己或别人为了满足这个要求做出过努力，就不要久久为之遗憾。用自己的现在比比过去，或者比一比处于更差境遇的他人，就能从烦恼中解脱出来。能使老年人保持乐观情绪，避免因事情不顺利而可能引起的各种烦恼。

知足常乐的人善于控制自己的情绪，坦然地面对各种重大事件或意外事件，冷静地分析处理问题，当喜则喜，当悲则悲，力争做到不喜怒过度。一旦过度，就会损害自己的身心健康。唐代医家孙思邈提出了十种禁戒，其中属于控制七情的为莫忧思、莫大怒、莫悲伤、莫大惧、莫大笑。他还指出，不要汲汲于所欲，不要悁悁怀愤恨。清代的程钟龄在《医学心悟》中也强调要“惜精神、戒嗔怒”，才能保持身体健康。

（四）培养幽默感

幽默是能在生活中发现快乐的特殊情绪表现，幽默感也是心理成熟的一种表现。幽默不仅是自身心理卫生的润滑剂，也是打开他人心扉、驱散心头阴云的春风；它可以丰富自己的知识，可以化解许多令人不快、烦恼、痛苦、悲哀或冲突、尴尬的事情，往往能使人怒气难生；它亦可带给别人快乐，使不良情绪得到调节；幽默为痛苦者送去欢乐，是延年益寿、永葆青春的良方。

有人戏谑地说，一个城市增加一个马戏团的“小丑”，比建一座医院对人们的健康更有好处。这句话的道理，就在于“小丑”表演滑稽，说话诙谐、幽默，常使人忍俊不禁，捧腹大笑。笑，是“人类的一种情感特性”，是欢乐、愉快情绪的外在表现。用心理学观点来看，笑能消除内疚、抑郁、紧张的情绪，使肌肉松弛、头脑清醒；笑可以加强呼吸运动，扩张肺脏，增强胸肌活动，清除呼吸道的废物；笑可以促进消化液的分泌及肠蠕动，使消化功能增强，食欲增加；笑可促进血液循环，提高新陈代谢水平；笑还能调节神经系统功能，能增强免疫力，有利于睡眠；笑还能驱散各种烦恼，振奋精神，使人精力充沛，容光焕发、充满信心。俗话说得好：“笑口常开，身心康宁。”

不过，笑也要有节制，笑得适度，尤其是患有高血压和冠心病的病人，过度的狂笑，有时会造成严重不良后果。

（五）情绪稳定

长寿老年人大多是情绪安定，适应能力强，他们能经得起自身环境、自然环境与社会环境的不良刺激，即使受到重大精神创伤或严重精神刺激，情绪反应和情绪波动较小，恢复也较快。情绪稳定意味着中枢神经系统处于相对的稳定状态，人体的生理功能处于协调状态，有利于身心健康。有人对离、退休老同志做过调查研究，发现情绪稳定水平与身体健康、心理健康水平显著相关。

（六）加强思想品德修养

中医认为，健康长寿与一个人的道德品质有内在联系。《千金要方》指出：

“性既自善,内外百病患皆不生,祸殃灾害亦无由作,此养性之大经也。”《寿世保元·延年良箴》中说:“谦和辞让,敬人持己,可以延年。”意即“习善性,行善事”,知足和谦让可以祛病延年。

对同样的刺激,不同的人会有不同或相反的反应。可见,情绪和一个人的思想、品德修养(包括世界观、人生观等)是密切相关的。“将相和”的故事,也形象地说明了这一点。蔺相如面对廉颇恶言污语的羞辱而能控制自己的恼怒,不与之争高下,是由于他清醒地认识到“强秦之所以不敢加兵于赵,徒以吾两人在也。今两虎共斗,其势不俱生,吾所以为此者,以先国家之急而后私仇也!”蔺相如以国家民族利益为重,不计较个人的荣辱,努力控制消极情绪爆发的故事,被千百年来传为美谈。看来,要控制消极的情绪,做自己情绪的主人,最重要的是加强思想品德的修养,确立伟大的理想和崇高的人生观。

四、参加适当的活动

活动是生命存在的特征。法国思想家伏尔泰有句名言:“生命在于运动。”华佗说:“人体欲得劳动,但不当使极耳。动摇则谷气得消,血脉流通,病不得生,譬如户枢终不朽也。”

(一)积极参加劳动

我国传统养生学认为:“劳其行者长年,安其乐者短命。”也就是说,劳动能促进生命的运动,使人延年益寿;相反,过于安逸,整天无所事事、游游逛逛,反而会对健康不利。古今无数事实告诉我们:劳则不衰,动则延年。坚持劳动,适当忙碌是延长寿命不可缺少的因素。

我国研究人员曾对1000多名90岁以上的长寿老年人进行调查,发现在这些老年人中,体力劳动者占95%,脑力劳动者占5%,他们中的大部分在90岁、100岁时还参加劳动。上海的一项研究发现,在116名百岁以上老年人中,有102名老年人从青年时代起就从事不同程度的体力劳动,目前还能参加力所能及家务者占31.2%,生活完全自理者占38.6%,而年轻时多从事各种体力劳动,则为长寿奠定了体质基础。

从医学角度上讲,长期参加体力劳动,使有关的肌肉和关节持续收缩和松弛,既能促进局部组织细胞的新陈代谢,又能促进心肌有力跳动,全身血液流动畅通,从而降低了血压和血脂,改善心血管功能,可使人的心脑血管衰退过程推迟10—20年。同时还能增强呼吸和消化功能,可有效地将氧气和营养物质供给全身的组织细胞,并把细胞的代谢废物排除,促进和增强了全身各脏腑器官的功能，延缓组织细胞的衰老过程，起到了保健、养生、防病的作用。

劳动是生命的重要源泉。老年人应做一些力所能及、自己擅长又不很紧张的工作，除了家务劳动外，学习也是劳动，是脑力劳动。学习时要用脑，学习与思考问题时，可使脑细胞不断得到锻炼，接受更多的信息。国外调查资料表明，工作紧张多用脑的人，智力比懒散者要高50%；相反，平时工作轻松，无事可做，思想懒惰的人，则智力退化较早，到老年时很容易出现反应迟钝脑力不济，甚至诱发"老年痴呆症"。

（二）坚持体育运动

人的老年变化，通常先从动作上表现出来，如手足动作缓慢、行动渐趋不灵活等，因此而产生衰老感，甚至对适应外界环境缺乏信心，反过来又会促使身体的衰老。如果老年人能适当运动，保持手脚的灵活，可提高生活情趣，从而延缓身体的衰老过程。

运动可以增加消化吸收，增加全身各器官的血液供应，增强心血管及呼吸功能，促进新陈代谢。科学实验表明，50岁以上经常打拳锻炼的人，肺活量能保持在4000毫升以上，不亚于一般青年人的水平；从事体育锻炼的人，心肌梗死的发病率为不参加体育活动者的1/3；经常进行体育锻炼的老年人，还有助于缓解脑力劳动所带来的疲劳，增强大脑兴奋与抑制过程的转化能力，提高大脑的工作效率。

世界卫生组织指出，不运动或运动不足是癌症、心血管疾病和糖尿病等非传染疾病的重要诱因之一。估计全世界每年有约320万人死于不运动或运动不足引起的各类非传染疾病。其中，中低收入国家每年就有260万人因此死亡。

老年人参加体育运动，要以运动后感到舒适为度。如果运动过量可使机体免疫功能受到损害，影响健康。因为老年人在剧烈运动时，体内会产生较多的肾上腺素和皮质醇等激素，当这些激素增加到一定数量时，可使免疫器官中的脾脏产生白细胞的能力大为降低，致使淋巴细胞中A细胞、B细胞的活性大大降低。一般来说，剧烈运动后的免疫力降低要持续1小时左右，经过24小时以后才能恢复到原来的水平。此时遇到病菌、病毒侵袭便容易罹患感冒、肺炎、胃肠道感染性疾病。因此，老年人体育锻炼要适度，具体可以从以下几个方面进行自我监测。

1. 呼吸频率

在健身运动过程中，由于需氧量增多，呼吸会稍快一些，属正常现象，但不可过快，呼吸次数以不超过每分钟24次为宜，如运动中出现频繁咳嗽、喘气、胸闷和呼吸困难，则应减少运动量或停止运动。

2. 心率快慢

60 岁以内的中老年人，如脉搏每分钟小于 120 次，说明运动量适宜，假若每分钟达 130—140 次，则说明运动已超量，应减少运动量，以免心脏负荷过重。60 岁以上的老年人，运动中脉搏应保持每分钟不超过 110 次，如出现脉搏次数过快或脉律不整齐，应立即停止锻炼，并及时就医。一般健康老年人运动后 3—5 分钟，最多 10 分钟，脉搏应恢复正常；如不能及时恢复，说明运动量过大，应予调整。

3. 饮食情况

老年人通过适当运动，可增加胃肠蠕动，改善食欲，食量稍增。如食欲下降，需考虑运动项目和运动量是否合适，应进行适当调整。

4. 睡眠状况

老年人通过适当运动，一般都会改善睡眠。若通过一段时间锻炼，反而使失眠加重，且出现腰酸、体痛等症状，应考虑运动是否过量，及时进行调整。

5. 疲乏程度

一般来说，老年人在运动后，特别是在开始锻炼后，会有轻重不等的疲乏感，慢慢会适应，疲乏感会随之逐渐消失。如果老年人在健身锻炼一段时间后，不仅不觉得轻松愉快、精力充沛，反而感到困乏越来越重，甚至产生厌倦感，这说明运动量过大，可适当调整。

6. 测量体重

老年人在健身运动过程中，可每周测量体重 1—2 次，最好在同一时间测量。一般刚开始锻炼的人，3—4 周后体重逐渐下降，这是新陈代谢增强、消耗增多、脂肪减少的缘故，随后体重会相对恒定在一定水平上，如果体重呈"进行性"下降，可能是运动过量或有潜在性疾病，应及时查明原因。

另外，选择运动项目最好能结合自己的兴趣爱好，这样才能持之以恒。

五、保持家庭关系的和谐

家庭的人际关系、生活状况，与离退休老同志的健康长寿密切关系。

家庭中几代人之间能否和睦相处，要靠多方努力。首先是互相尊重。长辈切忌倚老卖老，处处以长者自居，事无巨细，要求小辈言听计从；晚辈当然不能自命不凡、自以为是，不加分析地一概拒听老年人的意见与忠告，须知老一辈的话往往是他们几十年生活经验的结晶，含有丰富的"营养"，应当善于汲取、消化，变为自己待人处世的宝贵财富。其次要互相谦让。青年人爱听流行歌曲,爱看谈情说爱的电视电影,做父母的不妨陪听、陪看一点,一来可以调剂精神生活,了解当代青年;二来可以沟通感情,增加共同语言。同样,如果老年人爱看京戏或其他地方戏,做子女的不感兴趣,也可陪老年人看几场,即使在剧场里打盹,老年人也会感到高兴。如此,代际的心理距离,便会在愉悦的交往中逐渐缩短。

家庭矛盾常由家庭琐事引起。老年人要心胸豁达,不为琐事增添烦恼;家务事放手让年轻人去管,少干预;对于一些非原则的琐事,有争执时宽大为怀,忍让为先。

家庭成员之间真正做到互相关心,互相爱护,互相尊重,互相体谅,家庭关系自然就融洽和睦了。因此,老年人科学地理解人际关系的诸种因素,正确处理人际关系,努力建构起一个良好的、有益于身心健康的人际关系网络,是安度晚年的一个极为重要的内容和课题。

参考文献

一、中文(按照笔画排列)

[1] 井上胜也,长嶋纪一.老年心理学[M].江丽临,等,译.上海:上海翻译出版公司,1986.
[2] 长谷川和夫,霜山德尔.老年心理学[M].车文博,等,译.哈尔滨:黑龙江人民出版社,1997.
[3] 王强虎.心理保健[M].西安:世界图书出版西安公司,2004.
[4] 李欣.老年心理维护与服务[M].北京:北京大学出版社,2013.
[5] 刘荣才.老年心理学[M].武汉:华中师范大学出版社,2009.
[6] 刘援朝.老年心理健康咨询[M].2版.天津:天津社会科学院出版社,2002.
[7] 许淑莲.老年心理学[M].北京:科学出版社,1987.
[8] 沈政.老年心理学与老年人精神健康[M].北京:北京大学出版社,1986.
[9] 张春兴.张氏心理学辞典[M].上海:上海辞书出版社,1992.
[10] 张敏莉.老年人的心理障碍及调适[J].中国疗养医学,2003,12(1):76-77.
[11] 吴振云.老年心理健康的内涵,评估和研究概况[J].中国老年学杂志,2003,23(12):799-801.
[12] 杨心德.老年心理障碍[M].上海:上海三联书店,2001.
[13] 杨峰,万东君.兰州地区军队离退休干部心理健康测评分析[J].实用老年医学,2006,20(2):139-140.
[14] 若兰.老年人生活习惯与心理辅导[M].北京:中国纺织出版社,2005.
[15] 易法建,冯正直.心理医生[M].重庆:重庆出版社,2006.
[16] 林崇德.发展心理学[M].杭州:浙江教育出版社,2002.
[17] 姜乾金.医学心理学[M].北京:人民卫生出版社,2010.

[18] 姜德珍. 延缓衰老的奥秘——老年心理学漫谈[M]. 北京:中国经济出版社,1990.

[19] 赵凌云. 老年人闲暇时间利用问题研究——对湖州市352位老年人的调查分析[J]. 湖州师范学院学报,2000,22(2):39-45.

[20] 赵慧敏. 老年心理学[M]. 天津:天津大学出版社,2010.

[21] 夏云阶,等. 衰老与抗衰老学[M]. 北京:学苑出版社,2001.

[22] 高云鹏,胡军生,肖健. 老年心理学[M]. 北京:北京大学出版社,2013.

[23] 曹华,蔡发良. 心理医生[M]. 北京:九州出版社,2001.

[24] 彭怀真,彭驾骍. 老年人心理学[M]. 新北:扬智文化事业股份有限公司,2013.

[25] 程学超,王洪美. 老年心理学[M]. 济南:山东教育出版社,1986.

[26] 彭驾骍,彭怀真. 老年学概论[M]. 台北:威仕曼文化事业股份有限公司,2012.

[27] 彭驾骍. 老年人心理学[M]. 台北:威仕曼文化事业股份有限公司,2009.

[28] 帕帕拉,萨利奥尔兹,露丝费尔德曼. 发展心理学[M]. 李西营,冀巧玲,等,译. 10版. 北京:人民邮电出版社,2013.

[29] American Psychiatric Association. DSM-IV 精神疾病的诊断与统计[M]. 4版. 孔繁钟,编译. 台北:合记图书出版社,1997.

[30] RICHARD A K. 老年人心理学[M]. 张隆顺,译. 台北:桂冠图书股份有限公司,1985.

[31] STUART-HAMILTON I. 老年人心理学[M]. 叶在庭,钟圣校,译. 台北:五南图书出版股份有限公司,2008.

[32] 佚名. 男女平均寿命差距缩小[J]. 大众医学,2006(4):5.

二、英文(按照字母顺序排列)

[1] ADAMS C. Qualitative Age Difference in Memory For Text: A Life-span Developmental Perspective[J]. Psychology and Aging, 1991(6):323-336.

[2] ANDEL R, CROWE M, PEDERSEN N L, et al. Complexity Of Work and Risk Of Alzheimer's Disease: A population-based Study Of Swedish Twins [J]. Journal Of Gerontology, Psychological Sciences, 2005(60b):251-258.

[3] BADDELEY A D. Working Memory[M]. London: Oxford University Press, 1986.

[4] BARTLETT F C. Remembering[M]. Cambridge: Cambridge University

Press,1932.

[5] BASHORE T R,RIDDERINKHOF K R,VAN DER MOLEN M W. The Decline of Cognitive Processing Speed In Old Age[J]. Current Directions In Psychological Science, 1997(6):163-169.

[6] BELL L J. The Large Print Book and Its User[M]. London: Library Association,1980.

[7] BELMONT J M, FREESEMAN L J, MITCHELL D W. Memory and Problem Solving: The Cases of Young and Elderly Adults [C]// GRUNEBERG M M, MORRIS P E, SYKERS R N. Practical Aspects of Memory,Current Research and Issues. Chichester: Wiley,1988.

[8] BERNTSEN D, RUBIN D C. Emotionally Charged Autobiographical Memories Across The Life Span The Recall of Happy,Sad,Traumatic and Involuntary Memories[J]. Psychololy and Aging,2002(17):636-652.

[9] BOTWINICK J, STORANDT M. Vocabulary Ability In Later Life[J]. Journal of Genetic Psychology,1974(125):303-308.

[10] BROMLEY D B. Aspects of Written Language Production Over Adult Life [J]. Psychology and Aging,1991(6):296-308.

[11] BURKE D M,WORTHLEY J,MARTIN J. I'll Never Forget What's-her-name: Aging and Tip of The Tongue Experiences In Everyday Life[C]// GRUNEBERG M M, MORRIS P E, SYKES R N. Practical Aspects of Memory,Current Research and Issues. Chichester: Wiley,1988.

[12] CAPPELIEZ P, O'ROURKE N. Personality Traits and Existential Concerns As Predictors of The Functions Of Reminiscence In Older Adults [J]. The Journals Of Gerontology Series B: Psychological Sciences and Social Sciences,2002(57):116-123.

[13] CARSTENSEN L L,GRAFF J,LEVENSON R W,et al. Affect In Intimate Relationships: The Development Course Of Marriage[C]//MAGAI C, MCFADDEN S H. Handbook Of Emotion,Adult Development,and Aging. San Diego: Academic Press,1996.

[14] CATTELL R B. Abilities: Their Structure, Growth and Action[M]. Boston,MA: Houghton Mifflin,1971.

[15] CHRISTENSEN H,MACKINNON A J,KORTEN A E,et al. An Analysis

of Diversity In The Cognitive Performance of Elderly Community Dwellers. Individual Differences In Change Scores As a Function Of Age [J]. Psychology and Aging, 1999(14): 365-379.

[16] COCKBURN J, SMITH P T. Effects of Age and Intelligence On Everyday Memory Tasks[C]//GRUNEBERG M M, MORRIS P E, SYKES R N. Practical Aspects of Memory, Current Research and Issues. Chichester: Wiley, 1988.

[17] COHEN G. Inferential Reasoning In Old Age[J]. Cognition, 1981(9): 59-72.

[18] COWGILL D O. The Demography of Aging[C]//HOFFMAN A M. The Daily Needs and Interests of Older People, Springfield, IL: C. C. Thomas, 1970.

[19] CRAIK F I M, ANDERSON N D, KERR S A, et al. Memory Changes In Normal Aging [C]//BADDELEY A D, WILSON B A, WATTS F N. Handbook Of Memory Disorders. Chichester: Wiley, 1995: 211-242.

[20] CROSSON C W, ROBERTSON-TCHABO E A. Age and Preference For Complexity Among Manifestly Creative Women[J]. Human Development, 1983(26): 149-155.

[21] CROWE M, ANDEL R, PEDERSEN N L, et al. Does Participation in Leisure Activities Lead To Reduced Risk Of Alzheimer's Disease? A Prospective Study Of Swedish Twins [J]. Journal Of Gerontology, Psychological Sciences, 2003(58b): 249-255.

[22] CUNNINGHAM W R, CLAYTON V, OVERTON W. Fluid and Crystallised Intelligence In Young Adulthhood and Old Age[J]. Journal Of Gerontology, 1975(30): 53-55.

[23] CZEISLER C A, DUFFY J F, SHANAHAN T L, et al. Stability, Precision and Near 24-hour period Of The Human Circadian Pacemaker [J]. Scicence, 1999(284): 2177-2181.

[24] DEDE G, CAPLAN D, KEMTES K, et al. The Relationship Between Age, Verbal Working Memory and Language Comprehansion[J]. Psychology and Aging, 2004(19): 601-616.

[25] DER G, DEARY I J. Age and Sex Differences In Reaction Time In

Adulthood: Results From The United Kingdom Health and Lifestyle Survey[J]. Psychology and Aging,2006,21(1):62-73.

[26] DIXON R A,KURZMAN D,FRIESEN I C. Handwriting Performance In Younger and Older Adults: Age, Familiarity and Practice Effects[J]. Psychology and Aging,1993(8):360-370.

[27] ERIKSON E H. The Life Cycle Completed[M]. New York: Norton,1985.

[28] FIELD D. Retrospective Reports By Healthy Intelligent People Of Personal Events Of Their Adult Lives[J]. International Journal Of Behavioral Development,1981(4):443-452.

[29] GIAMBRA L M,ARENBERG D. Adult Age Differences In Forgetting Sentences[J]. Psychology and Aging,1993(8):451-462.

[30] GOPIE N,CRAIK F I M,HASHER L. Destination Memory Impairment In Older People[J]. Psychology and Aging,2010,25(4):922-928.

[31] GORUS E,De RAEDT R,LAMBERT M,et al. Reaction Times and Performance Variability In Normal Aging,Mild Cognitive Impairment,and Alzheimer's Disease[J]. Journal of Geriatric Psychiatry and Neurology,2008,21(3):204-219.

[32] GOULD O N,DIXON R A. How We Spent Our Vacation: Collaborative Storytelling By Young and Old Adults[J]. Psychology and Aging,1993(8):10-17.

[33] HAMM V P,HASHER L. Age and The Availability of Inferences[J]. Psychology and Aging,1992(7):56-64.

[34] HAYSLIP B,STERNS H L. Age Differences In Relationships Between Crystallised and Fluid Intelligence and Problem Solving[J]. Journal Of Gerontology,1979(34):404-414.

[35] HERTZOG C. Aging,Information Processing Speed and Intelligence[C]// SCHAIE K W,LAWTON P. Annual Review Of Gerontology and Geriatrics,1991(11):55-79.

[36] HICKSON J,HOUSLEY W. Creativity In Later Life[J]. Educational Gerontology,1997(23):539-547.

[37] HORN J L,CATTELL R B. Aging Differences In Fluid and Crystallised Intelligence[J]. Act Psychologia,1967(26):107-129.

[38] HORN J L, DONALDSON G. Cognitive Development: 2 Adulthood of Human Abilities[C]// BRLN O G, KAGAN J. Constarcy and Change in Human Development. Cambridge, MA: Harvard Vniversity Press, 1980.

[39] HOUX P J,JOLLES J. Age-related Decline Of Psychomotor Speed: Effects Of Age,Brain Health,Sex and Education[J]. Perceptual and Motor Skills, 1993(76):195-211.

[40] HOYERT D L,ROSENBERG H M. Mortality From Alzheimer's Disease: An Update [J]. National Vital Statastics Reports, 1999, 47 (20). Hyattsville,MD: National Center for Health Statistics.

[41] HUDSON L. Creativity[C]//GREGORY R L,ZANGWILL O. The Oxford Companion To The Mind. Oxford: Oxford University Press,1987.

[42] HUGHES G. Changes in Taste Sensitivity With Dvancing Age [J]. Gerontologia Clinica,1969(11):24-30.

[43] KAIL R. The Neural Noise Hypothesis: Evidence From Processing Speed In Aduldts With Multiple Sclerosis [J]. Aging, Neuropsychology and Cognition,1997(4):157-165.

[44] KAUSLER D H. Automaticity Of Encoding and Episodic Memory-processes [C]//LOVELACE E A. Aging and Cognition: Mental Processes,Self-awareness and Interventions. Amsterdam: North-Holland, Elsevier,1990.

[45] KEMPER S. Limitation Of Complex Syntactic Construction By Elderly Aduldts[J]. Applied Psycholinguistics,1986(7):277-287.

[46] KEMPER S. Aduldts'Diaries: Changes To Written Narratives Across The Life Span [J]. Conference On Social Psychology and Language, 1987a (July):20-24.

[47] KEMPER S. Life-span Changes In Syntactic Complexity[J]. Journal Of Gerontology,1987b(42):3232-3238.

[48] KEMPER S. Aduldts'sentence Fragments: Who,What,When,Where and Why[J]. Communication Research,1999(19):444-458.

[49] KEMPER S,RUSH S J. Speech and Writing Across The Life Span[C]// GRUNEBERG M M, MORRIS P E, SYKES R N. Practical Aspects of Memory,Current Research and Issues. Chichester: Wiley,1988.

[50] KEMPER S, SUMNER A. The Structure Of Verbal Abilities In Young and Older Aduldts[J]. Psychology and Aging, 2001(16): 312-322.

[51] KEMPER T L. Neuroanatomical and neuropathological Changes During Aging and Dementia [C]//ALBERT M L, KNOEFEL J E. Clinical neurology Of Aging. New york: Oxford University Press, 1994.

[52] KOZORA E, CULLUM C M. Generative Naming In Normal Aging: Total Output and Qualitative Changes Using Phonemic and Semantic Constraints [J]. Clinical Neuropsychologist, 1995(9): 313-320.

[53] LANE C J, ZELINSKI E M. Longitudinal Hierarchical Linear Models Of The Momory Functional Questionnaire[J]. Psychology and Aging, 2003 (18): 38-53.

[54] LAUNER L J, ANDERSEN K, DEWEY M E, et al. Rates and Risk Factors For Dementia and Alzheimer's Disease: Results From EURODEM Pooled Analyses[J]. Neurology, 1999(52): 78-84.

[55] LIGHT L L. Interactions Between Memory and Language In Old Age [C]//BIRREN J E, SCHAIE K W. Handbook Of The Psychology Of Aging. San Diego: Academic Press, 1990.

[56] MANDEL R G, JOHNSON N S. A Developmental Analysis Of Story Recall and Comprehension In Aduldthood[J]. Journal Of Verbal Learning and Verbal Behavior, 1984(23): 643-659.

[57] MASTERS W H, JOHNSON V E. Human Sexual Response[M]. Boston: Little Brown, 1966.

[58] MCINTYRE J S, CRAIK F L M. Aging Differences In memory For Item and Source Information[J]. Canadian Journal Of Psychology, 2000(31): 66-81.

[59] MEYER B J F. Reading Comprehension and Aging[C]//SCHAIE K W. Annual Review Of Gerontology and Geriatrics. 7. New York: Springer, 1987.

[60] MITCHELL K J, JOHNSON M K, RAYE C L, et al. Aging and Reflective processes Of Working Memory: Binding and Test Load Deficits [J]. Psychology and Aging, 2000(15): 527-541.

[61] MORRIS M C. Diet and Alzheimer's Disease: What The Evidence Shows [J]. Medscape General Medicine, 2004(6): 1-5.

[62] MORRIS R G, CRAIK F I M, GICK M L. Aging Differences In Working Memory Tasks: The Role Of Secondary Memory and The Central Executive System [J]. Quarterly Journal Of Experimental Psychology, 1990, 42(1): 67-86.

[63] MORRIS R G, GICK M L, CRAIK F I M. Processing Resources and Age Differences In Working Memory [J]. Memory and Cognition. 1988(16): 362-366.

[64] MOSCONI L, TSUI W H, DE SANTI S, et al. Reduced Hippocampal Metabolism In MCI and ADO Automated FDG-PET Image Analysis [J]. Neurology, 2005(64): 1860-1867.

[65] MUITHAUP K S, BALOTA D A, COWAN N. Implications Of Aging, Lexicality and Item Length For The Mechanisms Underlying Memory Span [J]. Psychonomic Bulletin and Review, 1996(3): 112-120.

[66] OTT A, SLOOTER A J C, HOFMAN A, et al. Smoking and Risk Of Dementia and Alzheimer's Disease In A Population-based Cohort Study [J]. Lancet, 1998(351): 1840-1843.

[67] PASUPATHI M, CARSTENSEN L L. Age and Emotional Experience During Mutual Reminiscing [J]. Psychology and Aging, 2003(18): 430-442.

[68] PETROS T, TABAR L, COONEY T, et al. Aduldt Age Differences In Sensitivity To Semantic Structure Of Prose [J]. Developmental Psychology, 1983(19): 907-914.

[69] RABBITT P. Secondary Central Effects On Memory and Attention Of Mild Hearing Loss In The Elderly [J]. Acta Neurologica Scandanavica, 1989 (40A): 167-187.

[70] RABBITT P, GOWARD L. EFFECTS Of Age and Raw IQ Test Scores On Mean Correct and Mean Error Reaction Times In Serial Choice Tasks: A Reply To Smith and Brewer [J]. British Journal Of Psychology, 1986(77): 69-73.

[71] RABBITT P, DIGGLE P, HOLLAND F, et al. Practice and Dropout Effects During A 17-year Longitudinal Study Of Cognitive Aging [J]. The Journing Of Gerontology Seties B: Psychological Sciences and Social Sciences, 2004(59): 84-97.

[72] RABBITT P, LOWE C, SGILLING V. Frontal Tests and Models For Cognitive Aging[J]. European Journal Of Cognitive Psychology, 2001(13): 5-28.

[73] RAGUET M L, CAMPBELL D A, BERRY D T R, et al. Stability Of Intelligence and Intellectual Predictors In Older Persons[J]. Psychological Assessment, 1996(8): 154-260.

[74] REBOK G W. Life-Span Cognitive Development[M]. New York: Holt, Rinehart and Winston, 1987.

[75] REED I C. Creativity: Self-perceptions Over Time [J]. International Journal Of Aging and Human Development, 2005(60): 1-18.

[76] RICHERSON S J, ROBINSON C J, SHUM J. A Comparative Study Of Reaction Times Between Type Ⅱ Diabetics and Non-diabetics[J]. Biomed Eng Online, 2005, Feb21, 4(1): 12.

[77] ROSE S A, FELDMAN J F, JANKOWSKI J J. Processing Speed In The 1st Year Of Life: A longitudinal Study Of Preterm and Fullterm Infants [J]. Developmental Psychology, 2002(38): 895-902.

[78] RUBIN D C, RAHHAL T A, POON L W. Things Learned In early Adulthood Are Remembered Best[J]. Memory and Cognition, 1998(26): 3-19.

[79] SATHOUSE T A. Effects Of Age and Typing Skill [J]. Journal Of Experimental Psychology: General, 1984(113): 345-371.

[80] SATHOUSE T. A Theory Of Cognition Aging[M]. Amsterdam: North-Holland, 1985.

[81] SATHOUSE T. Mediation Of Differences In Cognition By Reductions In Working Memory and Speed Of Processing [J]. Psychological Science, 1991a(2): 179-183.

[82] SATHOUSE T. The processing-speed Theory Of Adult Age Differences In Cognition[J]. Psychological Review, 1996(103): 403-428.

[83] SCHAIE K W. Perceptual Speed In Adulthood: Cross-sectional Studies and Longitudinal Studies[J]. Psychology and Aging, 1989(4): 443-453.

[84] SCHAIE K W. The Course of Adult Intelectual Deve lopment [J]. American Psychologist, 1994, 49(4): 304-313.

[85] SCHIFFMAN S. Food Recognition By The Elderly[J]. Journal of Gerontology,1977(32):92-586.

[86] SCHONFIELD D. Translations In Gerontology-From Lab To Life: Utilizing Information[J]. American Psychologist,1974(29):228-236.

[87] SERRANO J P, LATORRE J M, GATZ M, et al. Life Review Therapy Using Autobiographical Retrieval Practice For Older Adults With Depressive Symptomatology [J]. Psychology and Aging, 2004 (19): 272-277.

[88] SIMONS J S, DODSON C S, BELL D, et al. Specific and Partial-source Memory: Effects Of Aging[J]. 2004(19):689-694.

[89] SIMONTON D K. Creativity and Wisdom In Aging[C]//BIRREN J W, SCHAIE K W. Handbook Of The Psychology and Aging, 3rd edition, San Diego, CA: Academic Press, 1990.

[90] SINGER T, VERHAEGHEN P, GHISLETTA P, et al. The Fate Of Cognition In Very Old Age: Six-year Longitudinal Fingdings In The Berlin Aging Study(BASE)[J]. Psychology and Aging,2003(18):318-331.

[91] SMITH A, BRICE C, LERCH A, et al. Effects Of Upper Respiratory Tract Illnesses In A Working Population[J]. 2004,47(4):363-369.

[92] SMITH C G. Age Incidence of Atrophy of Olfactory Nerves in Man[J]. Journal of Comparative Neurology,1942(77):95-589

[93] SMITH E E, GEVA A, JONIDES J, et al. The Neural Basis Of Task-switching In Working Memory: Effects Of Performance and Aging[J]. Proceedings Of The National Academy Of Science USA, 2001 (98): 2095-2100.

[94] SMITH S W, REBOK G W, SMITH W R, et al. Adult Age Differences In The Use Of Story Structure In Delayed Free Recall[J]. Experimental Aging Research,1989(9):191-195.

[95] SPERANZA F, DANEMAN M, SCHNEIDER B A. How Aging Affects The Reading Of Words In Noisy Backgrounds[J]. Psychology and Aging, 2000(15):253-258.

[96] STINE E L, WINGFIELD A, POON L. Speed Comprehension and Memory Through Adulthood: The Roles Of Time and Strategy[C]//POON L W,

RUBIN D C, WILSON B A. Everyday Cognition In Adulthood and Everyday Life. Cambridge: Cambridge University Press,1989.

[97] STORANDT M. Speed and Coding Effects In Relation to Age and Ability Level[J]. Developmental Psychology,1976(2):177-178.

[98] STUART-HAMILTON I,RABBITT P. The Decline Of Eye-voice Span In Elderly Readers[J]. Educational Gerontology,1997(23):389-400.

[99] SWANSON H L. What Develops In Working Memory? [J]. Developmental Psychology,1999(35):986-1000.

[100] TAUB H A. Comprehension and Memory Of Prose Materials By Young and Old Adult[J]. Experimental Aging Research,1979(5):3-13.

[101] THOMPSON D N. Contributions To The History Of Psychology: CVⅢ. On Aging and Intelligence :History Teaches A Different Lesson[J]. Perception and Motor Skills,1997(85):28-30.

[102] TULVING E. Episodic and Semantic Memory[C]// TULVING E, HORTON D L. Verbal Behavior and General Behavior Theory. New Jersey: Prentice-Hall,1972.

[103] TUN P A,WINGFIEID A,STINE E A,et al. Rapid Speech Processing and Divided Attention: Processing Rate Versus Processing Resources As An Explanation Of Age Effects[J]. Psychology and Aging, 1992(7): 50-546.

[104] WALSH D A. The Development Of Visual Information Processes In Adulthood and Old Age[C]//CRAIK F I M, TREHUB S. Aging and Cognitive Processes. New York: Plenum,1982.

[105] WAUGH N C,BARR R A. Encoding Deficits In Aging[C]//CRAIK F I M, TREHUB S. Aging and Cognitive Processes. New York: Plenum,1982.

[106] WEISBERG N,WILDER R. Expressive Arts With Elders: A Resource [M]. 2nd Edition. London: Jessica Kingsley Publishers,2001.

[107] WELFORD A T. Motor Performance[C]//BIRREN J E,SCHAIE K W. Handbook Of The Psychology Of Aging. New York: Van Nostrand Reinhold,1977.

[108] WELFORD A T. Choice Reaction Time: Basic Concepts [C]//

WELFORD A T. Reaction Times. New York: Academic Press,1980.

[109] WEST R L. An Application Of Prefrontal Cortex Function Theory To Cognitive Aging[J]. Psychological Bulletin,1996(120):272-292.

[110] WICKELGREN I. For The Cortex, Neuron Loss May Be Less Than Thought [J]. Science,1996(July 5):48-50.

[111] WILSON R S, BENNETT D A. Cognitive activity and Risk Of Alzheimer's Disease[J]. Current Directions In Psychological Science,2003(12):87-91.

后　记

本书的诞生需要感谢已近80岁高龄的孔令凯老先生，正是由于他的推荐，我才有幸涉猎老年心理学这一领域，并得到他无私、宽厚的帮助，包括提供资料、提出修改意见等。对此，笔者无以为报，唯真诚地道一声："谢谢！"

若干年前，笔者应宁波老年大学邀请主讲"老年心理学"一课。在教学过程中，笔者发现：第一，很多老年人对自己在感知觉、记忆、智力、注意力、个性、人际关系，以及躯体疾病带来的痛苦感到不解，并承受程度不等的压力。对此，老年人都具有强烈的学习需求。第二，授课中缺少适合老年人阅读的心理读物。有的读物太专业（如高云鹏等主编的《老年心理学》），有的读物侧重于分析老年人的不健康心理（如杨心德所著的《老年心理障碍》），等等。对于老年人而言，他们需要一本集通俗性与科学性于一体的心理学读物；同时，还要具有实用性、全面性等特点。为此，笔者萌生自编授课材料之念想，该材料既能以实验心理学和实证研究为基础，科学地解释老年人心理的特点、规律；又能将深奥的心理学知识与日常生活联系起来，并在语言上将艰涩的专业术语浅显化，以提高书籍的可读性。同时，尽可能地顾及"实用性"和"全面性"。这样做的目的，无非有以下几点：

(1)通过阅读和学习，帮助老年人不仅从生物学，而且从社会心理角度全面认识人的衰老过程，掌握规律，正确理解和对待自己的衰老现象，借此提高自我调节能力，延年益寿。

(2)通过阅读和学习，帮助老年人认识晚年容易出现的消极情绪和心理困惑，并加以积极应对，以确立对晚年生活积极进取的态度和信心，过好晚年生活。

(3)家庭是我国老年人退休后的主要生活场所。通过阅读和学习，帮助老年人理解晚年可能会出现的一些家庭矛盾，并有效地适应，从而构建、呵护幸福、和谐的“生活港湾”,使晚年生活更加美好。

(4)通过阅读和学习,帮助老年人正确认识心理健康与疾病的关系,科学地掌握自己身心健康的“钥匙”。在现代医学模式中,社会心理因素对心、身疾病具有重要的作用,以若干常见的心、身疾病为例,使老年人认识到自己心理变化可能对心、身疾病的影响,正视自己存在心理变异的可能性,以及发生心理变异的病理、生理原因及其主要表现,以便在其尚处于萌芽状态时就将其处理,从而保持健康的身心。

最后,笔者想强调的是,每个人都会“老去”。面对老年人,我们该“如何看待他们”“如何看待他们老年的生活”,这是不可回避的现实问题。笔者以为,老年是人的生命的重要阶段,是仍然可以有作为、有进步、有快乐的重要人生阶段!社会需要从积极的视角看待这一问题。因此,本书应该也有助于社会各界对老年人身心的认识,有助于人们更好地理解老年人的行为,从而引导全社会增强接纳、尊重、帮助老年人的关爱意识。

当然,本书乃笔者一孔所见,肯定有不周全,甚至错误之处。例如:涉及老年人犯罪心理、消费心理,以及再社会化等问题,笔者未曾进一步展开,有待于各位同仁补充。同时,本着服务于老年人的宗旨,敬请各位读者批评指正,笔者将不胜感激!

辜筠芳

2017年10月5日秋夜